全国高等院校规划教材

计算机技能基础教程

●丁京复　主编

中国农业科学技术出版社

图书在版编目（CIP）数据

计算机技能基础教程/丁京复主编．—北京：中国农业科学技术出版社，2008.7
ISBN 978-7-80233-562-2

Ⅰ．计…　Ⅱ．丁…　Ⅲ．电子计算机－教材　Ⅳ．TP3

中国版本图书馆 CIP 数据核字（2008）第 075467 号

责任编辑　邵世磊
责任校对　贾晓红　康苗苗

出版发行　中国农业科学技术出版社
　　　　　　北京市中关村南大街 12 号　邮编：100081
电　　话　（010）82106632（编辑室）（010）82109704（发行部）
　　　　　　（010）82109703（读者服务部）
传　　真　（010）82106626
社 网 址　http：// www.castp.cn
经　　销　新华书店北京发行所
印　　刷　北京华忠兴业印刷有限公司
开　　本　787mm×1 092mm　1/16
印　　张　18.75
字　　数　450 千字
版　　次　2008 年 7 月第 1 版　2008 年 7 月第 1 次印刷
定　　价　33.00 元

内 容 简 介

　　《计算机技能基础教程》的编写结构由八章组成。第一章"计算机基础知识"。本章阐述了计算机的发展简史、组成、软硬件知识、计算机日常使用常识等内容；第二章"中文 Windows XP 操作系统"。中文 Windows XP 是 Microsoft 公司推出的桌面操作系统，它不仅继承了 Windows ME 和 Windows 2000 的功能和特色，而且在原有的基础上增添了许多新功能，使得 Windows XP 界面更亮丽、使用更容易、操作更简单、系统更安全。本章主要讲解了中文 Windows XP 操作系统的使用方法和操作技巧；第三章"Internet 基础与应用"。本章介绍了连接 Internet 所需的条件及连接方法，使用 Internet Explorer 浏览器上网、上传与下载文件等因特网（Internet）的相关知识；第四章"五笔字型"。本章主要介绍了五笔字型输入法的由来，讲解了汉字结构，五笔字型输入法的编码方案，字根、字型，五笔字型的拆分原则等；第五章"Word 2003 基本应用"。Word 2003 是 Office 2003 套装软件中普及程度最广、使用频率最高的软件之一。本章主要讲解了中文 Word 2003 文档的建立、文本格式化、图文编排、表格制作等基本应用知识；第六章"Excel 2003 基本应用"。中文 Excel 2003 是专门用于表格操作的专业处理软件，被广泛用于制作财务报表和进行数据分析。本章主要讲解基本表格建立、表格计算、公式、统计图、表格格式化、表格数据排序、筛选和分类汇总等基本操作；第七章"PowerPoint 2003 基本应用"。PowerPoint 2003 是主要用于制作、维护和播放幻灯片的应用软件，它能将文本、图片、声音、动画、视频等集成一体。本章主要讲解演示文稿及其幻灯片的制作、特效、放映、打包等基本操作；第八章"常用工具软件"。本章主要讲解了压缩与解压缩软件 WinZip 和 WinRAR、ACDSee 看图软件、金山词霸、QQ、多媒体播放软件以及反病毒软件瑞星的使用等。

　　书中叙述的内容比较全面，取材新颖，既有深入的系统理论知识，又有实用价值较高的实用新技术和新方法，是一本理论与实践并重的教材。除高等职业院校非计算机专业学生使用外，本书还可以供在职人员、计算机零基础人员、计算机专业教师及计算机爱好者学习参考。

前 言

　　《计算机技能基础教程》是根据《全国高等院校计算机系列规划教材》的要求，由中国农业科学技术出版社组织国内有关高职高专院校和部分大学的教师以及有关院校实训基地的教师共同编写完成的教材。

　　本书在编写过程中突破了传统的教材编写模式，以符合现代教学规律和教学目标的高职高专教材为目标，充分考虑了教材与教学的紧密结合，重点针对高职高专非计算机专业的教学特点，在编写思路上有所创新，在编写内容上以实用技能为主，在编写结构上简略清晰，确保教材的前瞻性、创新性、实用性，以满足高等职业院校非计算机专业学生及社会在职人员的岗位学习、参考需要。

　　本书共分为八章，简述如下。

　　第一章"计算机基础知识"。阐述了计算机的发展简史，介绍了计算机系统的组成、软硬件基础知识，计算机的安全使用常识、计算机病毒防治、网络黑客及其防御等方面的知识，让读者能够正确安装计算机的软硬件，维护计算机，使初学者全面认识计算机。

　　第二章"中文 Windows XP 操作系统"。中文 Windows XP 是 Microsoft 公司推出的一种桌面操作系统，它不仅继承了 Windows ME 和 Windows 2000 的功能和特色，而且在原有的基础上增添了许多新功能，这使得 Windows XP 界面更亮丽、使用更容易、操作更简单、系统更安全。本章主要介绍中文 Windows XP 操作系统的使用方法和操作技巧。

　　第三章"Internet 基础与应用"。随着计算机的普及和网络技术的不断发展，因特网（Internet）已经参与到人们日常生活的各个方面。本章首先介绍连接因特网（Internet）所需的条件及连接方法，然后介绍如何使用 Internet Explorer 浏览器上网、上传与下载文件等因特网（Internet）的相关知识。

第四章"五笔字型"。本章主要介绍五笔字型输入法的由来，汉字结构，五笔字型输入法的编码方案，字根、字型，五笔字型的拆分原则等。

第五章"Word 2003 基本应用"。Word 2003 是 Office 2003 套装软件中普及程度最广、使用频率最高的软件之一，它既能支持普通的办公商务和个人文档，又可以让专业印刷、排版人员制作具有复杂版式的文档。

第六章"Excel 2003 基本应用"。Excel 2003 是 Office 2003 套装软件中专门用于表格操作的专业处理软件。它以友好的界面、强大的数据处理功能，被广泛用于制作财务报表和进行数据分析，并且能够以多种形式的图表来表现数据表格，还能够对数据表格进行排序、筛选和分类汇总等操作。

第七章"PowerPoint 2003 基本应用"。PowerPoint 2003 是主要用于制作和播放幻灯片的应用软件，它能将文本、图片、声音、动画、视频等集成在一起，以完成一种工作。

第八章"常用工具软件"。本章主介绍了压缩与解压缩软件、媒体播放软件、金山词霸、360 安全卫士以及反病毒软件瑞星的使用等。

书中叙述的内容比较全面，取材新颖，既有深入的系统理论知识，又有实用价值较高的应用新技术和新方法，是一本理论与实践并重的教材。

本书在编写过程中，参阅了国内各界同仁的有关书籍和资料，在此一并致以衷心的感谢。

《计算机技能基础教程》的编者们虽尽心竭力，但书中难免有遗漏，诚请广大读者批评指正。

编　者

2008 年 4 月 28 日

目　录

第一章 计算机基础知识

本章要点

本章主要介绍计算机的发展阶段、计算机分类、计算机的组成及工作原理、计算机的软硬件知识、计算机病毒及其防治知识。

本章内容

➢ 计算机概述
➢ 计算机系统的基本组成
➢ 计算机网络介绍
➢ 多媒体技术简介
➢ 计算机病毒及防治
➢ 黑客及防御策略

第一节 计算机概述

一、计算机的发展阶段

世界上第一台电子数字式计算机于 1946 年 2 月 15 日在美国宾夕法尼大学研制成功，它的名称叫 ENIAC（埃尼阿克），是电子数值积分式计算机（The Elecronic Numberical Integrator and Computer）的缩写，虽然它还比不上今天最普通的一台微型计算机，但在当时它的运算速度是最快的，并且其运算的精确和准确度也是史无前例的。以圆周率（π）的计算为例，中国的古代科学家祖冲之利用算术，又耗费 15 年心血，才把圆周率计算到小数点后 7 位数。一千多年后，英国人香克斯以毕生精力计算圆周率，才计算到小数点后 707 位。而使用 ENIAC 进行计算，仅使用了 40 秒就达到了这个记录，还发现香克斯的计算中第 528 位是错误的。

ENAIC 奠定了电子计算机的发展基础，在计算机发展史上具有划时代的意义，它的问世标志着电子计算机时代的到来。

ENAIC 诞生后，数学家冯·诺依曼提出了重大的改进理论，主要有两点：其一是电子计算机应该以二进制为运算基础，其二是电子计算机应采用"存储程序"方式工作，并且进一步明确指出了整个计算机的结构应由四个部分组成：运算器、存储器、输入装置和输出装置。这些理论的提出，解决了计算机的运算自动化问题和速度配合问题，对后来计算机的发展起到了决定性的作用。直至今天，绝大部分的计算机还在采用冯·诺依曼方式工作。

ENAIC 诞生后短短的几十年间，计算机的发展突飞猛进。主要电子器件相继使用了真空电子管、晶体管、中小规模集成电路和大规模、超大规模集成电路，引起计算机的几次更新换代。每一次更新换代都使计算机的体积和耗电量大大减小，功能大大增强，应用领域进一步拓宽。特别是体积小、价格低、功能强的微型计算机的出现，使得计算机迅速普及，进入了办公室和家庭，在办公自动化和多媒体应用方面发挥了很大的作用。目前，计算机的应用已扩展到社会的各个领域。

人们根据计算机的性能和当时的硬件技术状况，将计算机的发展分成几个阶段，每一阶段在技术上都是一次新的突破，在性能上都是一次质的飞跃。

第一阶段：电子管计算机（1946～1957 年）

第一台计算机是 1946 年在美国诞生的埃尼阿克（ENIAC），是个庞然大物，装有 17 468 个电子管、7 万个电阻器、1 万个电容器和 6 000 个开关，重达 30 吨，占地面积 160 多平方米，耗电 174 千瓦。它工作时不得不对附近居民区停止供电，制造费用 45 万美元，（相当于现在的 1 200 万美元）。然而，这个庞大物体的计算机速度却只有每秒 5 000 次，仅及现在一台普通电脑的几千分之一，而后者轻轻一提即可带走，售价低于 2 000 美元。

第一代计算机产生于 1946～1957 年，主要以电子管为主，所以，把它称为电子管时代。主要特点是：

（1）采用电子管作为基本逻辑部件，体积大，耗电量大，寿命短，可靠性差，成本高。

（2）采用电子射线管作为存储部件，容量小，后来外存储器使用了磁鼓存储信息扩充了容量。

（3）输入输出装置落后，主要使用穿孔卡片，速度慢，使用十分不便。

（4）没有系统软件，只能用机器语言和汇编语言编程。

第二阶段：晶体管计算机（1958～1964 年）

第二代电子计算机形成于 1958～1964 年，由晶体管取代了电子管，所以，把它称为晶体管时代。与电子管相比，晶体管具有体积小、重量轻、寿命长、效率高、功耗低等特点，并把计算机速度从每秒几千次提高到几十万次。

主要特点是：

（1）采用晶体管制作基本逻辑部件，体积减小，重量减轻，能耗降低，成本下降，计算机的可靠性和运算速度均得到提高。

（2）普遍采用磁芯作为存储器，采用磁盘/磁鼓作为外存储器。

（3）开始有了系统软件（监控程序），提出了操作系统概念，出现了高级语言。

第三阶段：集成电路计算机（1965～1969 年）

集成电路取代了晶体管，也就是集成电路时代。与晶体管相比，集成电路的体积更小，功耗更低，可靠性更高，第三代计算机由于采用了集成电路，计算机速度从几十万提高到几千万次，体积大大缩小，价格也不断下降。

主要特点是：

（1）采用中、小规模集成电路制作各种逻辑部件，从而使计算机体积更小，重量更轻，耗电更省，寿命更长，成本更低，运算速度更高。

（2）采用半导体存储器作为主存，取代了原来的磁芯存储器，使存储器的存取速度有了大幅度的提高，增强了系统的处理能力。

（3）系统软件有了很大发展，出现了分时操作系统，多用户可以共享计算机软硬件资源。

（4）在程序设计方面采用了结构化程序设计，为研制更加复杂的软件提供了技术上的保证。

第四阶段：大规模、超大规模集成电路计算机（1970 年至今）

第四代计算机的基本元件是大规模集成电路或超大规模集成电路，集成度很高的半导体存储替代了磁芯存储器，运算速度可达每秒几百万次，甚至上亿次基本运算，在实现微型化的同时，还实现了巨型化。

主要特点是：

（1）基本逻辑部件采用大规模、超大规模集成电路，使计算机体积、重量和成本均大幅度降低，出现了微型机。

（2）作为主存的半导体存储器，其集成度越来越高，容量越来越大；外存储器除广泛使用软、硬盘外，还引进了光盘。

（3）各种使用方便的输入输出设备相继出现。

（4）软件产业高度发达，各种实用软件层出不穷，极大地方便了用户。

（5）计算机技术与通信技术组合，计算机网络把世界紧密地联系在一起。

（6）多媒体技术崛起，集计算机图像、图形、声音、和文字处理于一体，在信息处理领域掀起了一场革命，与之对应的信息高速公路正在紧锣密鼓地实施。

二、计算机的特点

计算机基本特点如下。

1. 记忆能力强

在计算机中有容量很大存储装置，它不仅可以长久地存储大量的文字、图形、图像、声音等信息资料，还可以存储指挥计算机工作的程序。

2. 计算精度高

它可执行人类无能为力的高精度控制或高速操作任务，也具有可靠的判断能力，以实现计算机工作的自动化，从而保证计算机控制的反应速度与灵敏度。

3. 运算速度快

它具有神奇的运算速度，其速度已达到每秒几十亿次乃至上百亿次。例如，将圆周率（π）的近似值计算到 707 位，如果用现代的计算机来计算，瞬间就可以完成，同时，对于圆周率，要计算到小数点后 200 万位也非难事。

4. 操作自动化

计算是由内部指令控制和操作的，只要将事先编制好的程序输入计算机，计算机就能自动按照程序规定的步骤完成预定的处理任务。

三、计算机的主要应用领域

由于计算机具有高速、自动的处理能力和存储大量信息的能力以及很强的推理和判断功能，因此，计算机已经被广泛应用于各个领域，几乎遍及社会的各个方面，并且仍然呈发展和扩展的趋势。

目前，计算机的应用可概括为以下几个方面。

1. 计算机应用领域：科学计算和科学研究、信息处理、实时控制、计算机辅助系统、人工智能。

2. 信息处理是计算机应用的最重要方面。信息处理由数据处理发展而来，主要功能是对输入的资料进行记录、整理、计算和加工。与科学计算的不同之处是，信息处理的计算过程比较简单，但是数据量大，信息处理过程中的"重心"不是数据运算，而是信息的检索、收集、分类、统计、综合和传递等。典型的计算机信息处理系统有：办公自动化系统、管理信息系统、决策支持系统，此外，民航订票系统、银行业务管理系统、商业销售系统等都是典型的信息处理系统。

3. 实时控制也称过程控制，是指用计算机实时检测，按最佳值实时对控制对象进行自动控制或自动调节。由于电子计算机的高速计算能力和逻辑判断能力很强，所以，常用于生产过程和卫星、导弹、火炮的发射过程的实时控制，被控对象可以是一台或一组机床，也可以是一个车间或整个工厂。利用计算机进行过程控制，能改善劳动条件，提高产品质量，降低成本，实现生产过程自动化。

4. 计算机辅助设计系统是指利用计算机帮助人们完成各种任务的系统。它代表了计算机向人工智能化发展的一种重要趋势，包括计算机辅助设计、计算机辅助制造、计算机辅助教育等。

5. 计算机辅助设计（Computer Aided Design，简称CAD）是设计人员利用计算机的图形处理能力等功能进行产品设计和工程技术设计。它可使设计过程自动化，缩短设计周期，节省人力和物力资源，提高产品和工程设计质量。特别在飞机、大规模集成电路、大型自动控制系统等设计中，CAD占据着越来越重要的地位。

6. 计算机辅助制造（Computer Aided Manufacture，简称CAM）已应用到机械、电子、航空、造船、建筑、服装等方面的设计工作中，并取得了很好的效果。

7. 人工智能（Artificial Intelligence，简称AI）是用计算机模拟人类的感觉和思维规律（如学习过程、推理过程、判断能力、适应能力等）的科学。它也是计算机应用研究的前沿学科领域，涉及计算机科学、控制论、信息论、仿生学、神经学、生理学等多门学科。人工智能研究和应用领域包括：模式识别、自然语言的理解和生成、联想与思维的机理、资料智能检索，具有感测功能的计算机是人工智能的一项前沿技术课题，关键在于解决计算机机器的视、听、触、嗅等感测功能和在复杂环境中进行决策的功能问题。

四、计算机中数据的表示与存储

计算机内部是一个二进制数字世界，在二进制系统中只有两个数码0和1。不论是指令还是数据，在计算机中都采用了二进制编码形式，即便是图形声音这样的信息，也必须转换成二进制数编码形式，才能存入计算机中。因为在计算机内部，信息的表示依赖于硬件电路的状态，信息采用什么表示形式，直接影响到计算机的结构与性能。

也就是说，计算机存储器中存储的都是由"0"和"1"组成的信息，但它们却分别代表各自不同的含义，有的表示机器指令，有的表示二进制数据，有的表示英文字母，有的则表示汉字，还有的可能是表示色彩和声音，存储在计算机中的信息采用了各自不同的编码方案，就是同一类型的信息也可以采用不同的编码形式。

虽然计算机内部均用二进制数来表示各种信息，但计算机与外部交往仍采用人们熟悉和便于阅读的形式，如十进制数据、文字显示以及图形描述等。其间转换，则由计算机系统的硬件和软件来实现。

● **计算机中的数制**

数制即表示数值的方法，有非进位数制和进位数制两种。表示数值的数码与它在数中位置无关的数制称为非进位数制，如罗马数字就是典型的非进制数制。按进位的原则进行计数的数制称为进位数制，简称"进制"。对于任何进位数制，都有以下的基本特点。

1. 数制的基数确定了所采用的进位计数制

表示一个数字符时所用的数字符号的个数为基数。如十进制数制的基数为 10；二进制的基数为 2。对于 N 进数制，有 N 个数字符号。如十进制中有 10 个数字符号：0~9；二进制有 2 个符号：0 和 1；八进制有 8 个符号：0~7；十六进制有 16 个符号：0~9 和 A~F。

2. 逢 N 进 1

如十进制中逢 10 进 1；八进制中逢 8 进 1；二进制中逢 2 进 1；十六进制中逢 16 进 1。表 1-1 所示是二进制、八进制、十进制和十六制之间的对应关系。

表 1-1　几种进制的对应关系

二进制	八进制	十进制	十六进制
0	0	0	0
1	1	1	1
10	2	2	2
11	3	3	3
100	4	4	4
101	5	5	5
110	6	6	6
111	7	7	7
1000	10	8	8
1001	11	9	9
1010	12	10	A
1011	13	11	B
1100	14	12	C
1101	15	13	D
1110	16	14	E
1111	17	15	F

3. 采用位权表示法

任何一个 r 进制具有限位小数的正数，都可以表示为：$(a_n a_{n-1} \cdots a_1 a_0，b_1 b_2 \cdots b_{m-1} b_m)_r$，其中 a_i，$b_j \in \{k \mid_{k=0,1\cdots,r-1}\}$，$i = 0，1，2\cdots，n$；$j = 1，2，\cdots，m$。对于数字的整数部分，可以用以下的数学式描述：$(a_n a_{n-1} \cdots a_1 a_0)_r = a_0 r^0 + a_1 r^1 + \cdots + a_{n-1} \times r^{n-1} + a_n \times r^n = \sum a_i r^i$

同理，对于数字的 m 位小数部分，可以用以下的数学式描述：

$(b_1 b_2 \cdots b_m)_r = b_1 \times r^{-1} + b_2 \times r^{-2} + \cdots + b_m \times r^{-m} = \sum b_i r^{-i}$

由以上式子可知，处在不同位置上的数码 $a_i b_j$ 所代表的值不同，一个数字在某个位置上所表示的实例数值等于该数值与这个位置的因子 r^i、r^{-j} 的乘积，r^i、r^{-j} 由所在位置相对于小数点的距离 i、j 来确定，简称为位权。因此，任何进制的数字都可以写出按位权展开的多项式之和。

在数的各种进制中，二进制是其中最简单的一种计数进制，因为它的数码只有两个（0

和1）。在自然界中，具有两种状态的物质俯拾皆是，如电灯的"亮"与"灭"，电磁场的N极和S极等。若我们将物质的这两种状态分别用"0"和"1"表示，按照数位进制的规则，采用一组同类物质可以很容易地表示出一个数据。二进制的运算规则很简单：

$$0+0=0 \quad 0+1=1 \quad 1+1=10$$

这样的运算很容易发现，在电子电路中，只要用一些简单的逻辑运算元件就可以实现。所以，在计算机中数的表示全部用二进制，并采用二进制的运算规则完成数据间的计算。

尽管在计算机中数据一律用二进制表示，但是，在数据的输入/输出和数据处理程序的编写中仍然大量地采用其他进制。例如，我们在屏幕上看到的数据及计算结果都是十进制数据，这是因为数据进制的转换工作已经由计算机代替了，在应用计算机的过程中，不用考虑数据在计算机内部的表示及底层的处理方式和处理过程。

在输入/输出数据时，可以用数据后加一个特定的字母来表示它所采用的进制：字母D表示数据为十进制（也可以省略）；字母B表示数据为二进制；字母O表示数据为八进制；字母H表示数据为十六进制。例如：

567.17D（十进制的567.17）、110.11（十进制110.11，省略了字母D）、110.11B（二进制的110.11）、245O（八进制245）

- **不同数制之间的转换**

虽然计算机内部使用二进制工作，但是，对于用户来说，使用二进制是很不方便的。二进制的位数比起等值的十进制数要长得多，读写也比较困难。因此，人们通常用八进制和十六进制作为二进制的缩写方式。这里，就存在一个不同进制之间的转换问题。

转换的基本方法是：将整数部分和小数部分分别进行转换，然后用小数点连接。

1. 二进制数转换为十六进制数

方法：四合一

由于4位二进制数相当于1位十六进制数，转换时以小数点为基准，向左向右都是每4位二进制数转换为1位十六进数，整数前面不足4位的在前面补0，小数后面不足4位的在后面补0。

例：1111001111.11B = 3CF.CH

2. 十六位进制数转换为二进制数

方法：一分四，即把一位十六进制数分为4位二进制数。

例：5B.8H = 0101011.1000B = 1011011.1B

3. 二进制数转换为十进制数

方法：按"权"展开相加。

例：$11011.01B = 1 \times 2^4 + 1 \times 2^3 + 0 \times 2^2 + 1 \times 2^1 + 1 \times 2^0 + 0 \times 2^{-1} + 1 \times 2^{-2} = 16 + 8 + 0 + 2 + 1 + 0.25 = 27.25D$

4. 十进制数转换为二进制数

十进数转换为二进制数，先将整数和小数分别转换，然后相加即可。

（1）十进制整数转换为二进制整数方法：除2取余。用2不断去除要转换的十进制数，直至商等于0为止，将所得的各次余数按逆序排列，最后一次的余数为最高位，即得所转换的二进制数。

（2）十进制小数转换为二进制小数。

方法：乘2取整，取用2连续去乘纯小数部分，直至小数部分为零或满足所要求的精度，每次乘积的整数部分顺序排列，就得到要求的二进制小数。

5. 八进制数转换为二进制数

八进制数转换为二进制数的方法很简单，只要把每一个八进制改写成等值的 3 位二进制数，且保持高低的次序不变即可。八进制数字与二进制数的对应关系如表 1 - 1 所示。

6. 二进制数转换为八进制数

二进制转换为八进制数的方法是，整数部分从低位向高位每 3 位用一个等值的八进制数来替换，最后不足 3 位时在高位补 0 凑满 3 位；小数部分从高位向低位方向每 3 位用一个等值的八进制数来替换，最后不足 3 位时在低位补 0 凑满 3 位。

7. 十六位进制数转换为十进制数

十六位进制数共有 16 个不同的数字符号，它们是 0、1、2、4、5、6、7、8、9、A、B、C、D、E、F。其中"A"表示 10，"B"表示 11，"C"表示 12，"D"表示 13，"E"表示 14，"F"表示 15。

● **信息的存储单位**

二进制的每一位（即"0"和"1"）是组成二进制信息的最小单位，称为一个"比特"（bit），或称"位元"，简称"位"，用小写字母"b"表示。比特是计算机中处理、存储、传输信息的最小单位。

每个西方文字符需要 8 个比特表示，而每个汉字需要 16 个比特才能表示。因此，另一种稍大些的二进制信息的计量单位是"字节"（byte），也称"位组"，用大写字母"B"表示。一个字节等于 8 个比特。

计算机中运算和处理二进制信息时使用的单位除了比特和字节以外，还经常使用"字"（word）作为单位。必须注意，不同的计算机，字的长度和组成不完全相同，常称为"字长"。常用的固定的字长有 8 位、16 位、32 位和 64 位等。

信息的存储单位有：

KB（千字节），1KB = 210 字节 = 1 024B；

MB（兆字节），1MB = 220 字节 = 1 024KB；

GB（吉字节），1GB = 230 字节 = 1 024MB；

TB（太字节），1TB = 240 字节 = 1 024GB。

在谈到计算机存储容量或某些信息的大小时，常常使用上述的数据存储单位。如一张 3.5 英寸软盘容量为 1.44MB；目前的个人计算机的内存容量一般约为 128MB ~ 1 024MB，而硬盘容量一般在 80GB ~ 160GB。

在网络中传输二进制信息时，由于是一位一位串行传输的，传输率的度量单位与上述有所不同，经常使用的速率单位是比特/秒、千比特/秒、兆比特/秒、千兆比特/秒。

● **字符编码**

在计算机内部，数是用二进制形式表示的。而计算机又要识别和处理各种字符，如大小英文字母、标点符号、运算符号甚至汉字信息等，这些字符又是如何表示的呢？由于计算机中的基本物理器件是具有两个状态的器件，所以，各种字符只能用若干位的二进制编码的组合来表示，这就涉及到字符的编码。

1. ASCII 码

在计算机中，英文字母与常用的运算符号及控制符号，也是要求按一定的规则用二进制编码来表示的。编码是由人规定的，关键是规定的一套规则要得到大家的认可。目前在计算机中普遍采用的是美国信息交换标准代码（ASCII 码）。它用 7 位二进制代码来表示十进制数、英文大小写字母和常用的运算符及一些操作控制符。编码表如表 1-2 所示。

表 1-2 编码表

字符 低＼高		0	16	32	48	64	80	96	112
		0	1	2	3	4	5	6	7
0	0	NUL	DLE	SP	0	@	P	´	p
1	1	SOH	DC1	!	1	A	Q	A	q
2	2	STX	DC2	"	2	B	R	B	r
3	3	ETX	DC3	#	3	C	S	C	s
4	4	EOT	DC4	$	4	D	T	D	t
5	5	ENQ	NAK	%	5	E	U	E	u
6	6	ACK	WYN	&	6	F	V	F	v
7	7	BEL	ETB	´	7	G	W	G	w
8	8	BS	CAN	(	8	H	X	H	x
9	9	HT	EM	)	9	I	Y	I	y
10	A	LF	SUB	*	:	J	Z	J	z
11	B	VT	ESC	+	;	K	[	K	{
12	C	FF	FS	−	<	L	\	L	!
13	D	CR	GS	.	=	M	]	M	|
14	E	SO	RS	/	>	N	( ) ^ (←)	N	~
15	F	SF	US	?	O	O	_	O	DEL

ASCII 码表中特殊控制字符含义如下：

0 NUL 空	1 SOH 标题开始	2 STX 正文结束
3 ETX 正文结束	4 EOT 传输结束	5 ENQ 询问
6 ACK 承认	7 BEL 报警	8 BS 退一格
9 HT 横向列表	10 LF 换行	11 VT 垂直制表
12 FF 走纸控制	13 CR 回车	14 SO 移位输出
15 SI 移位输入	16 DLE 数据链接码	17 DCI 设备控制 1
18 DC2 设备控制 2	21 DC3 设备控制 3	32 DC4 设备控制 4
21 NAK 否定	22 SYN 空转同步	23 ETB 信息传送结束
24 CAN 作废	25 EM 纸尽	26 SUB 减
27 ESC 换码	28 FS 文字分隔符	29 GS 组分隔符
30 RS 记录分隔符	31 US 单元分隔符	

2. 中文信息编码

汉字与西文字符相比，其特点是量多而且字形复杂。这两个问题的解决，也是依靠对汉字的编码来实现的。

（1）区位码

为了解决汉字的编码问题，1980 年我国公布了 GB2312-80 国家标准。如表 1-3 所示。在此标准中，共含有 6763 个简化汉字和 682 个汉字符号。在该标准的汉字编码表中，汉字和符号按区位排列，共分成了 94 个区，每个区有 94 位。

表 1-3　编码标准

1～15 区	非汉字图形符号（常用符号、数字序号、俄法希腊字母、日文假名等）
16～55 区	一级汉字（3 755 个）
56～87 区	二级汉字（3 008 个）
88～94 区	空白区

一个汉字的编码由它所在的区位号组成，称为区位码。如"啊"字区位码为"10601"，"白"的区位码是"1655"。

区位码中规定，1～15 区（其中有些区没有被使用）为汉字符号区，包括西文字母、日文假名和片假名、俄文字母、数字、制表符以及一些特殊的图形符号；16～94 区为汉字区，在汉字区中，根据汉字的使用频率分成了两级：一级汉字占 16～55 区，二级汉字占 56～87 区，88～94 是空白区。

（2）汉字的机内码

保存一个汉字的区位码要占用两个字节，区号、位号各占一个字节。区号、位号都不超过 94，所以，这两个字节的最高位仍然是"0"。为了避免汉字区位与 ASCII 码无法区分，汉字在计算机内保存时采用了机内码。如"啊"字的区位码的十六进制表示为 1001H，而"啊"字的机内码则为 B0A1H。这样汉字机内码的两个字节的最高均为"1"，很容易与西文的 ASCII 码区分。以 GB2312-80 国家标准制定的汉字机内码也称为 GB2312 码。它和国标区位码的换算关系是：

机内码 = 区位码 + A0A0H

像英文字符一样，汉字在排序时所依据的大小关系也是根据它的编码大小来确定的，即分在不同区里的汉字由机内码的第 1 字节决定大小，在同一区中的汉字由第 2 字节的大小来决定。由于汉字内码的各个字节的值都大于 128，所以，汉字无论是高位内码还是低位内码都大于 ASCII 码。

（3）汉字输入码

由于汉字具有字量大、同音字多的特点，怎样实现汉字的快速输入也是应解决的重要问题之一。为此，不少个人和团体发明了多种多样的汉字输入方法，如全拼输入法、双拼输入法、智能 ABC 输入法、表形码输入法和五笔字型输入法等。对于任何一种汉字输入法，都有一套该输入法所对应的规则编码，编码输入后，通过相应的软件查找到这个汉字的内码。因此，汉字输入码不是汉字在计算机内部的表示形式，而是一种快速有效地输入汉字的手段。不同输入法的汉字输入码完全不同，如"汉"字在拼音输入法中的输入码是"han"，而在五笔输入法中的输入码为"icy"。目前已经出现了汉字的语音输入法，实际上是以录音设备采集到的声音数据作为汉字的输入码。

（4）汉字字形码

汉字字形码又称汉字字模，它是指一个汉字在显示器和打印机上输出的字形点阵代码。要在屏幕上或打印机上输出汉字，汉字操作系统必须输出以点阵形式组成的汉字字形码。汉字点阵有多种规格：简易型 16×16 点阵，普及型 24×24 点阵、提高型 32×32 点阵和精密型 48×48 点阵，点阵规模越大、字形也越清晰美观，可以任意地放大、缩小甚至变形。如 PostScript 字库、TrueType 字库就是这种形码。

计算机对汉字输入、保存的过程是这样的：在输入汉字时，操作者在键盘上键入输入码，通过输入码找到汉字的国标区位码，再计算出汉字的机内码后将内码保存。而当显示或打印汉字时，则首先从指定地址取出汉字的内码，根据内码从字库中取出汉字的字形码，再通过一定的软件转换，将字形输出到屏幕或打印机上。

为了统一地表示世界各国的文字，1992 年 6 月，中华人民共和国规定国家标准采用国际标准化组织公布的"通用多八位编码字符集"的国际标准 ISO/IEC10646，简称 USC。Unicode 用两个字节编码一个字符，可以容纳 65536 个不同的字符，目前包括了日文、拉丁文、希伯来文、阿拉伯文、韩文和中文共约 29000 个字符，ASCII 字符集只是其中的一个小小的子集。为了适应这一趋势，我国于 1994 年正式公布了与 ISO/IEC10464 相一致的国家标准 GB13000，不久又提出了"扩充汉字机内码规范（GBK）"，从而产生了 GBK 大字符集。目前，微软公司在中国大陆地区销售的操作系统都使用了 GBK 内码，系统地表示 20902 个汉字及汉字符号。

第二节　计算机系统的基本组成

一个完整的微型计算机系统应包括硬件系统和软件系统两部分，如图 1－1 所示。

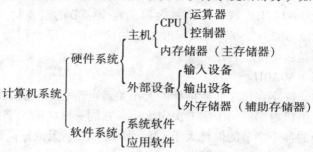

图 1－1　计算机系统组成示意图

各部分包括：

内存储器：ROM，RAM。

外存储器：硬磁盘，软磁盘，光盘，磁带机等。

输入设备：键盘，鼠标，扫描仪，麦克等。

输出设备：显示器，打印机，绘图仪等。

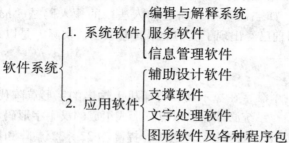

计算机硬件是指组成一台计算机的各种物理装置，它们由各种物理的器件所组成。直观地看，计算机硬件是一大堆设备，它是计算机进行工作的物质基础。

计算机软件是指在硬件设备上运行的各种程序以及有关的资料。所谓程序实际上是用于指挥计算机执行各种动作以便完成指定任务的指令集合。人们要让计算机做的工作可能是很复杂的，因而指挥计算机工作的程序也就可能是庞大而复杂的，而且可能要经常对程序进行修改与完善。因此，为了便于阅读和修改，还必须对程序作必要的说明，并整理出有关的资料。这些说明和资料（称之为文档）在计算机执行过程中可能是不需要的，但对于人们在阅读、修改、维护、交流时这些程序却是必不可少的。

通常，把不装备任何软件的计算机称为硬件计算机或裸机。目前，普通用户所面对的一般都不是裸机，而是在裸机之上配置若干软件之后所构成的计算机系统。计算机之所以能够渗透到各个领域，正是由于软件的丰富多彩，能够出色地完成各种不同的任务。当然，计算机硬件是支撑计算机软件工作的基础，没有足够的硬件支持，软件也就无法正常地工作。实际上，在计算机技术的发展进程中，计算机软件随硬件技术的迅速发展而发展，反过来，软件的不断发展与完善，又促进了硬件的新发展，两者的发展密切地交织着，缺一不可。

一、计算机硬件系统

一般微型计算机的硬件系统由以下几部分组成。
①中央处理器（CPU）
②存储器（分为内存储器与外存储器）
③输入设备
④输出设备
下面对其各部分进行介绍。

1. 中央处理器

中央处理器简称 CPU（Central Processing Unit），它是计算机系统的核心，主要包括运算器和控制器两个部件。

计算机发生的所有动作都是受 CPU 控制的。其中运算器主要完成各种算术运算（加、减、乘、除）和逻辑运算（如逻辑加、逻辑乘和非运算）；而控制器不具有运算功能，它只是读取各种指令，并对指令进行分析，作出相应的控制。通常，在 CPU 中还有若干个寄存器，它们可以直接参与运算并存放运算的中间结果。

CPU 质量的高低直接决定了一个计算机系统的档次。CPU 可以同时处理二进制数据的位数是其最重要的一个质量标志。人们通常所说的 16 位机、32 位机就是指该微机中的 CPU 可以同时处理 16 位、32 位的二进制数据。早期有代表性的 IBM PC/XT、IBM PC/AT 与 286 机是 16 位机，386 机和 486 机是 32 位机。

顺便指出，在微机中使用的 CPU 也称为微处理器（MPU）。目前，微处理器发展的速度很快，基本上每隔一两年或两三年就有一个新品出现。

2. 内存储器

存储器是计算机的记忆部件，用于存放计算机进行信息处理所必须的原始数据、中间结果、最后结果以及指示计算机工作的程序。

在存储器中含有大量的存储单元，每个存储单元可以存放八位的二进制信息，这样的存储单元称为一个字节（Byte），即存储器的容量是以字节为基本单位的。存储器中的每一个字节都依次用从 0 开始的整数进行编号，这个编号称为地址。CPU 就是按地址来存取存储器中的数据的。

所谓存储器的容量是指存储器中所包含的字节数。通常又用 KB、MB 与 GB 作为存储器容量的单位，其中 1KB ＝ 1 024 字节，1MB ＝ 1 024KB，1GB ＝ 1 024MB。

计算机的存储器分为内存（储器）和外存（储器）。

内存又称为主存。CPU 与内存合在一起一般称为主机。

内存储器是由半导体存储器组成的，它的存取速度比较快，但由于价格上的原因，其容量一般不能太大，随着微机档次的提高，内存容量可以逐步扩充。

内存储器按其工作方式的不同，可以分为随机存取存储器和只读存储器。

随机存储器也称 RAM。这种存储器允许随机地按任意指定地址的存储单元进行存取信息。由于信息是通过电信号写入这种存储器的，因此，在计算机断电后，RAM 中的信息就会丢失。

只读存储器也称 ROM。这种存储器中的信息只能读出而不能随意写入。ROM 中的信息是厂家在制造时用特殊方法写入的，断电后其中的信息也不会丢失。ROM 中一般存放一些重要的、且经常要使用的程序或其他信息，以避免其受到破坏，例如，CMOS 信息等。

3. 外存储器

外存又称辅助存储器（辅存）。外存储器的容量一般都比较大，而且可以移动，便于不同计算机之间进行信息交流。

在微型计算机中，常用的外存有磁盘、光盘和磁带等。目前最常用的是磁盘，磁盘又分为硬盘和软盘。

（1）硬盘

硬盘是由若干片硬盘片组成的盘片组，一般被固定在计算机机箱内。与软盘相比，硬盘的容量要大得多，存取信息的速度也快得多。早期生产的硬盘，其容量很小只有几百 MB、几 GB 等。目前生产的硬盘容量一般在 160GB 以上，甚至达到几百个 GB。

在使用硬盘时，应保持良好的工作环境，如适宜的温度和湿度、防尘、防震等，不要随意拆卸。

①硬盘的分区与高级格式化的方法

新购买的硬盘，如果没有对硬盘进行分区，必须先分区。如果硬盘已经分区和格式化过，则可重新分区，删除硬盘上原来的分区信息，但重新分区将丢失硬盘上原有的数据。硬盘分区使用 FDisk 命令。在进行硬盘分区之前，先要准备一张能够从 A 驱启动的系统盘，该系统盘除包含启动程序外，还应包含硬盘分区程序 Fdisk. exe 和磁盘格式化程序（Windows 98 系统盘中已经包含 FDISK. EXE 和 FORMAT. COM 程序）。另外，为了能从 A 驱启动，进入 BIOS 设置程序，将"高级 BIOS 设置"中的"First Boot Device"设置为"Floppy"，指定系统从软驱启动。在 A 驱中插入启动盘，启动微机，软驱开始工作，直到屏幕出现提示符 A：\>，此时即可开始对硬盘进行分区了。在提示符下键入下面字符并按回车键：

FDISK

若使用 Windows 98 系统盘启动，则屏幕会出现提示信息，如图 1 - 2 所示。提示是否使用 Windows 98 支持的 FAT32 文件系统。"Y"表示使用 FAT32 文件系统，"N"表示不使用。一般而言，根据目前的硬盘容量，均应选择"Y"。

选择"Y"或"N"后，屏幕显示 FDISK 主菜单，启动提示信息如图 1 - 2 所示。

主菜单共有 4 个选项，分别是：创建 DOS 分区或逻辑分区；设置活动分区；删除分区或逻辑分区；显示分区信息，如图 1 - 3 所示。

```
Your computer has a disk larger than 512 MB. This version of Windows
includes improved support for large disks, resulting in more efficient
use of disk space on large drives, and allowing disks over 2 GB to be
formatted as a single drive.

IMPORTANT: If you enable large disk support and create any new drives on this
disk, you will not be able to access the new drive(s) using other operating
systems, including some versions of Windows 95 and Windows NT, as well as
earlier versions of Windows and MS-DOS. In addition, disk utilities that
were not designed explicitly for the FAT32 file system will not be able
to work with this disk. If you need to access this disk with other operating
systems or older disk utilities, do not enable large drive support.

Do you wish to enable large disk support (Y/N)...........? [Y]
```

图 1-2

```
                    Microsoft Windows 98
                  Fixed Disk Setup Program
            (C)Copyright Microsoft Corp. 1983 - 1998

                       FDISK Options

Current fixed disk drive: 1

Choose one of the following:

   1. Create DOS partition or Logical DOS Drive
   2. Set active partition
   3. Delete partition or Logical DOS Drive
   4. Display partition information

Enter choice: [1]

Press Esc to exit FDISK
```

图 1-3

②删除硬盘原有分区

如果硬盘原来已有分区设置，在重新分区前，需要先将原有分区删除。删除硬盘分区的步骤是：删除非 DOS 分区；删除逻辑盘；删除扩展分区；删除主分区。即按照与建立分区相反的次序删除分区。

首先显示以下分区情况。在主菜单中选择 4，显示当前分区信息。显示结果表明当前已有主分区 1、扩展分区 2 和逻辑盘（提示输入"Y"显示逻辑盘），〈Esc〉键返回主菜单。

现在删除分区，在主菜单中选择 3，显示删除分区菜单。4 项分别是：删除主 DOS 分区；删除扩展 DOS 分区；删除扩展 DOS 分区中的逻辑盘；删除非 DOS 分区。

（2）软盘

软盘按尺寸分为 5.25 英寸软盘与 3.5 英寸软盘。如果按存储面数和存储信息的密度又可以分为单面单密度（SS，SD）、单面双密度（SS，DD）、双面单密度（DS，SD）、双面双密度（DS，DD）、单面高密度（SS，HD）和双面高密度（DS，HD）。目前，在微机上最常用的软盘有：5.25 英寸的双面双密度软盘，容量为 360KB；5.25 英寸的双面高密度软盘，容量为 1.2MB；3.5 英寸的双面高密度软盘，容量为 1.44MB。

特别要指出的是，在 5.25 英寸软盘的一侧有一个缺口，这个缺口称为写保护口。如果用一不透明的胶纸（习惯称为写保护纸）贴住这个缺口，则该软盘上的信息只能被读出而不能再写入。当你的软盘上存有重要数据且不再改动时，最好将此缺口用写保护纸封住，以保护该软盘上的信息不被破坏或防止染上计算机病毒。同样，在 3.5 英寸软盘的一个角上有一个滑动块，如果移动该滑动块而露出一个小孔（称为写保护孔），则该软盘上的信息也只能被读出而不能再写入。

一个完整的软磁盘存储系统由软盘、软盘驱动器和软盘控制器适配卡组成。软盘只有插入软盘驱动器，才能由磁头对软盘上的信息进行读写。控制器适配卡是软盘驱动器与主机的接口。

在使用软盘时也应注意防潮、防磁与防尘，并且对软盘不要重压与弯曲，当软盘在驱动器中正在进行读写时，不要作插拔操作。

（3）光盘

随着计算机技术的发展，光盘已越来越广泛地作为外存储器使用。

用于计算机系统的光盘主要有三类：只读性光盘、一次写入性光盘与可抹性光盘。目前在微机系统中使用最广泛的是只读性光盘。

只读性光盘（CD-ROM）只能读出信息而不能写入信息。光盘上已有的信息是在制造时由厂家根据用户要求写入的，写好后就永久保留在光盘上。CD-ROM 中的信息要通过光盘驱动器才能读取。

CD-ROM 的存储容量约为 650MB，适合于存储如百科全书、文献资料、图书目录等信息量比较大的内容。在多媒体计算机中，CD-ROM 已成为基本配置。

4．输入设备

输入设备是外界向计算机传送信息的装置。在微型计算机系统中，最常用的输入设备有键盘和鼠标器。

（1）键盘

键盘由一组按阵列方式装配在一起的按键开关组成，每按下一个键就相当于接通了相应的开关电路，把该键的代码通过接口电路送入计算机。

①主键盘区

主键盘区是键盘的主要使用区，它的键位排列与标准英文打字机的键位排列是相同的。该键区包括了所有的数字键、英文字母键、常用运算符以及标点符号等键，除此之外，还有几个特殊的控制键。

换挡键（Shift）

在主键盘区有 26 个英文字母键，有 21 个键是双符键，在每个双符键的键面上有上、下两个字符。那么，当按下某个英文字母键后，究竟代表小写字母还是大写字母？当按下某个双符键后，究竟代表下面的字符还是上面的字符？这就需要由换挡键来控制。在一般情况下，单独按下一个双符键时所代表的是键面上的下面那个字符；但如果在按下换挡键（Shift）的同时又按下某个双符键，则代表该键面上的上面那个字符。例如，若单独按下双符键 + = ，则代表字符" = "；但如果同时按下换挡键（Shift）与双符键 + = ，则代表字符" + "。对于 26 个英文字母来说，如果单独按下某个英文字母键时代表小写字母，按下换挡键与某英文字母键时代表大写字母。

大小写字母转换键（Caps Lock）

每按一次该键后，英文字母的大小写状态转换一次。通常，在对计算机加电后，英文字母的初始状态为小写。当个别字母需要改变大小写状态时，也可以用换挡键来实现。

制表键（Tab）

每按一次该键，将在输入的当前行上跳过 8 个字符的位置。

退格键（BackSpace）

每按一次该键，将删除当前光标位置的前一个字符。

回车键（Enter）

每按一次该键，将换到下一行的行首输入。

空格键

每按一次该键，将在当前输入的位置上空出一个字符的位置。

Ctrl 键与 Alt 键

这两个键往往分别与其他键组合表示某个控制或操作，它们在不同的软件系统中将定义出不同的功能。

②小键盘区

小键盘区又称数字键区。这个区中的多数键具有双重功能：一是代表数字，二是代表某种编辑功能。它为专门进行数据录入的用户提供了很大方便。

③功能键区

这个区中有 12 个功能键 F1 ~ F12，每个功能键的功能由软件系统定义。

④编辑键区

这个区中的所有键主要用于编辑修改。

（2）鼠标器

鼠标器可以方便、准确地移动光标进行定位，它是一般窗口软件和绘图软件的首选输入设备。一般来说，当使用鼠标器的软件系统启动后，在计算机的显示屏幕上就会出现一个"指针光标"，其形状一般为一个箭头。

鼠标器的最基本操作有以下 3 个。

①移动

在移动鼠标器时，屏幕上的指针光标将作同方向的移动，并且，鼠标器在工作台面上的移动距离与指针光标在屏幕上的移动距离成一定的比例。

②按击

按击包括单击（即按一下按钮）和双击（即快速连续地按两下按钮）两种。

按击鼠标器按钮主要用于选取指针光标所指的内容，命令计算机去做一件相应的事情。具体操作步骤是：首先通过移动鼠标器将屏幕上的指针光标移动到指向你所要选取的对象，如一个菜单名称、一个软件名称或某个特定的符号，然后根据规定按鼠标器上的按钮一下或两下就选中该对象了，计算机将完成相应的功能。

③拖拽

拖拽是按住鼠标器的按钮不放开而移动鼠标器，此时，被按击的对象就会随着鼠标器的移动在屏幕移动，当移到目的地后再放开按钮。例如，用鼠标器的拖拽动作可以方便地在屏幕上移动一个图形。

由鼠标器的这些基本操作可以看出，使用鼠标器的明显优点是简单、直观、移动速度快。当需要计算机做一项工作时，只需要把指针光标指到屏幕上相应的选择项，然后按一下或两下鼠标器的按钮，就向计算机发出了执行工作的命令。这要比用键盘输入命令更简单、更直观，也不容易出错。

5. 输出设备

输出设备的作用是将计算机中的数据信息传送到外部媒介，并转化成某种为人们所需要的表示形式。例如，将计算机中的程序、程序运行结果、图形、录入的文章等在显示器上显示出来，或者用打印机打印出来。在微机系统中，最常用的输出设备是显示器和打印机。有时根据需要还可以配置其他的输出设备，如绘图仪等。

（1）显示器

显示器又称监视器（Monitor），它是计算机系统中最基本的输出设备，也是计算机系统不可缺少的部分。微机系统中使用的阴极射线显示器简称 CRT。

现在一般显示器分辨率约为 1 024×768、1 280×600 等。

（2）打印机

打印机是将微机中的信息拷贝到纸张、胶片介质上的输出设备。早期的普通计算机用户，主要用打印机打印文字，现在可以打印出非常精美的图片。打印机也是计算机系统最常用的输出设备。

①打印机的类型

按照打印机的原理可分为击打式打印机和非击打式打印机两大类。击打式打印机中最普遍使用的是针式打印机（又称点阵式打印机）。非击式打印机类型很多，目前流行的有激光打印机、喷墨打印机等。

按印幅面打印机可分为宽行打印机和窄行打印机。宽行打印机可以打印 A3 幅面的纸张，窄行打印机只能打印 A4 幅面的纸张。同时打印机还有彩色和黑白打印机之分，彩色打印机能打印彩色的文字或图片。打印机通过电缆连接在机箱的并行接口上，实现与主机之间的通信，电源线直接接在电源接线板上。

②打印机的性能指标

打印机性能指标主要有分辨率、打印速度等。

分辨率：一般用每平方英寸的点数（dpi）来表示。分辨率的高低决定了打印机的打印质量。针式打印机的分辨率一般在 180dpi 左右，激光打印机分辨率在 300dpi 以上，有的可达 1 200dpi，现在喷墨打印机的分辨率已达到或超过 1 200dpi。当然，过高的分辨率会消耗较多的耗材，如果是打印一般文字，300dpi 已足够。

打印速度：一般用每秒打印字数（CPS）或每分钟打印的页数（PPM）来表示。针式打印机速度 50CPS 以上，喷墨打印机为 100CPS 以上，激光打印机打印速度在 20×10^{-6} 以上。

③针式、喷墨、激光三种打印机比较

针式打印机噪声大，喷墨和激光打印机几乎无噪声。

同幅面的针式和喷墨打印机较便宜，激光打印机较贵。

从打印机质量看，激光打印机质量最佳，针式最差，喷墨打印机已接近激光打印机效果。

不同打印机使用耗材各不相同，价格有差异。针式打印机使用色带，色带较便宜，且能同时打印 2~4 层压感打印纸，这是它现在没有被淘汰的原因。喷墨打印机使用墨盒，激光打印机使用碳粉。打印同样幅面的纸张，针式打印机成本最低，激光打印机居中，喷墨打印机最高。

家庭用打印机，从性能价格比来看，窄行喷墨打印机将是最佳选择，因为它不仅能打印黑白文字还能打印逼真的彩色图片。作为办公用的打印机，如果打印量很大，建议使用激光打印机，虽然第一次投入较大，但较高的打印质量和相对便宜的耗材是不错的回报。

二、计算机软件系统

软件是计算机系统的重要组成部分，是指程序运行所需要的数据以及与程序相关的文档资料的集合。

计算机之所以能够自动而连续地完成预定操作，就是运行特定程序的结果。计算机程序通常都是由程序设计语言进行编制，编制程序的工作称为程序设计和程序开发。

对程序进行描述的文本就称为文档。因为程序是用抽象化的计算机语言编写的，如果不是专业的程序员是很难看懂它们的，需要用自然语言对程序进行解释说明，从而形成程序的文档。

用户使用计算机的方法有两种：一种是选择合适的程序设计语言，自己编程序，以便于工作解决实际问题；另一种是使用别人编制的程序，如购买软件，这往往是为了解决某些专门问题采用的办法。

计算机软件的内容是很丰富的，对其严格分类比较困难，一般可分为系统软件和应用软件两大类。

1. 系统软件

系统软件是生成、准备和执行其他软件所需要的一组程序，它通常负责管理、监督和维护计算机各种软硬件资源。系统软件中最重要的是操作系统。操作系统是高级管理程序，是系统软件的核心，如存储管理程序、设备管理程序、信息管理程序、处理管理程序等。不同类型的计算机可能配有不同的操作系统。常见的操作系统有 DOS、Windows、Unix、Linux、OS/2 等。

系统软件还包括一些程序设计语言、服务程序和诊断程序等。

2. 应用软件

应用软件是为了解决各种实际问题而编写的计算机应用程序及其有关资料。目前，市场上有成千上万种商品化的应用软件，能够满足用户的各种要求。对于计算机的一般用户而言，只要选择合适的应用软件并学会使用该软件，就可以完成自己的工任务。下面仅列出一些常用的软件：

◇ 文字处理软件，如目前广为流行的 Windows 下的 Word、WPS 等。

◇ 电子表格软件，如 Windows 下的 Excel 软件等。

◇ 计算机辅助设计软件，如 AutoCAD、3Dmax 等。

◇ 图形图像处理软件，如 Photoshop、CorelDraw 等。

◇ 防毒软件，如江民杀毒软件、瑞星杀毒软件、卡巴斯基杀毒软件等。

◇ 浏览 Web 软件，如 Internet Explorer 等。

◇ 计算机辅助教学软件。

◇ 财务软件、企业进销存软件、生产管理软件、OA、政务系统等。

◇ 游戏软件。

以系统软件作为基础和桥梁，用户能够使用各种各样的应用软件，让计算机为自己完成所需要的工作，而这一切都是由作为系统软件核心的操作系统进行管理控制的。

第三节　计算机网络介绍

计算机网络是计算机技术和通讯技术互相渗透，不断发展的产物。在信息社会中，信息工业将成为社会经济中发展最快和最大的一个部门。为提高信息工业的生产力，必须提供全社会的、经济的、快速方便的存取信息手段，这种手段是由计算机来实现的。

一、网络概念

所谓计算机网络，是指位于不同地理区域的计算机与专门的外部设备用通信线路互连成一个规模大、功能强的网络系统，从而使众多的计算机可以方便地互相传递信息，共享硬件、软件、数据信息等资源。

从 20 世纪 80 年代末开始，计算机网络技术进入新的发展阶段，它以将光纤通信应用于计算机网络、多媒体技术、综合业务数字网络（ISDN）、人工智能网络的出现和发展为主要标志。20 世纪 90 年代至 21 世纪初是计算机网络高速发展的时期，计算机网络的应用将向更高层次发展，尤其是 Internet 网的建立，推动了计算机网络的飞速发展。

二、网络特点

据预测，今后计算机网络具有以下几个特点。

（1）开放式的网络体系结构。使用不同硬件环境、不同网络协议的网可以互连，真正达到资源共享、数据通信和分布处理的目标。

（2）高性能。追求高速、高可靠和高安全性，采用多媒体技术、提供文本、声音、图像等综合性服务。

（3）智能化。多方面提高网络的性能和综合的多功能服务，并更加合理地进行网络上各种业务的管理，真正以分布和开放的形式向用户提供服务。

三、组建局域网

1. TCP/IP 介绍

TCP/IP 是互联网和大多数局域网所采用的一组协议。在 TCP/IP 协议中，连接到网络上的每个主机（计算机或其他通讯设备）都有一个唯一的 IP 地址。IP 地址由四个字节（每个字节的取值范围为 0 到 255）组成，字节之间用小数点隔开。通过这样的 IP 地址，就可以区分局域网上的主机。例如，一个主机名为 Ecsi 的计算机的 IP 地址可以是 192. 168. 7. 127。为了不将同一 IP 地址分配给多个主机，应当注意避免使用那些为局域网保留的 IP 地址。保留 IP 地址通常以 192. 168. 开头。

2. 局域网的网络地址

在局域网上的所有计算机，其 IP 地址的前三个字节都应该是相同的。比如说，若有一个包括 128 台主机的局域网，这些主机的 IP 地址就可以从 192. 168. 1. x 开始分配，其中 x 表示 2 到 255 中任意一个数字。可以用类似的方法，为同一公司内另外 128 台计算机组建一个相邻的局域网。当然在一个局域网中并不是仅能包含 128 台计算机，你还可以组建更大的局域网络。

网络 IP 地址被分为若干类，这些类型决定一个局域网的规模以及它可以拥有的 IP 地址个数。比如说，A 类的局域网的 IP 地址超过 16 000 000 个，而 B 类局域网所拥有的 IP 地址数大约只有 65 000 个。局域网的规模大小取决于保留地址范围、以及子网掩码。

3. 网络地址和广播地址

组建局域网时还要注意，IP 地址范围的两个边界地址被保留为该局域网的网络地址和广播地址。应用程序可以使用网络地址来表示整个本地网络。而广播地址则可用来将同样的消息同时发送给网络上所有主机。例如，要使用的地址范围为 192.168.1.0 到 192.168.1.256，则第一个 IP 地址（192.168.1.0）被保留为网络地址，而最后一个地址（192.168.1.256）被保留成广播地址。因此，给这个局域网上的计算机分配 IP 地址时，只能在 192.168.1.1 到 192.168.1.255 之间选择。

4. 子网掩码

局域网上的每个主机都有一个子网掩码。子网掩码由四个字节组成，它的值为 255 时表示 IP 地址中网络地址的部分，值为 0 时则识别 IP 地址中表示主机号的部分。比如说，子网掩码 255.255.255.0 可以用来决定主机所处的局域网。子网掩码最后的 0 则决定该主机在局域网中的位置。

5. 域名

域名（或称为网络名）由唯一的名字和标准互联网后缀组成，这些后缀包括 .com，.org，.mil，.net 等。只要你的局域网有一个简单的拨号连接，并且不直接为其他的主机提供某些类型的服务，就可以随意给它命名。这个例子里组建的网络被认为是秘密私有的，因为它使用了在 192.168.1.x 范围内的 IP 地址。因此，执行了上述操作之后，从互联网上依然无法根据所选择的域名与主机连接。你还需要一个"官方"正式域名才能达到此目的。

6. 主机名

组建局域网时的另一个重要步骤，是为局域网上所有的计算机分配主机名。为了识别局域网中的主机，主机名必须是唯一的。同时，主机名也不能包含空格或标点符号。例如，Ecsi、Trinity、Tank、Oracle 以及 Dozer 这 5 个名字都是合法的主机名，你可以将它们分配给局域网上的 5 个主机。此外，选择主机名时还有一些技巧：例如，简短的主机名能够减少打字量、容易记忆的名字便于日后通讯等。局域网上所有的主机都应当拥有同样的网络地址、广播地址、子网掩码和域名，因为这些地址标志出一个局域网的全部内容。局域网上所有的计算机都拥有一个主机名和 IP 地址作为识别它们的唯一标志。若某个局域网的网络地址是 192.168.1.0，广播地址 192.168.1.256。则其他主机的 IP 地址就在 192.168.1.1 和 192.168.1.255 之间。

7. 分配 IP 地址

在局域网中分配 IP 地址的方法有两种。你可以为局域网上所有主机都手工分配一个静态 IP 地址；也可以使用一个特殊服务器来动态分配，即当一个主机登录到网络上时，服务器就自动为该主机分配一个动态 IP 地址。

8. 静态 IP 地址分配

静态 IP 地址分配意味着为局域网上的每台计算机都手工分配唯一的 IP 地址。同一局域网中所有主机 IP 地址的前三个字节都相同，但最后一个字节却是唯一的。并且每个计算机都必须分配一个唯一的主机名。局域网上的每个主机将拥有同样的网络地址（192.168.1.0）、广播地址（192.168.1.256）、子网掩码（255.255.255.0）和域名（jisuanjipeixun.com）。最好在分配时，记录下局域网上所有主机的主机名和 IP 地址，以便日后扩展网络时参考。

9. 动态 IP 地址分配

IP 地址的动态分配是通过一个叫做 DHCP（Dynamic Host Configuration Program 动态主机配置程序）的服务器或主机来完成的，当计算机登录到局域网上时，DHCP 服务器就会自动为它分配一个唯一的 IP 地址。名为 BootP 的程序也能够提供类似的动态分配服务。DHCP/

BootP 服务可以是程序或设备，但必须在拥有唯一 IP 地址的主机上运行。路由器可以看作一个 DHCP 设备的例子，它的一端充当以太网集线器（Ethernet hub，一种允许多个主机通过以太网插口和指定端口连接的通讯设备），另一端则可以连接到互联网上。另外，DHCP 服务器也需要分配网络和广播地址。在动态分配 IP 地址的网络系统里，不需要手工分配主机名和域名。

10. 局域网中的硬件

如果缺少将计算机连接到一起的硬件，分配主机名和 IP 地址也就毫无用处。目前有若干种不同类型的网络硬件体系，比如以太网（Ethernet）、令牌环（Token Ring）、光纤分布式数据接口（FDDI）、令牌总线（Token Bus）等。由于以太网是应用最广泛的硬件体系，这里将主要介绍它所需要的硬件。为每台计算机准备一块以太网卡（Ethernet Network Interface Card，NIC），一个端口数至少和待连接计算机一样多的以太网兼容集线器，以及将网卡与集线器相连的网线（或 10BaseT 的电缆）。

11. 学校局域网

对于组建含有几十台计算机的校园局域网可选择的设置为：拓扑结构：星型；网络类型：对等式；通讯协议：NetBEUI、IPX/SPX、TCP/IP；双绞线：5 类；网卡：10/100M 自适应；集线器：10/100M 自适应可堆叠，并根据实际机数选择端口数目；操作系统：Windows 2000 Server。

学校的局域网的安装：

（1）首先安装好操作系统、网卡及其驱动程序，并完成集线器和网卡的连接。

（2）安装网络通讯协议

在"控制面板"——"网络"中添加"Microsoft"的 NetBEUI、IPX/SPX 、TCP/IP 协议。

（3）设置 TCP/IP 网络协议

在"网络属性"的"TCP/IP 属性"中指定 IP 地址为 192.168.1.X，其中 X 代表计算机的号数，子码掩码为 255.255.255.0。注意绝对不能出现两台计算机的 IP 地址相同。如果服务器中安装有 Windows NT Server 4.0 或 Windows 2000 Server，可以在服务器中用 DHCP 来动态分配客户机的 IP 地址，这时客户机中选"自动获取 IP 地址"即可。

（4）标识计算机

在"网络属性"的"标识"项中输入"计算机名"、"工作组"、"计算机说明"，其中"计算机名"绝对要唯一，否则就可能无法登录或造成网络用户名称的混乱，可以在其中输入"USERX"，其中 X 代表机器的号数。在一个对等网中可以存在一个或多个工作组，但是，只有位于同一工作组中的用户才能相互通信，一般我们只需统一输入一个工作组即可。"计算机说明"中的内容不重要，不会影响用户在网络中的工作，可以输入一些附属文字，也可以不输入任何内容。

（5）选择用户登录方式

在"网络属性"的"主网络登录"下方选择"Windows 登录"或"Microsoft 友好登录"。其中"Windows 登录"和"Microsoft 友好登录"用于对等网，"Microsoft 网络用户"用于登录 NT 服务器，"NetWare 网络用户"用于登录 NetWare 服务器。

（6）设置共享

在"网络属性"的"文件及打印共享"中选择"允许其他用户访问我的文件"和"允

许其他计算机使用我的打印机"。Windows 95、Windows 98 对等网中，可共享的资源有文件、光驱、打印机等，但不能够对单个文件设置共享权限。只要对该文件所在的文件夹设置共享，就会使该文件夹下的所有文件及子文件夹都具有相同的共享属性。若需对单个文件设置共享，可选 Windows NT Server 4.0 或 Windows 2000 Server 作为服务器的操作系统，则可对单个文件的权限进行比较详细的设置。

（7）网络测试

启动计算机，在"网上邻居"中观察是否出现了全部的计算机和工作组，并且是否全部共享的资源都能使用。若有问题，可以利用 Ping、Winipcfg、Ipconfig、NetStat 等网络命令来测试网络是否正常连接，同时还需注意网卡、水晶头、双绞线、集线器等设备是否能良好地接触。

第四节　多媒体技术简介

随着微电子、计算机、通信和数字化声像技术的飞速发展，多媒体计算机技术应运而生。目前，计算机处理的信息主要是字符和图形，人机交互的界面主要是键盘和显示器。这与人类通过听、说、读、写，甚至通过表情和触摸进行交流相比，当前人与计算机交流的方式还处于非常初级的阶段。在人们所接受的信息中，有80%来自视觉，这不仅包括文字、数字和图形，更重要的是图像。声音和语言也是人们获取信息的重要方式。因此，为了改善人与计算机之间的交互界面，使界面集声、文、图、像于一体，就要开发多媒体技术。

一、多媒体技术的特点

多媒体技术是指利用计算机技术把文本、声音、图形和图像等多媒体综合一体化，使它们建立起逻辑联系，并能进行加工处理的技术。这里所说的"加工处理"主要是指对这些媒体的录入、对信息进行压缩和解压缩、存储、显示、传输等。

多媒体技术具有以下一些特征。

1. 集成性

多媒体技术的集成性是指将多种媒体有机地组织在一起，共同表达一个完整的多媒体信息，使声、文、图、像一体化。

2. 交互性

交互性是指人和计算机能"对话"，以便进行人工干预控制。交互性是多媒体技术的关键特征。

3. 数字化

数字化是指多媒体中的各个单媒体都是以数字形式存放在计算机中。

4. 实时性

多媒体技术是多种媒体集成的技术，在这些媒体中，有些媒体（如声音和图像）是与时间密切相关的，这就决定了多媒体技术必须要支持实时处理。

多媒体技术是基于计算机技术的综合技术，它包括数字信号处理技术、音频和视频技术、计算机硬件和软件技术，人工智能和模式识别技术、通信和图像技术等。它是正处于发展过程中的一门跨学科的综合性高新技术。

二、多媒体计算机系统

所谓多媒体计算机是指能综合处理多媒体信息，使多种信息建立联系，并具有交互性的计算机系统。

多媒体计算机系统一般由多媒体计算机硬件系统和多媒体计算机软件系统组成。

1. 多媒体计算机硬件系统

多媒体计算机硬件系统主要包括以下几部分。

多媒体主机，如个人机、工作站、超级微机等；

多媒体输入设备，如摄像机、电视机、麦克风、录像机、录音机、视盘、扫描仪、CD-ROM、DVD 等；

多媒体输出设备，如打印机、绘图仪、音响、电视机、录音机、录像机、高分辨率屏幕等；

多媒体存储设备，如硬盘、光盘、声像磁带等；

多媒体功能卡，如视频卡、声音卡、压缩卡、家电控制卡、通信卡等；

操纵控制设备，如鼠标器、操纵杆、键盘、触摸屏等。

2. 多媒体计算机软件系统

多媒体计算机软件系统是以操作系统为基础的。除此之外，还有多媒体数据库管理系统、多媒体压缩/解压缩软件、多媒体声像同步软件、多媒体通信软件等。特别需要指出的是，多媒体系统在不同领域中的应用需要有多种开发工具，而多媒体开发和创作工具为多媒体系统提供了方便直观的创作途经，一些多媒体开发软件包提供了图形、色彩板、声音、动画、图像及各种媒体文件的转换与编辑手段。

第五节　计算机病毒及防治

什么是计算机病毒呢？计算机病毒（Computer Viruses）是一种人为特制程序，具有自我复制能力，通过非授权人入侵而隐藏在可执行程序和数据文件中，影响和破坏正常程序的执行和数据安全，具有相当大的破坏性。计算机一旦有了计算机病毒，就会很快地扩散，这种现象如同生物体传染生物病毒一样，具有很强的传染性。传染性是计算机病毒最根本的特征，也是病毒与正常程序的本质区别。

一、病毒的种类

计算机病毒有成千上万种，几乎每天都会有新的病毒品产生。下面简要列出常见病毒的种类。

1. 引导型病毒

此种计算机病毒会感染硬盘的引导扇区，致使计算机无法顺利启动，进而破坏硬盘中的数据。

2. 文件型病毒

此种病毒会感染文件，并寄生在文件中，进而感染其他文件，造成文件损毁。

3. 混合型病毒

此种病毒兼具引导型病毒和文件型病毒的特性，不但能够感染、破坏硬盘的引导区，而且能够感染、破坏文件，令人防不胜防。

4. 宏病毒

此种病毒是利用 Word 的宏指令写成的，所以，称为宏病毒，宏病毒专门感染、破坏 Word 文档。

5. 电子邮件病毒

此种病毒利用电子邮件的方式进行传播和感染，所以，称为电子邮件病毒。电子邮件病毒不但会破坏文件，而且会破坏系统的引导扇区，更厉害的是它会自行搜索用户电子信箱中的地址，然后传送出去。

二、计算机病毒的一般症状

1. 程序装入时间长，运行异常；
2. 有规律的表现异常信息；
3. 用户访问设备（例如打印机）时发现异常情况，如打印机不能联机或打印符号异常；
4. 磁盘的空间突然变小了，或不识别磁盘设备；
5. 程序或数据神秘的丢失了，文件名不能辨认；
6. 显示器上经常出现一些莫名奇妙的信息或异常显示（如白斑或圆点等）；
7. 机器经常出现死机现象或不能正常启动。

三、防治计算机病毒

如果发现了计算机病毒，应立即清除。清除病毒的方法通常有两种：人工处理和利用反病毒软件。

如果发现磁盘引导区的记录被破坏，就可以用正确的引导记录覆盖它；如果发现某一文件已经感染上病毒，则可以恢复那个正常的文件或消除链接在该文件上的病毒，或者干脆清除该文件等，这些都属于人工处理。清除病毒的人工处理方法是很重要的，但是，人工处理容易出错，有一定的危险性，如果不慎误操作将会造成系统数据的损失，不合理的处理方法还可能导致意料不到的后果。

通常反病毒软件具有对特定种类的病毒进行检测的功能，有的软件可查出几十种甚至几百种病毒，并且大部分反病毒软件可同时消除查出来的病毒。另外，利用反病毒软件消除病毒时，一般不会因清除病毒而破坏系统中的正常数据。特别是反病毒软件有明显的菜单提示，使用户的操作非常简便，但是，利用反病毒软件很难处理计算机病毒的某些变种，要经常在网络上升级反病毒软件。

计算机病毒危害很大，使用计算机系统，尤其是微型计算机系统，必须采取有效措施，防止计算机病毒的感染和发作。

1. 人工预防

人工预防也称标志免疫法。因为任何一种病毒均有一定标志，将此标志固定在某一位置，然后把程序修改正确，达到免疫的目的。

2. 软件预防

目前，主要是使用计算机病毒的疫苗程序，这种程序能够监督系统运行，并防止某些病毒入侵。国际上推出的计算机病毒预防产品如英国的 Vaccin 软件，它发现磁盘及内存有变化时，就立即通知用户，由用户采取措施处理。

3. 硬件预防

硬件预防主要采取两种方法：一是改变计算机系统结构；二是插入附加固件。目前主要是采用后者，即将防病毒卡的固件（简称防毒卡）插到主机板上，当系统启动后先自动执行，从而取得 CPU 的控制权。

4. 管理预防

这是目前最有效的一种预防病毒的措施。目前各国家都采用这种方法。一般通过以下途径：

法律制度：规定制造计算机病毒是违法行为，对罪犯用法律制裁。

计算机系统管理制度：有系统使用权限的规定、系统支持资料的建立和健全的规定、文件使用的规定、定期清除病毒和更新磁盘的规定等。

第六节　黑客及防御策略

除了计算机病毒以外，受网络黑客控制的黑客程序也是困扰计算机网络安全的一个重要因素。黑客程序与病毒往往有着密不可分的关系，很多黑客程序也具有病毒的特征，如感染性、隐藏性和破坏性等。

黑客是英文 Hacker 的译音，其实在英文中的 Hacker 并没有"黑"的意思，Hacker 来源于英文的"Hack"，原意是"劈、砍"，引申为"做了一件非常漂亮的工作"。

最早的黑客起源于 20 世纪 50 年代，他们利用分时技术完成了使多个用户同时执行多道程序的工作。20 世纪 60 年代，黑客是指那些独立思考、奉公守法的计算机迷，他们发明并产生了个人计算机，并且一度成为计算机发展史上的英雄，为推动计算机的发展起了重要的作用。但是，从信息安全这个角度来说，黑客的普遍含义是指计算机系统的非法侵入者。多数黑客都痴迷计算机，他们毫无顾忌地非法闯入信息禁区或者重要网站，以窃取重要的信息资源、篡改网址信息或者删除内容为目的，于是黑客又成了入侵者、破坏者的代名词。

要具体地说黑客类型的病毒发作是什么样子比较难，原因是很容易和计算机病毒发作时的状态相混淆。如果用户的计算机上网工作时出现以下现象，则有可能是受到了黑客的侵入，应立即脱机，并请专业技术人员进行检查：系统有时死机，有时又重新启动；莫名其妙地出现频繁的硬盘读写操作；某些程序自动地被运行或关闭；鼠标光标自动地移动。

目前，有些杀毒软件已将黑客程序当作病毒对待，并能进行杀除。也可以通过安装防火墙（能够实现网络与外界信息的过滤，实时监视网络中的信息流，限制上网访问的人员，保护本地计算机不被病毒、黑客破坏的软件或专用电子设备）来防止黑客的入侵。此外，养成良好的上网用机习惯也能在相当程度上防止黑客类病毒的入侵。例如，不要随便打开别人发来的电子邮件附件；在使用 QQ、MSN 时，不要轻易让陌生人把你加入好友名单；用户密码不要用名字的拼音、生日数字、电话号码等表示，以防被黑客破译。

第七节 本章小结

本章主要讲解了计算机发展史、计算机的分类、计算机的组成及工作原理、计算机的软硬件知识、计算机的应用领域、计算机病毒及其防治知识。通过本章的学习，读者应对计算机有所认识。

（黑龙江省计算中心　丁京复）

第八节 练 习

一、填空题

1. 计算机系统由_____和_____构成。
2. 软件分为_____和_____。
3. 计算机病毒是_____。
4. 计算机病毒种类有_____、_____、_____、_____、_____。

二、选择题

1. 下列 4 条关于计算机基础知识的叙述中，正确的是（　　）。
A. 微型计算机是指体积微小的计算机
B. 存储器必须在电源电压正常时才能存取信息
C. 字长 32 位的计算机是指能计算最大为 32 位二进制的计算机
D. 防止软盘感染计算机病毒的方法是定期对软盘格式化
2. 微型计算机主要包括（　　）。
A. 电源、打印机、主机
B. 硬件、软件、固件
C. CPU、中央处理器、存储器
D. CPU、存储器、I/O 设备
3. 微型计算机必不可少的输入/输出设备是（　　）。
A. 键盘和显示器　　　　　　　　　B. 键盘和鼠标
C. 显示器和打印机　　　　　　　　D. 鼠标器和打印机
4. 硬盘工作时，应该注意避免（　　）。
A. 光线直射　　　　B. 强烈震动　　　　C. 潮湿　　　　D. 噪声
5. 硬盘的读写速度比软盘快得多，容量与软盘相比（　　）。
A. 差不多　　　　B. 大得多　　　　C. 小得多　　　　D. 小一些
6. 下列说法中正确的是（　　）。
A. 计算机体积大，其功能就越强

B. 在微型机性能指标中，CPU 的主频越高，其运算速度越快

C. 两个显示器屏幕大小相同，则它们的分辨率必定相同

D. 点陈打印机的针数越多，则能打印的汉字字体就越多

7. 影响磁盘存储容量的因素是（　　　）。

A. 所用的磁面数目　　　　B. 磁道数目　　　　　　C. 扇区数目　　　　　D. 以上都是

8. 下列几种存储器中，存取周期最短的是（　　　）。

A. 内存储器　　　　　　　B. 光盘存储器　　　　　C. 硬盘存储器　　　　D. 软盘存储器

9. 下列说法中，只有（　　　）是正确的。

A. ROM 是只读存储器，其中的内容只能读一次，下次再读就读不出来了

B. 硬盘通常只装在主机箱内，所以硬盘属于内存

C. CPU 不能直接与外存打交道

D. 任何存储器都有记忆能力，即不会丢失

10. 微型计算机中使用的打印机通常是连接在（　　　）。

A. 并行接口上　　　　　　B. 串行接口上　　　　　C. 显示器接口上　　　D. 键盘接口上

三、简答题

1. 计算机按规模划分哪几类？

2. 计算机的发展趋势如何？

3. ROM 和 RAM 有什么区别？

4. 使用软盘应该注意哪几点？

5. 预防计算机病毒的措施包括哪些？

第二章 中文 Windows XP 操作系统

本章要点

操作系统是计算机软件系统最基本、最重要的系统软件，它控制和管理计算机的软、硬件资源，合理地组织安排计算机的工作流程，提供给用户方便使用计算机的接口，操作系统在计算机中扮演了一个管家的角色。目前比较流行的操作系统有 Windows、UNIX 和 Linux。本章主要介绍中文 Windows XP 操作系统的使用方法和操作技巧。

本章内容

➢ Windows XP 使用初步
➢ 文件与文件夹管理
➢ 磁盘管理与维护
➢ Windows XP 桌面
➢ Windows XP 的控制面板
➢ 汉字输入法

第一节　Windows XP 使用初步

Windows XP 是 Microsoft 公司推出的计算机操作系统，XP 是 ExPerience 的缩写，意味着将给用户在应用上带来更多的新体验。Windows XP 不仅继承了 Windows Me 和 Windows2000 的功能和特色，还在原有的基础上增添了许多新功能，这使得 WindowsXP 界面更亮丽、使用更容易、操作更简单、系统更安全。

一、启动 Windows XP

启动 Windows XP 的一般步骤如下。

1. 依次序打开主机电源开关和外部设备的电源开关，例如，显示器开关。

2. 计算机执行硬件测试，测试无误后即开始系统引导，如果计算机内仅安装 Windows XP 操作系统，则自动引导 Windows XP 操作系统。

3. 开机后等几秒钟时间，就会看到十分漂亮的用户登录界面，在外观上与以前的各个 Windows 版本都有很大的区别，在登陆界面中列出了已经创建的用户账户，并且每个用户都配有一个图标。

4. 登录 Windows XP 的过程也比较简单，因为不需要输入用户名了，对于没有设置密码的账户，只需单击相应的用户图标，即可进行登录；对于设置了密码的账户，会弹出一个文本框，让用户输入密码才能进行登录；有的 WindowsXP 系统开机后自动登录无须任何操作。

二、鼠标的基本应用

要灵活使用 Windows XP 操作系统，首先要学会使用鼠标，由于 Windows XP 采用图形用户界面，使用鼠标可以快速、直观地操作界面上的各种对象，下面简单介绍鼠标的基本操作。

- 指向　将鼠标指针移到某个对象上，但不会选择对象。
- 单击　快速按下鼠标左键并立即释放，该操作常用于选定某个对象（例如：图标、选项或按钮等）。
- 右击　快速按下鼠标右键并立即释放，会弹出对象快捷菜单或帮助提示等。
- 双击　连续两次快速击打鼠标左键，该操作常用于启动程序或打开窗口。
- 拖动　用鼠标左键单击某个对象，并且按住不放，移动鼠标到另一个位置，再释放鼠标左键，该操作常用于将对象移到新的位置。

三、Windows XP 桌面组成

成功启动 Windows XP 后，就会看到如图 2－1 所示的桌面，桌面也称为工作桌面或工作台，是指 Windows XP 所占据的屏幕空间，也可以理解为窗口、图标、对话框等项目所在的屏幕背景，用户向系统发出的各种操作命令都是通过桌面来接受和处理的。Windows XP 对桌面进行了重大的改进，采用了亮丽的色彩，减少了桌面图标的数量。

图 2－1

Windows XP 桌面通常包括"我的文档"、"我的电脑"、"网上邻居"、"回收站"、"任务栏"、"开始"等基本应用程序图标和按钮。

任务栏是位于桌面底部的蓝色长条，Windows XP 是一个多任务操作系统，允许用户同时运行多个程序，每个打开的窗口在任务栏上都有一个对应的任务按钮，用户可以通过单击相应的按钮在已经打开的窗口之间来回切换。

"开始"按钮位于任务栏的左侧，单击按钮可以打开"开始"菜单，用于执行 Windows XP 所有程序。

四、运行与关闭应用程序

Windows XP 附带有很多功能强大的应用程序，如文字处理程序——"写字板"，图形制作处理程序——"画图"，各种系统工具软件、网络软件、多媒体软件等，还有众多在 Windows XP 平台上运行的应用程序，如：Word 、Excel、PowerPoint、五笔字型等各种应用软件、教学软件、游戏软件等，在 Windows XP 下运行这些应用程序主要有以下几种方法。

从"开始"菜单运行应用程序

在 Windows XP 中，大多数应用程序都可以从"开始"菜单中启动。下面以启动"附件"菜单中的"画图"程序为例，介绍启动应用程序的一般操作步骤。

1. 鼠标左键单击"开始"按钮，出现"开始"菜单，将鼠标指向"所有程序"命令，出现"所有程序"级联菜单。

2. 将鼠标指向"附件"命令，出现"附件"级联菜单，如图 2 - 2 所示。

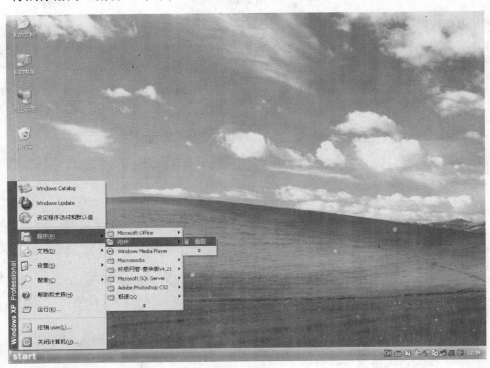

图 2 - 2

3. 鼠标左键单击"画图"命令,即可启动该程序。如图 2 – 3 所示就是启动"画图"程序后出现的窗口。

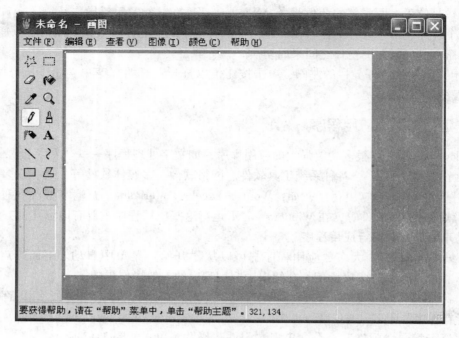

图 2 – 3

使用"运行"命令启动应用程序

如果在"开始"菜单中找不到要启动程序所对应的命令,并且知道了程序的名称和所在的文件路径,可以使用"运行"命令启动程序。具体操作步骤如下。

1. 鼠标左键单击"开始"菜单中的"运行"命令,打开如图 2 – 4 所示的"运行"对话框。

图 2 – 4

2. 在"打开"文本框中输入要启动程序的完整路径和文件名,或者单击"浏览"按钮查找并选择要启动的程序名。

3. 如果某个程序需要带上参数,则在"打开"文本框的程序名后输入相应的参数。

4. 单击"确定"按钮即可启动程序软件。

在应用程序之间切换

Windows XP 可以同时运行多个程序,每个程序都在其自己的窗口中运行。切换应用程序窗口时不是关闭当前正在使用的窗口,而是使另一窗口成为活动窗口。

　　如果在屏幕上能够看到要切换的窗口，只需单击该窗口即可；如果在屏幕上看不到要切换的窗口，只需单击任务栏中代表窗口的任务按钮即可。

　　也可用键盘在应用程序之间进行切换，按下 Alt + Tab 组合键，显示所有已经启动的应用程序图标和名字。每次按 Tab 键时，选择一个应用程序，在该应用程序的图标周围就会出现一个蓝色的边框。当选择要使用的应用程序时放开 Alt 键，Windows XP 会讯速切换到该应用程序窗口中。

　　另外，还可以利用"Windows XP 任务管理器"来切换应用程序，鼠标右键单击任务栏上的空白区域，在弹出的快捷菜单中选择"任务管理器"命令，打开如图 2 - 5 所示的"Windows XP 任务管理器"对话框。在任务管理器列表框中列出了当前系统中正在运行的应用程序及其运行状态，用户只需在列表框中选择想要切换到的应用程序名，然后单击"切换至"按钮即可。

图 2 - 5

关闭应用程序

　　在完成应用程序的工作后，应该关闭应用程序，用户可以采用以下几种方法来关闭应用程序：

　　● 选择"文件"菜单中的"退出"命令。

　　● 单击应用程序窗口右上角的"关闭"按钮。

　　● 按 Alt + F4 组合键。

　　● 单击应用程序窗口左上角的系统菜单按钮，然后从出现的菜单中选择"关闭"命令。

　　如果使用以上的关闭方法，并且在退出时尚有信息没有保存，应用程序会弹出对话框提醒用户是否要保存文档。

　　注意：如果要退出没有响应的程序，那么可以同时按下 Ctrl + Alt + Delete 键，在打开的"Windows XP 任务管理器"对话框中单击"应用程序"标签，从"任务"列表框中选择没有响应的程序，然后鼠标左键单击"结束任务"按钮。

五、窗口的基本操作

窗口是桌面上用于查看应用程序或文档等信息的一块矩形区域。Windows XP 中有应用程序窗口、文件夹窗口、对话框窗口等。在同时打开的几个窗口中，有"前台"和"后台"窗口之分。用户当前操作的窗口，称为活动窗口或前台窗口；其他窗口为非活动窗口或后台窗口。前台窗口的标题栏颜色和亮度格外醒目，后台窗口的标题栏呈浅色。

窗口类型

一般来说，窗口的类型大致可以分为 Windows XP 的文件夹窗口和应用程序窗口。文件夹窗口主要用于显示所包含的文件和文件夹，常见的文件夹窗口有"我的文档"、"我的电脑"等。例如，单击"开始"菜单中的"我的电脑"命令，打开如图 2 – 6 所示的"我的电脑"窗口，其中列出计算机系统的全部资源。"我的电脑"和"资源管理器"是访问和管理系统资源的两个重要工具，它的操作方法和作用与资源管理器类似。

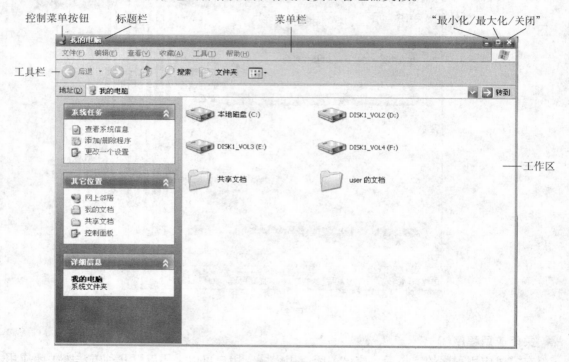

图 2 – 6

当用户使用鼠标单击选定一个磁盘驱动器时，左侧的"详细信息"区中会显示该驱动器的容量大小，已用空间大小和可用空间大小等信息。

鼠标双击查看的驱动器或文件夹的图标，打开一个新的窗口来显示该驱动器或文件夹中的内容。例如，鼠标双击"本地磁盘（C:）"图标，可以查看 C 盘中的内容。如果用户想继续了解某个文件夹中包含的内容，则用鼠标双击该文件夹的图标就可以了。

应用程序窗口是应用程序的操作场所。当打开某个应用程序时，呈现在用户面前的就是该应用程序的主窗口。

移动窗口

当窗口不是处于最大化状态时，可以将窗口从一个位置移到另一个位置。移动窗口时，将鼠标指针移到该窗口的标题栏上，拖动鼠标至目标处，释放鼠标左键，即可将窗口移至新的位置。

如果要通过键盘移动窗口，可以按照下述步骤进行操作。

1. 对于应用程序窗口，按 Alt + Space（空格键）打开控制；对于文档窗口，按 Alt + 连字符键（—）打开控制菜单。

2. 按 M 键选择控制键菜单中的"移动"命令。此时，鼠标指针变成十字箭头形状。

3. 按键盘上的方向键移动窗口。

4. 到达指定的位置后，按 Enter（回车）键确定。

在结束窗口的移动操作之前，按 Esc 键则取消本次移动窗口的操作。

最小化、最大化、还原、关闭窗口

"最小化"、"最大化"、"还原"和"关闭"按钮位于标题栏的右侧。利用这些按钮，可以快速设置窗口的大小，以填满整个桌面、隐藏窗口或关闭窗口。

单击"最小化"按钮 ▬ ，该窗口被隐藏起来。单击任务栏上代表此窗口的按钮，窗口又会显示在桌面上。

单击"最大化"按钮 □ ，将窗口扩大并充满整个桌面。当窗口最大化后，"最大化"按钮被"还原"按钮所取代。

单击"还原"按钮 ▣ ，使窗口恢复到最大化前的状态。

单击"关闭"按钮 ✕ ，可以将窗口关闭。关闭窗口时，应用程序将终止运行，文件夹将被关闭，其任务按钮也从任务栏上消失。

窗口内容的复制

如果要将某个活动窗口的内容复制到另一个文档或图像中去，可以按 Alt + PrintScreen 组合键将整个窗口存入剪贴板，再切换到处理文档或图像的窗口中，选择"编辑"菜单中的"粘贴"命令，将存放在剪贴板中的窗口内容粘贴到该文档中。

如果要将整个屏幕的画面以位图形式复制到剪贴板中，可以按 PrintScreenSysRq 键，此项操作又称屏幕硬拷贝。

多窗口排列

在桌面上打开多个窗口时，会使桌面显得杂乱无章，而且也不利于从一个窗口向另一个窗口复制数据。这时，就必须利用 Windows XP 的排列窗口功能，使窗口按照一定的方式排列。

鼠标右键单击任务栏中的空白区域，从弹出的快捷菜单中选择"层叠窗口"命令，Windows XP 会将所有打开的窗口层叠在一起，使得每个窗口的标题都可见，如图 2 - 7 所示。当多个窗口被层叠排列时，要使某个窗口成为活动窗口，只需用鼠标点击该窗口的标题栏，活动窗口就会显示在其他窗口之上。

六、菜单的基本操作

菜单是 Windows XP 或 Windows XP 应用程序提供给用户使用的命令列表，它们反映了程序所具有的功能。

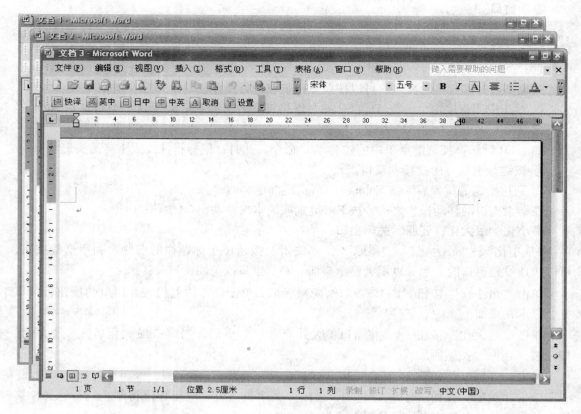

图 2-7

菜单的一些说明

文件夹窗口和应用程序菜单的一些说明如下。

● 正常的命令项和变灰的命令项　正常的命令项用黑色字符显示，用户可以选择该命令。变灰的命令项用灰色字符显示，表明当前不能选择它。例如，在"我的电脑"窗口中，选择"编辑"菜单名，出现如图 2-8 所示的下拉菜单。由于当前工作未进行编辑操作，因此，"撤销"命令无法使用。

● 名字后带有省略号的命令项　选择该命令项时，会出现一个对话框，要求用户输入某种信息或者改变某些设置。例如，选择"编辑"菜单中的"复制到文件夹"命令，出现"复制项目"对话框。

● 名字前带有"√"标记的命令项　这种命令可以让用户在两种状态之间进行切换。例如，在"我的电脑"窗口中，选择"查看"菜单名，出现如图 2-9 所示的下拉菜单。在"状态栏"菜单命令前面有"√"，表示状态栏显示在窗口中。再次单击该命令，它前面的"√"将消失，同时"我的电脑"窗口中也找不到状态栏。

● 菜单的分组线　菜单命令之间用线条分开，形成若干菜单命令组。这种分组是按照菜单命令功能组合的，同一组中命令的功能往往比较接近或相似。例如，在如图 2-9 所示的"查看"菜单中，"缩略图"、"平铺"、"图标"、"列表"和"详细信息"被安排在同一组。

● 名字前带有"●"标记的命令项　表示某个命令已经选用。在同组的菜单命令中，只

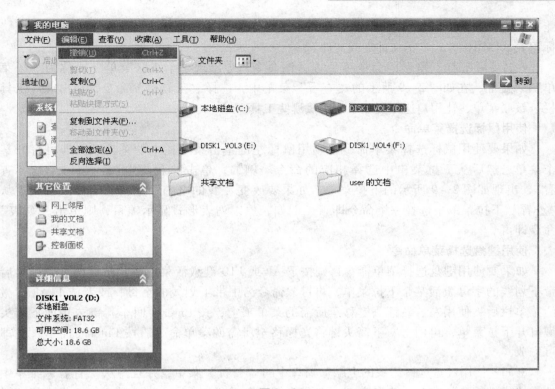

图 2-8

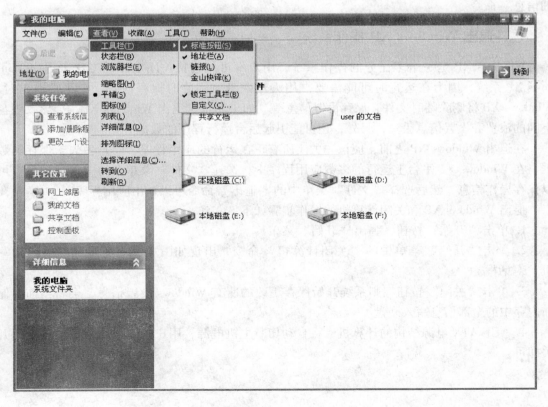

图 2-9

能有一个被选用。例如，在如图 2-9 所示的"查看"菜单中，"平铺"命令前面有"●"标记表示以图标方式显示文件夹或文件。

● 名字后带有三角形的命令项　选择该命令，会出现一个级联菜单（或称为"子菜单"）。例如，在如图 2-9 所示的"查看"菜单中，选择"工具栏"命令，会出现"工具栏"级联菜单，让用户选择要显示或隐藏哪些工具。

使用鼠标选择菜单命令

如果要使用鼠标选择菜单命令，则用鼠标左键单击菜单栏中的菜单项，即可打开某个菜单，然后从下拉菜单中选择相应的命令。例如，单击"我的电脑"窗口中的"查看"，出现如图 2-9 所示的下拉菜单。如果要改变"我的电脑"窗口查看方式，只需从"查看"下拉菜单中选择一个命令即可。例如，想以列表形式显示项目，则单击"列表"命令即可。

使用键盘选择菜单命令

如果要使用键盘选择菜单命令，则按下 Alt 或 F10 键激活菜单栏，然后键入菜单名后带下划线的字母激活某个下拉菜单，再键入命令名中带下划线的字母；或者按下 Alt 键激活菜单栏后，使用左、右箭头键移至所需的菜单项上，按 Enter（回车）键或用向下箭头键打开下拉菜单，再用上、下箭头键将光标移至所需的菜单命令后按 Enter（回车）键即可完成。

例如，使用键盘选择"我的电脑"窗口中的"查看"菜单，并且想从"查看"菜单中选择"详细信息"命令。首先按 Alt + V 组合键以激活"查看"菜单，然后按 D 键选择"详细信息"命令。

七、退出 Windows XP 操作系统

Windows XP 是一个多任务的操作系统，用户不可用直接关闭电源的方法来退出 Windows XP 系统，因为在运行时可能需要占用大量磁盘空间临时保存信息，在正常退出时，Windows XP 将删除临时文件、保存设置信息等。如果非正常退出 Windows XP，会导致硬盘空间的浪费和设置信息丢失，另外，还可能引起后台运行程序的数据丢失。

在退出 Windows XP 之前，应该先关闭所有正在运行的应用程序，防止丢失未保存的数据。在 Windows XP 平台上运行的多数应用程序中，选择"文件"菜单中的"保存"命令可以保存操作信息，然后选择"文件"菜单中的"退出"命令可以退出应用程序。

退出 Windows XP 和关闭计算机的操作步骤如下。

1. 单击"开始"按钮，弹出"开始"菜单。

2. 单击"开始"菜单中的"关闭计算机"命令，出现如图 2-10 所示的"关闭计算机"对话框。

3. 单击"关闭"按钮，则系统开始保存更改的所有 Windows 设置信息，会将当前存储在内存中的全部信息写入硬盘。

4. 使用 ATX 电源结构的计算机，将自动切断主机电源，用户只需关闭外部设备电源开关即可。

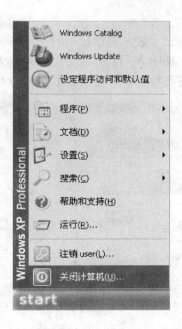

图 2 – 10

第二节 文件与文件夹管理

计算机中的所有资源都是以文件的形式组织存放的。Windows 以文件夹的形式组织管理文件，形成 Windows 的文件系统，"资源管理器"和"我的电脑"是 Windows 提供的管理文件和文件夹的两个应用程序，通过它们，用户可以实现文件的浏览、复制、移动、更名、新建、删除、打印和分类管理等多种功能。

文件

文件是计算机较为重要的概念之一，它指被赋予了名称并存储在磁盘上的信息集合，这种信息既可以是我们平常所说的文档，也可以是可执行的应用程序。为了对各种各样的文件加以归类，可以给文件加上不同的扩展名，例如，程序类文件的扩展名有 exe 或 com 等；文本类文件的扩展名有 doc 或 txt 等；图形类文件的扩展名有 bmp 或 jpg 等，为了便于用户辨别，Windows XP 将上述各种文件类型用不同的图标来表示。

文件夹

文件夹就如同现实生活中的公文袋，通过把不同类别的文件存放在各自的文件夹中，便于用户查找和管理。文件夹图标如图 2－11 所示。文件夹在文件管理中发挥着非常重要的作用，正因为文件是在文件夹中分类放置，才使文件的管理非常轻松。

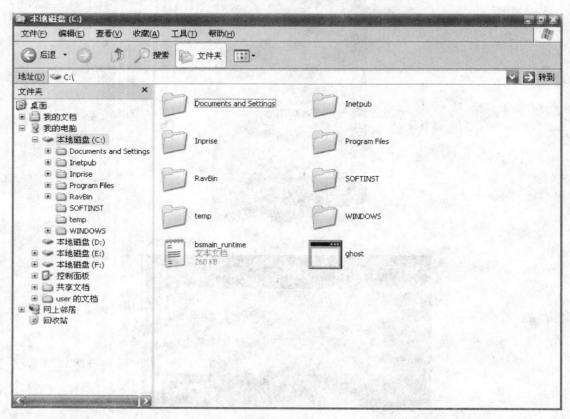

图 2－11

一、资源管理器

左键单击"开始"—"所有程序"—"附件"—"Windows 资源管理器"命令，即可启动资源管理器，打开如图 2－11 所示的"资源管理器"窗口。其实，该窗口就是"我的电脑"窗口的左侧增加了一个文件夹列表窗格，让用户很容易看出整个计算机系统的文件组织结构。

"资源管理器"有两个窗口，左窗口是文件夹列表窗格，右窗口是文件夹内容窗格。单击文件夹列表窗格右上角的"关闭"按钮，又可以转换为"我的电脑"窗口，并在左侧显示文件或文件夹的常规任务。

文件夹列表窗格以树形结构显示出系统中的所有设备。"桌面"为文件夹树的根，其下包含"我的电脑"、"网上邻居"、"我的文档"和"回收站"等。"我的电脑"下包含了计算机中的驱动器，各驱动器中又包含文件夹和文件。单击某个驱动器图标，可以在文件夹内容窗格中显示该驱动器的文件夹和文件。

在文件夹列表窗格中，有的文件夹图标左边有一小方框，其中标有加号⊞或减号⊟，有的文件夹则没有。有方框标记的表示此文件夹下包含子文件夹，没有方框标记的表示此文件夹不再包含子文件夹。单击"⊞"号，可以展开它所包含的子文件夹，当驱动器或文件夹全部展开后，"⊞"号就会变成"⊟"。单击"⊟"号，把已经展开的内容折叠起来。

如果要打开某个文件夹或文件，可以双击该文件夹或文件的图标，或者右击该文件夹或文件图标，从弹出的快捷菜单中选择"打开"命令。打开文件夹意味着显示该文件夹中包含的子文件夹；而打开文件意味着启动创建这个文件的 Windows 应用程序，并将该文件的内容显示在文档窗口中。

如果打开的文件是非文档文件，即在系统中找不到创建这个文件的应用程序将出现如图 2 - 12 所示的"打开方式"对话框，要求为其选择一个特定的应用程序完成"打开"任务。

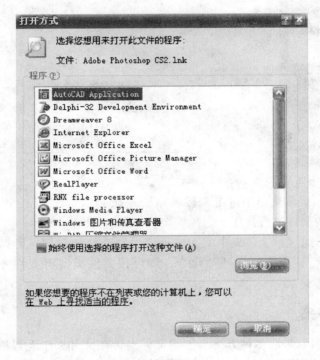

图 2 - 12

改变文件列表的显示方式

在"我的电脑"和"资源管理器"的"查看"菜单中，提供了 5 种改变列表显示方式的命令，"缩略图"、"平铺"、"图标"、"列表"和"详细信息"，可以任选一种显示方式命令。

用户选择"查看"菜单中的"详细信息"命令时，将显示对象的名称、按字节计算的文件大小、对象类型和修改日期等，如图 2 - 13 所示。如果要改变详细信息的显示内容，请选择"查看"菜单中的"详细信息"命令，在打开的"选择详细信息"对话框中选择想显示的详细信息，并且可以在"所选栏的宽度"文本框中指定该栏的宽度。

更改图标的排列方式

为了便于查找文件，可以对文件进行排序。选择"查看"菜单中的"排列图标"命令，

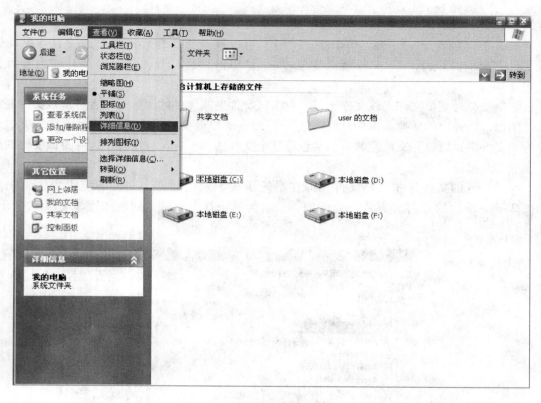

图 2 – 13

然后从"排列图标"级联菜单中单击"按名称"、"按类型"、"按大小"或"按日期",即可对当前文件夹中的文件进行排序。

WindowsXP 为分组显示文件夹中的文件提供了新方法。例如,选择"查看"—"排列图标"—"按类型"—"按组排列"命令,即可按文件类型将文件分为不同的组,如图2 – 14所示。

二、创建文件夹

Windows XP 中可以采取多种方法来创建文件夹,在文件夹中还可以创建子文件夹。这样可以把不同类型或用途的文件分别放在不同的文件夹中,完成文件归类。

利用"我的电脑"创建文件夹

1. 本节以具体的示例说明在 C 盘下新建一个 Book 的文件夹,其操作步骤如下。

在"我的电脑"窗口中,打开需要创建新文件夹的父文件夹。本例中,请双击"C:"图标,表明新建的文件夹将出现在 C 盘下。

2. 单击文件列表区域的空白位置,这时左侧的"文件和文件夹任务"中显示"创建一个新文件夹"链接,单击该链接,一个名为"新建文件夹"的文件夹图标出现在文件列表中。

3. 在新文件夹图标旁边的文本框中输入新文件夹的名称(如输入"Book"),键入的名称将替代"新建文件夹",如图2 – 14、图2 – 16、图2 – 17 所示。

4. 按 Enter(回车)键,完成创建文件夹的操作。

图 2－14

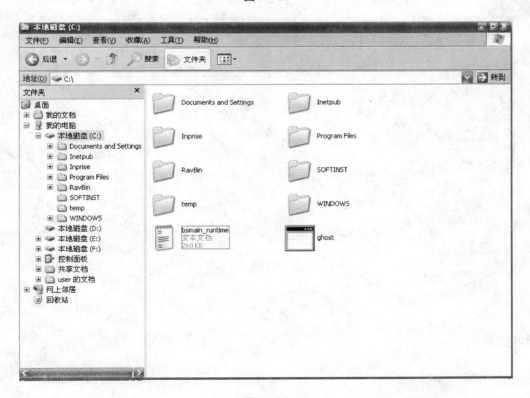

图 2－15

图 2 - 16

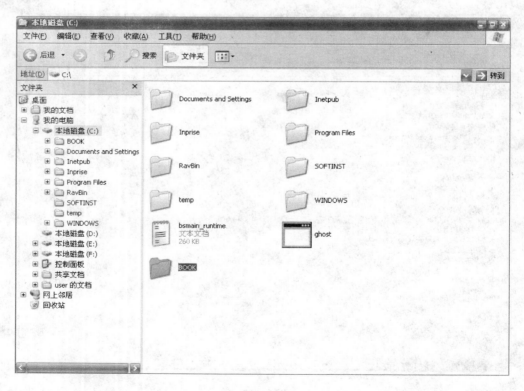

图 2 - 17

利用"资源管理器"创建文件夹

如果要是在"资源管理器"窗口中创建文件夹，可以按照下述步骤进行操作。

1. 在"资源管理器"窗口中，进入要在其中创建新文件夹的文件夹内。

2. 执行下列操作之一：

1）鼠标右键单击文件列表的空白位置，从弹出的快捷菜单中选择"新建"—"文件夹"命令。

2）选择菜单"文件"—"新建"—"文件夹"命令。

3. 执行以上操作之一后，一个名为"新文件夹"的文件夹图标出现在文件列表中。

4. 在新文件夹图标旁边的文本框中输入新文件夹的名称，然后按 Enter（回车）确认。

三、重命名文件或文件夹

重命名文件或文件夹的方法如下。

方法一：

1. 在"我的电脑"或"资源管理器"窗口中，选定要重命名的文件或文件夹。

2. 选择"文件"菜单中的"重命名"命令，这时被选定的文件或文件夹的名称将高亮显示，在名称的末尾出现闪烁的插入点。

3. 直接输入新的名字，或者按"←　→"键将插入点定位到需要修改的位置，按 Back-Space 键删除插入点左边的字符，然后输入新的字符。

4. 按 Enter（回车）确认。

方法二：

1. 用鼠标选定要重命名的文件或文件夹。

2. 用鼠标单击文件或文件夹的名称（不要单击图标），这时被选定的文件或文件夹的名称将高亮显示，并且在名称的末尾出现闪烁的插入点。

3. 直接输入新的名字，然后按 Enter（回车）确认。

四、复制文件或文件夹

在操作过程中，为了不让原有的文件夹内容或文件内容被破坏或意外丢失，常把原有的文件夹或文件复制到另一个地方进行备份。

复制单个文件

复制单个文件的方法很简单，下面举例说明如何将"我的文档"里的"A01. txt"文件（用户可以利用"记事本"程序创建一个文件，并且将其保存到"我的文档"文件夹中），复制到 C 盘的"Book"文件夹下。

1. 在"资源管理器"窗口中，单击文件夹列表窗格中的"我的文档"文件夹，以便在右窗格中显示该文件夹中包含的子文件夹和文件。

2. 单击"A01. txt"文件，以将其选定，如图 2 – 18 所示。

3. 选择"编辑"菜单中的"复制"命令，将选定的文件复制到 Windows 剪贴板中，如图 2 – 18 所示。

4. 打开目标文件夹。例如，打开 C 盘的"Book"文件夹。

5. 选择"编辑"菜单中的"粘贴"命令，即可将"A01. txt"文件从"我的文档"文件夹复制到 C 盘的"Book"文件夹下，如图 2 – 19 所示。

在"资源管理器"窗口中，还可以直接用鼠标拖动的方式来复制文件，具体操作步骤如下。

1. 在"资源管理器"窗口中，选定要复制的文件，如图 2 – 18 所示。

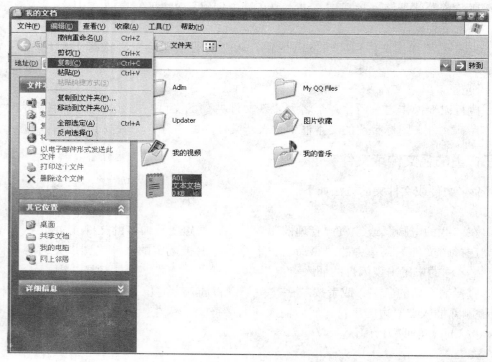

图 2 – 18

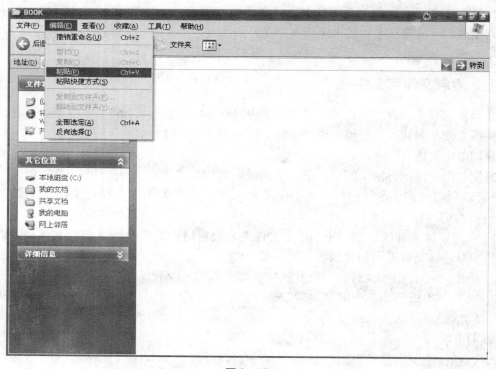

图 2 – 19

2. 在左窗格中显示文件夹。

3. 按住 Ctrl 键，用鼠标左键将选定的对象拖曳到目标文件夹上，此时目标文件夹变成蓝色框。

4. 先释放鼠标左键，再放开 Ctrl 键。

复制多个文件

若用户想同时复制多个文件，该如何操作呢？其实很简单，只需选定多个文件即可。

1. 选定连续的多个文件

单击第一个文件的图标，按住 Shift 键，再单击最后一个文件的图标，这时它们中间的文件都会被选定，如图 2 − 20 所示。

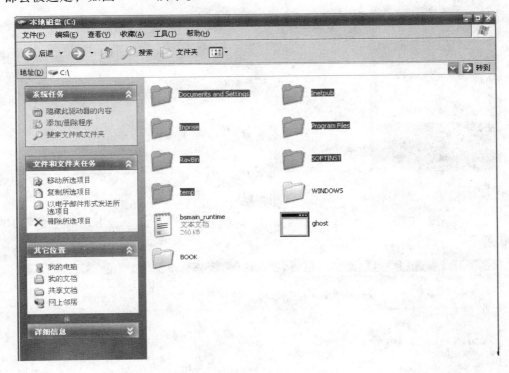

图 2 − 20

2. 选定不连续的多个文件

单击第一个文件的图标，按住 Ctrl 键，再依次单击要选定的文件图标，如图 2 − 21所示。

注意：复制文件夹与复制文件相同。

3. 将文件复制到软盘或外置硬盘中

有时，需要把一台计算机中的文件复制到另一台计算机中，就要使用软盘或移动存储设备，由于软盘的容量比较小，因此向软盘复制文件时，应该注意到要复制的文件不要超过软盘的可用空间，移动存储设备也要注意存储空间大小问题。

如果将文件复制到软盘或外置移动存储设备中，可以按照下述步骤进行操作。

1. 将格式化后的软盘插入软驱中，或者将存储设备与计算机相连。

2. 选定要复制的文件。

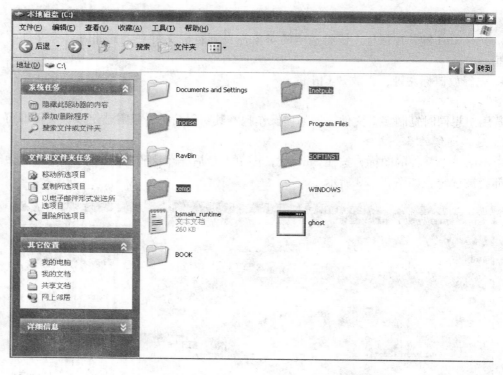

图 2-21

3. 右击选定的文件，从弹出的快捷菜单中选择"发送到"命令，出现如图 2-22 所示的级联菜单。

图 2-22

4. 从"发送到"级联菜单中选择软盘驱动器（如"3.5 英寸软盘"）或移动存储设备（例如移动 U 盘等），即可将选定的文件复制到软盘中。

五、移动文件或文件夹

所谓移动，就是把一个文件夹下的文件或子文件夹移到另一个文件夹中，原文件夹下的文件或子文件夹会消失。

在"我的电脑"窗口中移动文件或文件夹的操作步骤如下。

1. 在"我的电脑"窗口中选定要移动的文件或文件夹。

2. 单击窗口左侧"文件或文件夹任务"下的"移动这个文件"或"移动这个文件夹"超链接，出现如图 2-23 所示的"移动项目"对话框。

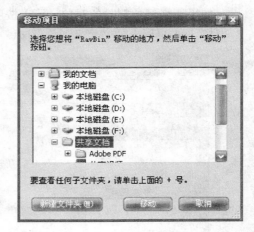

3. 在"移动项目"对话框中选定目标文件夹。

4. 单击"移动"按钮。

另一种常用的移动文件或文件夹的操作步骤如下。

1. 在"我的电脑"或"资源管理器"窗口中选定要移动的文件或文件夹。

2. 选择"编辑"菜单中的"剪切"命令。

3. 打开目标文件夹。

4. 选择"编辑"菜单中的"粘贴"命令。

图 2-23

六、删除文件或文件夹

不管是文件还是文件夹，删除它们的操作步骤都是一样的，只是删除文件夹的时候，会连同其中的文件一起删除。

如果要删除文件或文件夹，可以按照下述操作步骤进行操作。

1. 在"我的电脑"或"资源管理器"窗口中，选定要删除的一个或多个对象。

2. 选择下列操作之一

◇ 按 Delete

◇ 选择"文件"菜单中的"删除"命令。

3. 出现如图 2-24 所示的"确认文件删除"对话框时，单击"是"按钮。

图 2-24

七、恢复删除

当用户从硬盘上删除一个文件或文件夹时，它只是暂时被移到"回收站"中保存，并没真正从磁盘中删除。因此，一旦发现误删了某个文件或文件夹，还可以从"回收站"中恢复被删除的文件。

"回收站"是一个特殊的文件夹，其默认容量是它所在磁盘容量的10%（根据计算机硬盘容量可以手工调整回收站空间大小），"回收站"中的文件太多，会减少硬盘空间，因此应该将"回收站"内不再需要的内容及时清除。

如果要恢复被删除的对象，可以按照下述步骤进行操作。

1. 双击桌面上的"回收站"图标，出现如图 2 – 25 所示的"回收站"窗口。

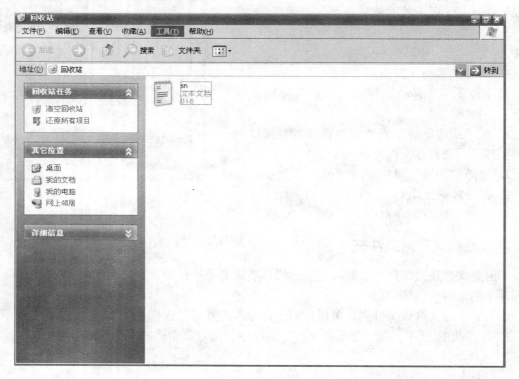

图 2 – 25

2. 在"回收站"左窗口中选定要恢复的对象。

3. 单击"回收站"左窗格中的"还原此项目"超链接，或者选择"文件"菜单中的"还原"命令，即可将文件或文件夹还原到原来位置。

如果要删除回收站的某个文件，首选选定想要删除的文件，然后选择"文件"菜单中的"删除"命令。如果要清除"回收站"中的所有内容时，请选择"文件"菜单中的"清空回收站"命令，一旦清空了"回收站"，删除的文件或文件夹就无法恢复了。

八、隐藏文件或文件夹

如果要将某个重要的文件或文件夹隐藏起来，可以按照下述步骤进行操作。

1. 在"我的电脑"窗口中，选定要隐藏的文件或文件夹。

2. 选择 "文件" 菜单中的 "属性" 命令，或者鼠标右键单击该文件或文件夹，从弹出的快捷菜单中选择 "属性" 命令，出现如图 2 –26 所示的对话框。

3. 选中 "隐藏" 复选框。

4. 单击 "确定" 按钮。

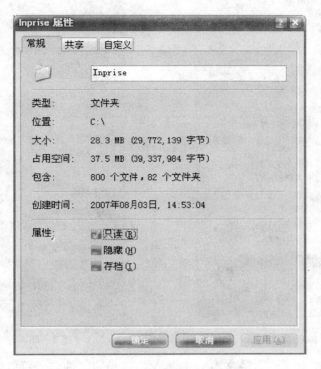

图 2 –26

九、显示隐藏文件或文件夹

通常情况下，只要将某个文件夹设置为隐藏属性，就无法在 "我的电脑" 或 "资源管理器" 窗口中看到它。

如果要显示隐藏的文件、文件夹或所有文件，可以按照下述步骤进行设置：

1. 在 "我的电脑" 或 "资源管理器" 窗口中，选择 "工具" 菜单中的 "文件夹选项" 对话框。

2. 单击 "查看" 标签。如图 2 –27 所示。

3. 在 "隐藏文件或文件夹" 区下，选中 "显示所有文件和文件夹" 单选按钮。

4. 单击 "确定" 按钮。

十、搜索文件或文件夹

对于不熟悉文件管理的用户，经常会把文件存到一个 "不知名" 文件夹下，这时可以使用 Windows 提供的 "搜索" 功能来找到这些文件。具体操作步骤如下：

1. 在 "我的电脑" 或 "资源管理器" 窗口中，单击工具栏上的 "搜索" 按钮，窗口的左侧出现 "搜索助理" 窗格，如图 2 –27 所示。

2. 在"您要查找什么?"下方单击要搜索的类型，例如，单击"所有文件或文件夹"，出现如图 2`-28 所示的"搜索助理"窗格。

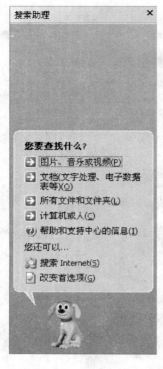 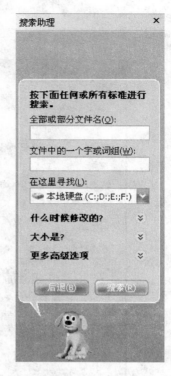

图 2-27　　　　　　　　　　　　图 2-28

3. 在"全部或部分文件名"文本框中输入要查找的文件名，可以使用通配符"?"代替任何一个字符，用"*"代替任意多个字符。例如，输入"win*.*"，表示搜索以"win"开始的所有文件名；输入"word?.Doc"，表示搜索文件名为"word"加 1 个字符，扩展名是".doc"的所有文件名。如果要一次查找多个文件，还可以使用分号、逗号等作为文件名称的分隔符。

4. 在"文件中的一个字或词组"文本框中可以输入文件中包含的文字内容，以便进一步定位待查找的内容。

5. 在"在这里查找"下拉列表框中，单击想要查找的文件存放路径，例如：硬盘驱动器、文件夹或网络等。

6. 在"搜索助理"窗格的下方，还可以对搜索条件进行进一步的限制，以便提高搜索的准确性，如图 2-29 所示。

● 如果知道文件修改日期，可以在"什么时候修改的"中指定修改的日期，如上星期、上个月、上一年，一年内等。

● 如果知道文件的大小，可以在"大小是"中指定文件的大小。

● 在"更高级选项"中，还可以根据需要指定附加的查找条件，以便缩小搜索范围，如选择具体的文件类型、搜索系统文件夹、搜索隐藏的文件和文件夹、搜索子文件夹和区分大小写等。

7. 单击"搜索"按钮，即可开始搜索。搜索的结果将出现在右窗格中，在搜索到指定

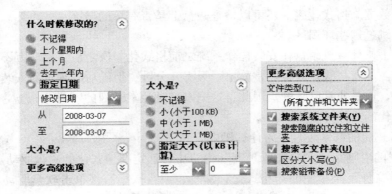

图 2 - 29

的文件后，可以利用"文件"菜单中的命令对文件进行打开、打印或浏览等操作，利用"编辑"菜单中的命令对文件进行复制、剪切或粘贴等操作。

第三节 磁盘管理与维护

磁盘是计算机系统中用于存储数据的主要设备，一旦出了问题，便可能导致重要数据的丢失。因此，定期对磁盘进行管理与维护是非常必要的。Windows XP 操作系统提供强大的磁盘管理功能和多个系统工具，可以方便、快捷、安全地对磁盘进行管理与维护。

一、磁盘属性设置

在"我的电脑"或"资源管理器"窗口中，选定要查看的磁盘驱动器，再选择"文件"菜单中的"属性"命令，出现如图 2 - 30 - 1 所示的属性对话框。

单击该对话框的"常规"标签，既可以在文本框中输入磁盘的名称，还可以查看磁盘的空间等。对于 NTFS 文件系统的磁盘而言，在"常规"标签的下方有两个关于压缩驱动器和使用索引服务的选项。另外，在该对话框的"工具"标签中，可以使用磁盘扫描、碎片整理和磁盘备份 3 种工具维护磁盘。

二、格式化磁盘

磁盘在使用之前，需要先进行格式化。格式化磁盘就是对磁盘的存储区域进行一定的规划，以便计算机能够准确地在磁盘

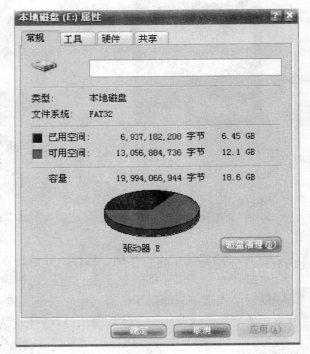

图 2 - 30 - 1

上记录和读取数据。格式化磁盘还可以检查磁盘上是否有坏的扇区，并将坏扇区标出，以后存放数据时会跳过这些坏扇区。

一般情况下，计算机硬盘在安装操作系统之前格式化一次之后，除非万不得已，是不用重新格式化的。尽管格式化硬盘非常简单，只需几分钟，但随后必须重新安装操作系统和大量的应用程序，这是非常麻烦的。因此，这里以平时经常遇到的"移动硬盘"格式化为例，介绍磁盘格式化的具体操作步骤。

1. 将要格式化的移动硬盘接入计算机中。

2. 在"我的电脑"或"资源管理器"窗口中，选定要格式化的磁盘驱动器。

3. 选择"文件"菜单中的"格式化"命令，或者鼠标右键单击软盘驱动器图标，从弹出的快捷菜单中选择"格式化"命令，如图 2 − 30 − 2 所示。

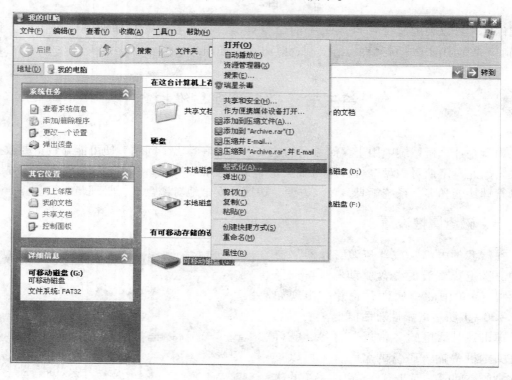

图 2 − 30 − 2

4. 如图 2 − 31 在"容量"、"文件系统"和"分配单元大小"列表框中，一般采用默认选项即可。

5. 在"卷标"文本框中可以输入磁盘的名称，以便日后标识，也可不输入名称，即不带卷标。

6. 在"格式化选项"区中，选择一种格式方式。

● 如果选中"快速格式化"复选框，则删除磁盘上的所有文件，但是，不检查磁盘上的坏扇区。该选项只能用于已格式化的磁盘。如果说不选该复选框，将首先检查磁盘中是否有损坏的扇区并进行标识，然后完成磁盘的格式化。

● 如果想制作一张 MS-DOS 启动盘，可以选中"创建一个 MS-DOS 启动盘"复选框。

7. 单击"开始"按钮，会出现如图 2 − 32 所示的对话框，警告"格式化将删除该磁盘上的所有数据"。如果确定要进行格式化操作的磁盘上没有重要数据，则单击"确定"按钮。

8. 格式化操作完成后，会提示用户此次操作完成。单击"确定"按钮，返回到"格式化"对话框。

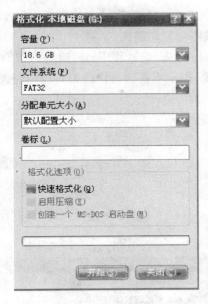

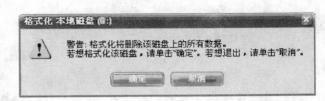

图 2-31　　　　　　　　　　　　　　　　　图 2-32

9. 重复以上步骤完成对其他软盘或硬盘的格式化后，鼠标点击"格式化"对话框中的"关闭"按钮，完成磁盘格式化操作。

三、复制磁盘

除了对文件或文件夹进行复制外，有时可能需要对整张软盘进行复制，以得到一张与原始盘完全一样的复制盘。复制盘的具体操作步骤如下。

1. 在"我的电脑"窗口中，鼠标右键单击"3.5 英寸（A：）"图标，从弹出的快捷菜单中选择"复制磁盘"命令。

2. 将源盘插入软盘驱动器

3. 单击"开始"按钮。

4. 按照提示要求读完源盘后，将其取出，再插入目标盘，然后单击"确定"按钮，开始进行复制。

5. 复制完毕后，"复制磁盘"对话框的下方会显示"复制完毕"的信息，单击"关闭"按钮结束工作。

四、检查和修复磁盘

Windows XP 经过一段时间的运行后，由于非正常关机、断电等原因，在磁盘上会产生一些文件错误，导致部分应用程序不能正常运行，甚至造成频繁死机，此时，可以利用"磁盘查错"工具查找和修复这些错误。具体操作步骤如下。

1. 鼠标左键单击"开始"按钮，然后选择"我的电脑"命令，打开"我的电脑"窗口。

2. 鼠标右键单击要检查的磁盘图标，从弹出的快捷菜单中选择"属性"命令，打开该磁盘的属性对话框。

3. 单击"工具"标签，如图 2 – 33 所示。

4. 单击"查错"区中的"开始检查"按钮，出现如图 2 – 34 所示的"检查磁盘"对话框，选择是否"自动修复文件系统错误"和"扫描并试图恢复坏扇区"。

5. 单击"开始"按钮，系统开始检查磁盘中的错误，在检查过程中，"检查磁盘"对话框会显示检查的进度，检查完毕后，弹出一个对话框，提示当前磁盘错误检查已经完成。

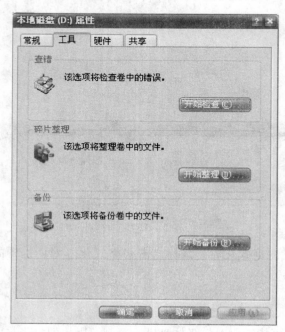

图 2 – 33   图 2 – 34

五、磁盘碎片整理

磁盘碎片整理就是应用磁盘碎片整理程序重新整理文件在磁盘中的存放位置，以消除"断离"（同一个文件占用的磁盘扇区不一定连续）现象，让磁盘在读取或写入文件时更有效率，使整个系统的运行更稳定、更快。

磁盘碎片整理主要任务包括：

1. 使同一文件的存放扇区连续，就是把断离的扇区连在一起，使同一个文件的扇区连接起来，这样在读取文件时，就可以减少磁盘读写头的移动次数。

2. 合并未使用的空间，磁盘碎片整理之后，能将空的扇区全部集中到磁盘的后半部，这样当新文件存入时，便会分配到连续的磁盘空间了。

3. 加快应用程序的执行准备效率，磁盘碎片整理之后，能将经常使用的程序在磁盘中的位置重新加以排列，使其能更有效率地执行。

使用"磁盘碎片整理程序"整理磁盘的具体操作步骤如下。

1. 用鼠标选择"开始"—"程序"—"附件"—"系统工具"—"磁盘碎片整理程序"命令，出现如图 2 – 35 所示的"磁盘碎片整理程序"窗口。

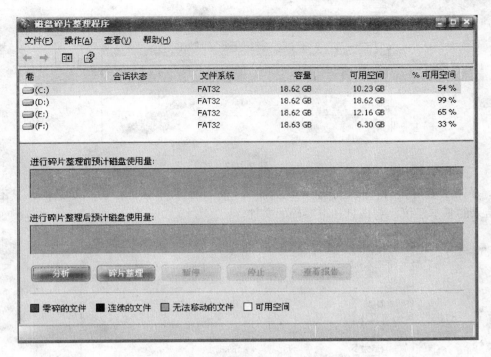

图 2－35

2. 在"卷"中选择要整理的磁盘，然后单击"分析"按钮，程序便开始对磁盘内的碎片进行分析。"进行碎片整理前预计磁盘使用量"区域中会显示各种性质的文件在磁盘上的使用情况，如图 2－36 所示，其中，红色表示零碎的文件；蓝色表示连续的文件；绿色表示系统文件；白色表示空闲空间。

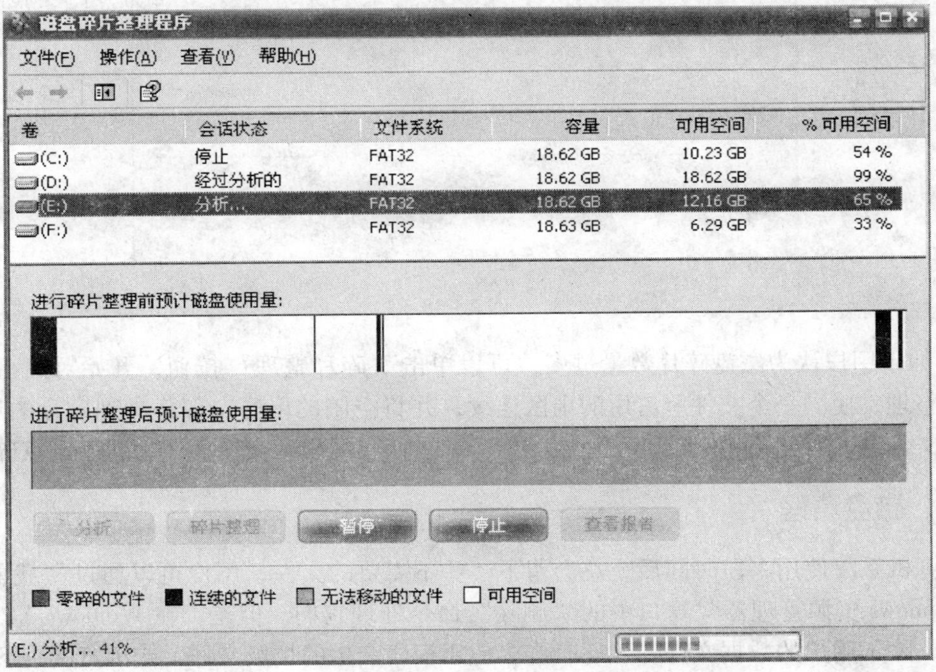

图 2－36

3. 分析操作结束后，出现如图 2 -37 所示的已完成分析对话框。

图 2 -37

4. 单击"查看报告"按钮，会出现如图 2 -38 所示的"分析报告"对话框，显示了对分析结果的基本建议、卷信息和最零碎的文件。

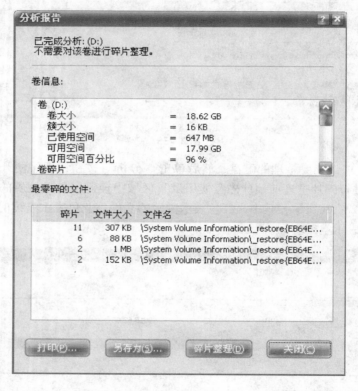

图 2 -38

5. 如果用户认为磁盘碎片数量过多，可以单击"碎片整理"按钮，开始对磁盘中的碎片进行整理，使同一个文件所占用的扇区连续，并将空闲的扇区全部集中到磁盘的后半部，这样新文件存入时，不至于因为已使用的扇区和未使用的扇区交错而产生新的磁盘碎片。

六、磁盘清理

计算机系统使用一段时间后，总会留下一些不需要的文件，用户可以通过"我的电脑"或"Windows 资源管理器"窗口中的"删除"命令处理它们。但是，在 Windows XP 的操作系统中，除了用户的数据文件外，还有许多应用程序产生的垃圾文件，或浏览网页下载的无用文件。这时，可以运行"磁盘清理"清除了一些不需要的文件，以便整理出更多的磁盘空间。

执行磁盘清理操作的方法很简单，下面以清理本地磁盘 D 上的无效文件为例，介绍如何对磁盘进行清理。

1. 用鼠标选择"开始"—"程序"—"附件"—"系统工具"—"磁盘清理"命令，出现如图 2－39 所示的"选择驱动器"对话框。

2. 选择要清理的驱动器，然后单击"确定"按钮，系统就开始了清理磁盘的操作，首先计算机该磁盘可以释放多少空间，如图 2－40 所示。

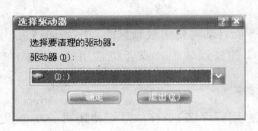

图 2－39　　　　　　　　　　　　　　　　图 2－40

3. 操作系统计算完可以释放空间大小后，出现如图 2－41 所示的"磁盘清理"对话框。

4. 在"要删除的文件"列表中选择要删除的文件类型；"Internet 临时文件"、"已下载的程序文件"、"回收站"、"临时文件"或"压缩旧文件"等。如果要查看具体包含哪些文件，可单击"查看文件"按钮。

5. 单击"确定"按钮，会出现如图 2－42 所示的磁盘清理确认对话框。

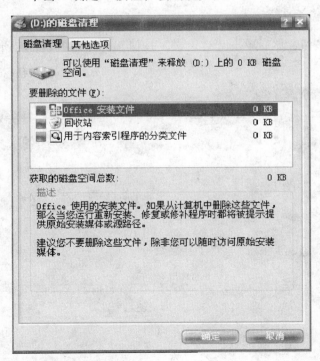

图 2－41　　　　　　　　　　　　　　　　图 2－42

6. 单击"是"按钮，开始清理磁盘。

第四节　Windows XP 桌面

每个人都有自己的喜好，Windows XP 提供的默认桌面设置不一定使所有人都感到满意，本节将介绍如何设置具有个性化的桌面。

一、自定义"开始"菜单

尽管 Windows XP 的"开始"菜单更加智能化，能自动将使用最频繁的程序添加到菜单顶层，但用户仍然可以根据需要设置"开始"菜单的外观效果，或者将常用的命令放在"开始"菜单的指定位置上。

控制最近显示的程序

在 Windows XP 的"开始"菜单左侧有一个"常用程序区"，存放最近使用过的 6 个程序的链接，便于用户再次使用这些程序，这是 Windows XP 的新增功能。

如果要删除常用程序区中的某个程序，则鼠标右键单击该程序，从弹出的快捷菜单中选择"从列表中删除"命令即可。

此外，如果要清空最近使用的程序，或者想控制"常用程序区"中显示的程序数量，可以按照下述步骤进行操作。

1. 鼠标右键单击"开始"按钮，从弹出的快捷菜单中选择"属性"命令，打开"任务栏和［开始］菜单属性"对话框。

2. 单击"［开始］菜单"标签，如图 2－43 所示。

3. 选中"［开始］菜单"单选按钮，然后单击"自定义"按钮，打开如图 2－44 所示的"自定义［开始］菜单"对话框。

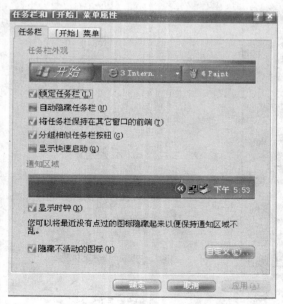

图 2－43

图 2－44

4. 在"为程序选择一个图标大小"区中，设置"开始"菜单中图标的显示方式。例如，选中"小图标"单选按钮，在"开始"菜单中将以较小的图标显示各程序项。

5. 在"程序"区中，指定在"开始"菜单中显示常用程序的数量，或者单击"清除列表"按钮，清除最近使用过的程序。

6. 在"在［开始］菜单上显示"区中，分别在"Internet"和"电子邮件"下拉列表框中指定所使用程序，通常为 Internet Explorer 和 Outlook Express。

7. 单击"确定"按钮。如图 2-45 所示，最近使用程序已经被清除了。

向"开始"菜单的顶部添加常用的程序

在默认情况下，"开始"菜单左侧的分隔线上方固定列表中显示 Internet Explorer 和 Outlook Express。用户也可以根据需要，将常用的程序添加到固定列表中，具体操作步骤如下。

图 2-45

在"我的电脑"窗口中，鼠标右键单击要在"开始"菜单顶部显示的程序，弹出如图 2-46 所示的快捷菜单。

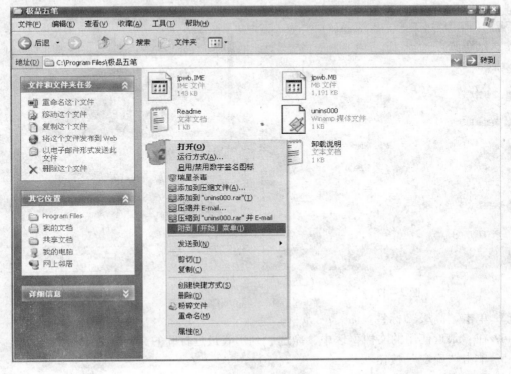

图 2-46

8. 从快捷菜单中选择"附到［开始］菜单"命令，该程序就显示在"开始"菜单的分隔线上方的固定列表中，图 2−47 所示。

向"所有程序"菜单中添加项目

如果要将一个项目添加到"所有程序"菜单中，可以从"我的电脑"窗口或桌面上拖动文件、文件夹、程序文件或程序的快捷方式，然后拖到"开始"按钮上，直至弹出"开始"菜单，然后将项目拖到想要的位置。

清除最近使用的文档

在"开始"菜单的"我最近使用的文档"列表中包括了最近打开的 15 个文档名，以便让用户快速访问所需的文档。

如果不想让别人看到最近打开过哪些文档，可以清除文档列表。具体操作步骤如下。

1. 鼠标右键单击"开始"按钮，从弹出的快捷菜单中选择"属性"命令，打开"任务栏和［开始］菜单属性"对话框。

2. 在"［开始］菜单"标签中，选中"［开始］菜单"单选按钮，然后单击"自定义"按钮，打开"自定义［开始］菜单"对话框，如图 2−48 所示。

图 2−47

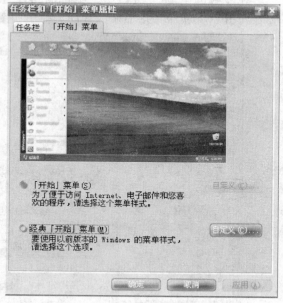

图 2−48

3. 单击"高级"标签。

4. 在"最近使用的文档"区中，撤选"列出我最近打开的文档"复选框。

5. 单击"确定"按钮。

使用 Windows 早期版本的"开始"菜单样式

考虑到 Windows98、Windows ME、Windows 2000 等操作系统用户的操作习惯，WindowsXP 仍然保留了与之一致的"开始"菜单。通过以下操作可以在不同的"开始"菜单样式之间切换。

1. 鼠标右键单击"开始"按钮，从弹出的快捷菜单中选择"属性"命令，打开"任务栏和［开始］菜单属性"对话框，如图 2-48 所示。

2. 系统默认"［开始］菜单（S）"标签选项，如图 2-48 所示。

3. 如果要使用 Windows 早期版本中的样式，请选中"经典［开始］菜单（M）"单选按钮，如图 2-48 所示。

4. 单击"确定"按钮，重新用鼠标单击"开始"按钮，开始菜单改变为 Windows 经典系统菜单样式，如图 2-49 所示。

图 2-49

二、自定义快捷方式图标

在默认情况下，Windows XP 的桌面右下方仅保留了一个"回收站"的图标，使得整个桌面相当简洁。在 Windows 98、Windows ME、Windows 2000 中熟悉的"我的文档"、"我的电脑"、"Internet Explorer"和"图片收藏"等系统程序图标都已经移到"开始"菜单中。

桌面上的图标通常有系统程序图标（如"我的电脑"、"回收站"等）和快捷方式图标，两者的区别是图标的左下角有没有一个弯曲的箭头。在桌面上放置常用程序的快捷方式图标，只需双击快捷方式图标即可启动应用程序。因此，很多应用程序在安装时自动把自己的快捷方式图标设置在桌面上，以便快速启动该程序。

将"我的电脑"和"我的文档"等图标显示在桌面上

Windows XP 桌面上原有的"我的电脑"和"我的文档"的图标都移到了"开始"菜单

中。用户觉得将它们显示在桌面上比较方便，可以打开"开始"菜单，鼠标右键单击"我的电脑"从弹出的快捷菜单中选择"在桌面上显示"命令，如图 2－50 所示。

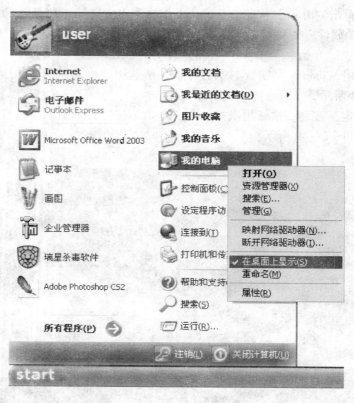

图 2－50

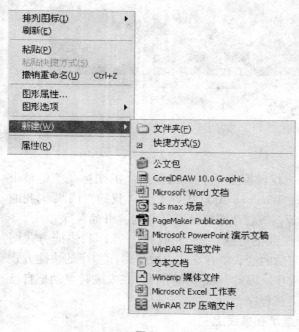

图 2－51

同样，鼠标右键单击"开始"菜单中的"我的文档"，从弹出的快捷菜单中选择"在桌面上显示"命令。此时，桌面上就会显示"我的电脑"和"我的文档"图标。

在桌面上添加或删除快捷方式

如果用户经常使用某个应用程序，可以将该应用程序设置为快捷方式图标放在桌面上。一旦要启动该应用程序，只需双击桌面上该快捷方式图标即可。

如果要在桌面上添加快捷方式图标，可以按照下述步骤进行操作。

1. 鼠标右键击桌面上的空白位置，从弹出的快捷菜单中选择"新建"命令，出现如图 2－51 所示的级联菜单。

2. 从级联菜单中选择"快捷方式"命令，出现如图 2－52 所示的"创建快捷方式"对话框。

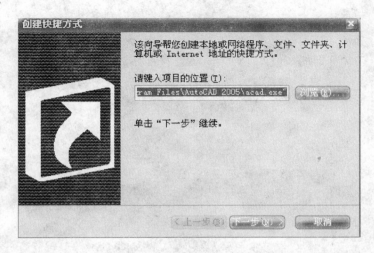

图 2－52

3. 在"请键入项目的位置"文本框中输入项目名称和位置。如果不清楚项目的具体位置，可以单击"浏览"按钮来查找该项目，在出现的"浏览文件夹"对话框中找到所需的项目后，单击"确定"按钮返回到"创建快捷方式"对话框中。此时，所选择项目的名称和位置出现在"请键入项目的位置"文本框内。

4. 单击"下一步"按钮，出现如图 2－53 所示的"选择程序标题"对话框，在"键入该快捷方式的名称"文本框中已经显示了一个默认的标题名称，用户也可以重新为快捷方式命名。

图 2－53

5. 单击"完成"按钮，即可在桌面上创建一个快捷方式，如图 2－54 所示，该图标的左三角有一个弯曲的箭头，可以很容易地识别它。

用户还可以使用"发送到"的方法来创建快捷方式，在"我的电脑"窗口或"资源管理器"窗口中，鼠标右键单击某个文件，从弹出的快捷菜单中选择"发送到"—"桌面快捷方式"命令即可，如图 2－55 所示。

图 2 – 54

图 2 – 55

如果不喜欢当前的图标名称，可以用鼠标右键单击快捷方式图标，从弹出的快捷菜单中选择"重命名"命令，然后输入新名称并按 Enter（回车）键确定。

如果要删除桌面上的快捷方式图标，可以将其选定，然后按 Delete 键，就可以像删除文件或文件夹一样删除桌面图标。

"我的电脑"、"我的文档"、"网上邻居"和"回收站"等图标为系统程序图标，均无法删除，如果要从桌面上隐藏这些图标，可以右击桌面的任意空白区域，从弹出的快捷菜单中选择"属性"命令，在打开"显示属性"对话框中单击"桌面"标签，然后单击"自定义桌面"按钮，打开如图 2-56 所示的"桌面项目"对话框。在"桌面图标"区内撤选各复选框即可。

排列桌面图标

如果用户不喜欢这些图标所放置的位置，可以用鼠标将它们一个个拖到桌面的其他位置；当然，也可以重新排列这些图标，具体操作方法是：

鼠标右键单击桌面的空白位置，从弹出的快捷菜单中选择"排列图标"命令，再从其级联菜单中选择一种排列方式，如按名称、大小等，如图 2-57 所示。此外，从"排列图标"级联菜单中选择"自动排列"命令，所有的图标将重新整齐排列，新建快捷方式图标自动排放在已有图标下方。

图 2-56

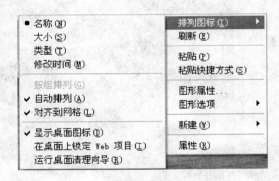

图 2-57

三、自定义任务栏

在计算机系统的管理和使用中，任务栏的使用是非常频繁的，因此，设置一个符合用户习惯的个性化任务栏是非常必要的。Windows XP 允许用户根据自己的喜好移动任务栏的位置、调整任务栏的大小以及设置任务栏上的项目。

启用任务栏更改

用户可以禁用和启用对任务栏的更改。默认情况下，任务栏是被锁定的（禁止更改）。

此时，用户不能编辑、移动或更改其大小。

如果要启用任务栏更改，可以右击任务栏的空白区域，从弹出的快捷菜单中选择"锁定任务栏"命令，如图2-58所示。

图 2-58

移动任务栏

默认情况下，任务栏位于桌面的底部，用户也可以将它移到屏幕的顶部或两侧，具体操作步骤如下。

1. 把鼠标指针指向任务栏上没有图标的位置（建议鼠标指向任务栏居中位置），然后将任务栏拖向所需放置的位置。

2. 当任务栏拖到桌面的任何一个边界时，屏幕上会出现一条阴影线，指明任务栏的当前位置。

3. 拖到目标位置后，释放鼠标左键，即可改变任务栏的当前位置。如图2-59所示的就是任务栏被移到桌面上方的效果。

图 2-59

更改任务栏的大小

如果要更改任务栏的大小，可以按照下述步骤进行操作。

1. 将鼠标指针移到任务栏的内边缘（邻近桌面的边缘），使鼠标指针变成双向箭头。

2. 按住鼠标左键并拖动，就可以改变任务栏的高度，如图 2 - 60 所示为增大高度后的任务栏，改变任务栏的高度后，任务栏内的按钮和图标会自动调整到最佳尺寸和位置。

图 2 - 60

用户甚至可以把任务栏降低为沿着屏幕边缘的一条细带，操作方法就是拖动任务栏的边缘到屏幕的边缘，如果找不到任务栏，就试着把鼠标指针移到屏幕的每一边。当鼠标指针变成双向箭头时，按住鼠标左键并拖动来增加任务栏的宽度。

在任务栏上添加工具栏

默认情况下任务栏中显示了"快速启动"工具栏，此外，还可以在任务栏中放置"地址"工具栏、"链接"工具栏或者"桌面"工具栏等。

向任务栏中添加工具栏的方法很简单，具体操作步骤如下。

1. 鼠标右键单击任务栏上的空白位置，从弹出的快捷菜单中选择"工具栏"命令，打开"工具栏"级联菜单。

2. 单击"工具栏"级联菜单中相应的命令，即可使系统定义的工具栏出现在任务栏内。如图 2 - 61 所示的是向任务栏中添加"地址"栏的示例。

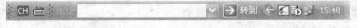

图 2 - 61

如果要在任务栏中新建工具栏，请单击"工具栏"级联菜单中的"新建工具栏"命令，打开如图 2 - 62 所示的"新建工具栏"对话框。在列表框中选择新建工具栏的文件夹，也可以在文本框中输入 Internet 地址，然后单击"确定"按钮，即可在任务栏上显示创建的工具栏。

设置任务栏属性

如果要设置任务栏属性，可以按照下述步骤进行操作。

1. 鼠标右键单击任务栏的空白区域，从弹出的快捷菜单中选择"属性"命令，出现"任务栏和［开始］菜单属性"对话框。

2. 单击"任务栏"标签，如图 2 - 63 所示。

3. 在"任务栏"标签中有 7 个复选框可供选择，它们的功能如下。

● "锁定任务栏"：选中该复选框，将保持现有任务栏的位置和外观，用户不能编辑、移动或更改任务栏的大小。

● "自动隐藏任务栏"：选中该复选框，每当运行其他程序或打开其他窗口时，任务栏就会自动隐藏起来，如果需要显示任务栏，可以将鼠标指针指向它上次出现的屏幕的相应边缘，或者按 Ctrl + Esc 组合键显示任务栏。

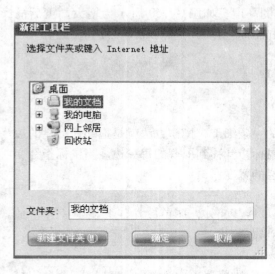

图 2 – 62

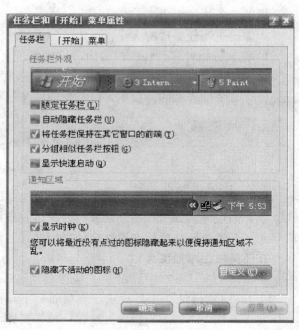

图 2 – 63

● "将任务栏保持在其他窗口的前端"：选中该复选框，可以保证任务栏始终处于屏幕最前端。即使某个应用程序窗口全屏幕显示时，也不会遮住任务栏。如果取消复选框，那么在打开其他的应用程序或进入某个应用程序窗口时，任务栏即被覆盖，需要时按 Ctrl + Esc 组合键，即可重新显示任务栏。

● "分组相似任务栏按钮"：旧版本 Windows 中，当用户用相同程序打开多个文档（例如，同时打开多个写字板文档）时，每个文档都占用一个任务栏按钮。如果用户又打开了其他的应用程序，则任务栏会变得很拥挤。在 Windows XP 中，如果勾选"分组相似任务栏按钮"复选框，那么多个写字板文档的任务栏按钮将组合在一起成为一个名为"写字板"的按钮。单击该按钮，从弹出的列表中选择要切换的文档。

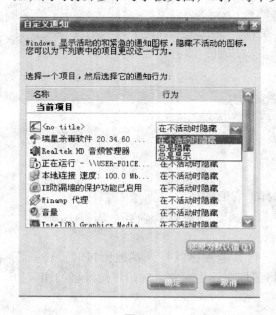

图 2 – 64

● "显示快速启动"：选中该复选框，将在任务栏中显示"快速启动"工具栏。

● "显示时钟"：选中该复选框，将在任务栏的通知区域显示时间和日期。

● "隐藏不活动的图标"：选中该复选框，可以在任务栏上隐藏最近没有使用的图标以简化通知区域。通知区域中的图标是系统一开机就会启动的程序，如防毒程序、自动更新程序、音量程序或者媒体播放程序等。用户也可以隐藏或显示这些图标，只需单击"自定义"按钮，出现如图 2 –64 所示的"自定义通知"对话框。在"当前项目"区中选择要显示或隐藏的图标，然后从"行为"下拉列表中选择"总是显示"、"总是隐藏"或"不活动时隐藏"选项。

4. 设置完毕后，单击"确定"按钮。

四、自定义桌面

在 Windows XP 中，用户可以根据自己的需要设计个性化的桌面，从而在工作和学习中更加得心应手。

更改桌面背景

如果要使用自己喜爱的背景颜色或墙纸装饰桌面，可以按照下述步骤进行操作：

1. 鼠标右键单击桌面上的空白位置，从弹出的快捷菜单中选择"属性"命令，出现"显示属性"对话框。

2. 单击"显示属性"对话框中的"桌面"标签，如图 2 –65 所示。

图 2 –65

3. 在"背景"列表框中选择所需的图片文件或 HTML 文档作为背景，如果在"背景"列表框中没有列出合适的图片或 HTML 文档，可以单击"浏览"按钮，在打开的"浏览"对话框中找到所需的图片文件。

4. 在"位置"下拉列表框中选择图片的显示方式，如果选择"居中"选项，则图片位于屏幕的中央；如果选择"平铺"选项，则图片以原来尺寸铺满屏幕；如果选择"拉伸"选项，则使图片拉伸到整个屏幕（建议用拉伸选项）。

5. 在"颜色"下拉列表框中选择桌面的底色。如果没有给桌面指定墙纸文件，就会以选择的颜色作为背景。

6. 单击"确定"按钮。如图 2 – 66 所示的就是更改桌面墙纸后的效果。

图 2 – 66

美化桌面图标

用户在桌面上常看到"我的电脑"、"我的文档"等图标，用户可以为它们更换新的图标，具体操作步骤如下。

图 2 – 67

1. 右击桌面的空白区域，从弹出的快捷菜单中选择"属性"命令，打开"显示属性"对话框，如图 2 – 65 所示。

2. 单击"桌面"标签中的单击"自定义桌面"按钮，打开"桌面项目"对话框，如图 2 – 65所示。

3. 在图标栏中选择要更改的图标，然后单击"更改图标"按钮，打开如图 2 – 67 所示的"更改图标"对话框。

4. 单击"浏览"按钮打开下载图标所在的文件夹，然后选择所需的图标并单击"确定"按钮。如图 2 – 68 所示就是更改了"我的电脑"图标后的效果。

图 2 - 68

设置屏幕保护程序

屏幕保护程序很早就在计算机中使用了，它设计的最初目的是防止损害显示器。虽然现在的显示器已经改进技术，不会再出现这类情况。不过，屏幕保护程序仍然具有许多实际的用处，例如，在用户暂时不使用计算机工作时屏蔽用户计算机的屏幕，可以防止他人查看用户屏幕上的数据。

如果要设置屏幕保护程序，可以按照下述步骤进行操作：

1. 右击桌面上的空白位置，从弹出的快捷菜单中选择"属性"命令，出现"显示属性"对话框。

2. 单击"显示属性"对话框中的"屏幕保护程序"标签，如图 2 - 69 所示。

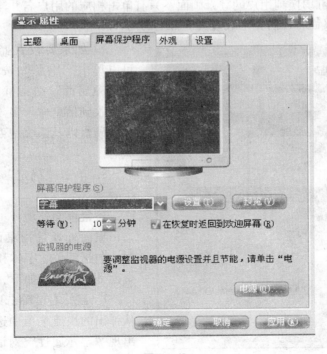

图 2 - 69

3. 从"屏幕保护程序"下拉列表框中选择一种屏幕保护程序，此时，在该对话框上部的预览框中会显示屏幕保护程序的效果，如果要预览屏幕保护程序的全屏效果，可以单击"预览"按钮。预览后，移动鼠标即可返回对话框。

4. 如果要更改所选屏幕保护程序的设置，请单击"屏幕保护程序"列表框右边的"设置"按钮，打开屏幕保护程序属性对话框，该对话框会随着所选的屏幕保护程序不同而有所不同。例如，以"字幕"为例，会打开如图 2－70 所示的"字幕设置"对话框，让用户输入字幕文字、设置字幕的背景颜色、位置和速度等，单击"确定"按钮返回到"屏幕保护程序"标签中。

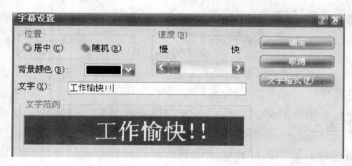

图 2－70

5. 在"等待"文本框中指定计算机闲置多长时间后，Windows 自动运行所选屏幕保护程序。

6. 如果选中"在恢复时返回到欢迎屏幕"复选框，则在屏幕保护程序运行后，移动鼠标或按下任何键即可切换到用户的登录画面。只有单击相应的用户名并输入密码后，才能返回到 Windows XP 桌面，以防止别人查看屏幕上的内容。

图 2－71

7. 如果要设置监视器的节能特性，可以单击"电源"按钮，在出现的"电源选项属性"对话框中设置计算机在没有接收到信息输入多久后，是否关闭监视器和硬盘以及系统是否处于是等待或休眠状态。

8. 单击"确定"按钮，即可使设置生效。

设置桌面外观

桌面外观是指桌面上各种元素的外观，包括颜色、字体和字体大小等。设置桌面外观的步骤如下。

1. 鼠标右键单击桌面上的空白位置，从弹出的快捷菜单中选择"属性"命令，出现"显示属性"对话框。

2. 单击"显示属性"对话框中的"外观"标签，如图 2－71 所示。

3. 从"窗口和按钮"下拉列表框中选择要预定的外观方案。系统提供了"Windows XP 样式"和"Windows 经典样式"供用户选择。其中"Windows 经典样式"与 Windows98、Windows 2000 操作系统完全相同。

4. 在"色彩方案"下拉列表框中，可以为系统的窗口、菜单和按钮选择不同的颜色配置，如"橄榄绿"、"蓝"或"银色"等。

5. 在"字体大小"下拉列表框中，可以为系统的窗口、菜单和按钮选择不同的字体大小，如"正常"、"大字体"、"特大字体"等。

6. 单击"外观"标签中的"高级"按钮，出现如图 2－72 所示的"高级外观"对话框。从"项目"下

图 2－72

拉列表框中选择要更改的项目，然后选择一种新的颜色和字体大小。如果该项目含有文字，可以在"字体"、"大小"和"颜色"框中选择新字体、字体大小以及字体颜色。

7. 设置完成后，单击"确定"按钮。

设置屏幕分辨率和颜色

屏幕的分辨率和颜色直接与显示器的显示结果相联系，因此正确地设置这些参数对于保护视力和调整画面质量很重要。

设置屏幕的分辨率和颜色操作步骤如下。

1. 鼠标右键单击桌面上的空白位置，从弹出的快捷菜单中选择"属性"命令，出现"显示属性"对话框。

2. 单击"显示属性"对话框中的"设置"标签，如图 2－73 所示。

3. 在"屏幕分辨率"区中可以拖动滑块调整显示器的分辨率；在"颜色质量"下拉列表框中可以设置颜色范围。

4. 单击"高级"按钮，出现如图 2－74所示的显示适配器属性对话框，在"常规"标签中，可以为用户设置屏幕字体的大小，例如，当用户使用较高的分辨率时，可以适当增大字体大小，从"DPI 设置"下拉列表框中输入或者选择一个百分比数值即可。

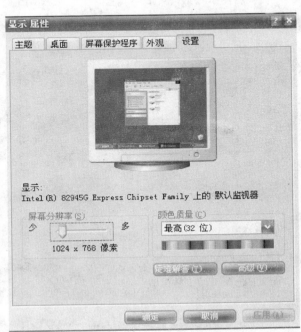

图 2－73

5. 单击显示适配器属性对话框中的"监视器"标签，如图 2－75 所示，可以选择屏幕的刷新频率，刷新频率的高低决定着屏幕闪烁的快慢，当用户盯着屏幕觉得眼睛比较疲劳时，可以检查此处的刷新频率设置是否合适。

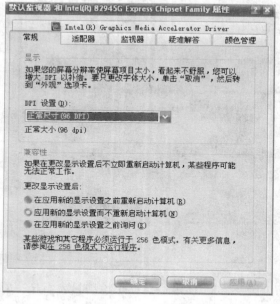

图 2－74

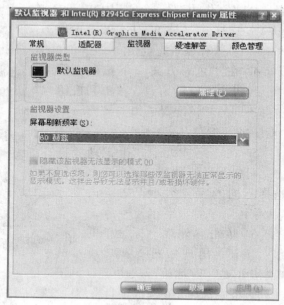

图 2－75

6. 单击"应用"按钮，查看设置的效果是否满意，如果满意的话，则单击"确定"按钮。

五、桌面主题

所谓"桌面主题"就是一套完整的桌面系统，包括各种鼠标指针、图标、桌面背景以

图 2－76

及声音等，也就是说，只要更换一套桌面主题，就可以一次更新所有的鼠标指针、图标和桌面背景等，如果用户使用过 Windows Me 操作系统，就会对桌面主题不太陌生。

Windows XP 提供了两种主题，一个是 Windows XP 主题，另一个是 Windows 经典主题。Windows XP 中还可以安装其他厂商提供的桌面主题，很多网站上也有桌面主题供下载。

更改桌面主题的操作步骤如下。

1. 鼠标右键单击桌面的空白区域，从弹出的快捷菜单中选择"属性"命令，打开"显示属性"对话框。

2. 单击"主题"标签，如图 2－76 所示。

3. 从"主题"下拉列表中选择一个主题名称，也可以从"主题"下拉列表中选择"浏览"选项，在出现的"打开主题"对话框中选择从网上下载的主题。

4. 单击"确定"按钮，将所选主题应用于桌面。

六、设置动画桌面

用户不仅可以将各种静态图片作为装饰桌面的内容，还可以将动画图片放在桌面上。

具体操作步骤如下。

1. 鼠标右键单击桌面上的空白区域，从弹出的快捷菜单中选择"属性"命令，打开"显示属性"对话框。

2. 单击"桌面"标签中的"自定义桌面"按钮，打开"桌面项目"对话框。

3. 单击 Web 标签，如图 2 – 77 所示。

4. 单击"新建"按钮，打开如图 2 – 78 所示的"新建桌面项目"对话框。

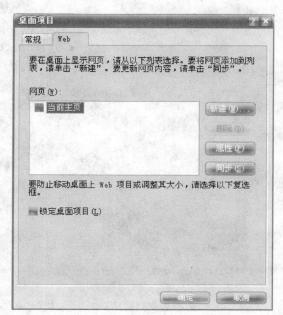

图 2 – 77

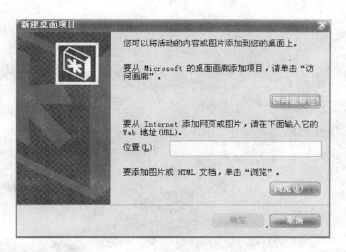

图 2 – 78

5. 单击"浏览"按钮，在打开的对话框中找到动画图片所在的文件夹。分别单击对话框中的"确定"按钮，发现动画图片已经出现在桌面上，如图 2 – 79 所示。用户可以将动画图片移到桌面的适当位置。

6. 重复步骤 2 ~ 6，可以在桌面上添加多个动画图片。

7. 为了避免别人移动这些图片，可以调整好图片位置后，右击桌面上的空白位置，从弹出的快捷菜单中选择"排列图标"—"在桌面上锁定 Web 项目"命令，如图 2 – 80 所示。

图 2－79

图 2－80

如果要去除桌面上的动画图片,可以在如图 2-77 所示的对话框中,选相应的复选框即可。

第五节 Windows XP 的控制面板

控制面板提供了更改 Windows XP 的外观和行为方式的工具。有些工具可帮助用户调整计算机设置,从而使得操作计算机更加有趣。例如,通过"鼠标"将标准鼠标指针替换为可以在屏幕上移动的动画图标。有些工具可以帮助用户将 Windows XP 设置得更容易使用。例如,如果用户习惯使用左手,则可以利用"鼠标"更改鼠标按钮,以便利用右按钮执行选择和拖放等主要功能。

鼠标单击"开始"按钮,然后选择"控制面板"命令,打开如图 2-81 所示的"控制面板"窗口。Windows XP 对"控制面板"进行了全新的设计,新的分类方法体现了以任务为中心全面为用户使用计算机提供便捷服务的设计理念。例如,"声音"、"语音和音频设备"就将调整系统声音、更改声音方案和更改杨声器设置等功能综合起来,使用户在一个"地点"即可完成众多的功能。如图 2-81 所示。

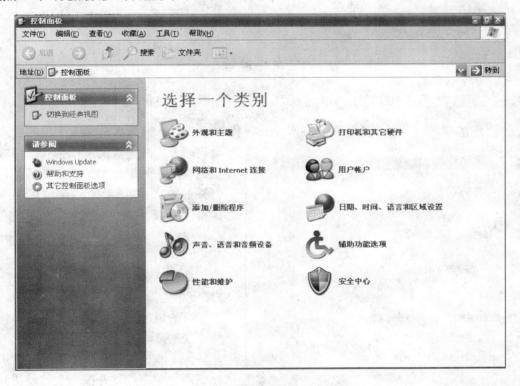

图 2-81

如果用户仍然习惯传统的视图方式,可以单击"控制面板"窗口左侧任务栏中的"切换到经典视图"链接,结果如图 2-82 所示。

本节主要介绍控制面板中部分选项的功能,让用户定制出具有个人特色的操作系统。

图 2 – 82

一、更改键盘工作方式

无论是在 DOS 操作系统中，还是在 Windows 操作系统中，键盘都是必不可少的输入设备。若要更改键盘的工作方式，请双击"控件面板"窗口中的"键盘"图标，打开如图 2 – 83 所示的"键盘属性"对话框。

单击"键盘属性"对话框中的"速度"标签。

在"字符重复"区中，可以拖动"重复延迟"滑块改变键盘重复输入一个字符的延迟时间；拖动"重复率"滑块改变重复输入字符的输入速度。

为了测试改变后的效果，可以用鼠标单击"单击此处并按一个键以便测试重复率"文本框，然后在文本框中连续输入同一个字符，测试重复的延迟时间和速度。

在"光标闪烁频率"区中，左右拖动调节滑块，可以改变光标在编辑位置

图 2 – 83

的闪烁速度。对于一般用户来说，光标速度要适中，过慢的速度不利于用户查找光标的位置；过快的速度则容易使用户的视觉感到疲劳。

二、更改鼠标工作方式

设置鼠标键

单击"鼠标属性"对话框中的"鼠标键"标签，可以设置以下一些选项。

如果有些人可能喜欢用左手操纵鼠标，可以勾选"鼠标键配置"区内的"切换主要和次要的按钮"复选框。

双击速度用于控制构成双击的两次单击之间的最大时间间隔，根据它可以识别按键动作是两次单击还是一次双击。在"双击速度"区中，通过拖动水平滑块来调节鼠标的双击速度。如果对鼠标的使用比较生疏，则将滑动块拖至左侧，双击时会比较容易一些。为了更好地设置鼠标的双击速度，请用鼠标双击"测试区域"，当用户双击的速度与所设置的速度相匹配时，"测试区域"中的文件夹将打开，如图 2-84 所示。

设置鼠标指针

Windows XP 为广大用户提供了许多指针外观方案，能够满足不同用户的喜好。若设置鼠标指针的外观，则单击"鼠标属性"对话框中的"指针"标签，如图 2-85 所示。

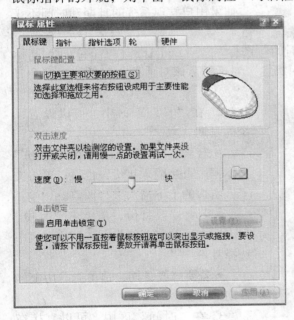

图 2-84

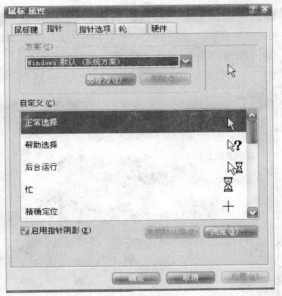

图 2-85

在"方案"下拉列表框中选择一种自己喜欢的指针方案。如果用户对选择的指针方案中的一些指针外观不满意，则在"自定义"列表框中选择它们，然后单击"浏览"按钮，打开"浏览"对话框，为当前选择的指针指定一种新的指针外观。

如果要把修改后的指针方案保存起来，则单击"另存为"按钮，在打开的"保存方案"对话框中输入新方案名称，然后单击"确定"按钮，新的方案就会出现在"方案"列表框中。

设置指针选项

当用户在 Windows XP 中移动鼠标时，鼠标指针的响应速度将会影响到鼠标移动的灵活

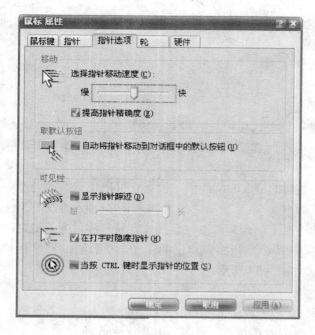

图 2-86

程度。默认情况下，鼠标移动过程中轨迹是不显示的。

单击"鼠标属性"对话框中的"指针选项"标签，如图 2-86 所示。在"移动"区中，拖动滑块调整鼠标指针移动速度的快慢。

如果要在鼠标移动时能够拖出一道移动的踪迹，可以选中"显示指针踪迹"复选框，并且拖动滑块以确定踪迹的长短。

三、更改系统日期与时间

在默认情况下，任务栏的右侧显示当前的系统时间。若将鼠标指针移到时间上并停留一会儿，当前的系统日期就会显示在屏幕上。

如果用户发现系统的日期和时间不正确，可以按照下述步骤进行更改。

1. 双击"控制面板"窗口中的"日期与时间"图标，或者双击任务栏右侧的时间指示器，即可打开如图 2-87 所示的"日期与时间属性"对话框。该对话框中包括"时间和日期"、"时区"、"Internet 时间"3 个标签。

图 2-87

2. 在"日期"区中，可以设置系统的日期。

- 若要修改年份，请在"年份"文本框中直接输入年份，也可以单击文本框右边的上下箭头进行调整。

- 若要修改月份，请单击"月份"列表框右边的向下剪头，从下拉列表中选择月份。

- 若要修改日期，请单击日历上的日期即可。

3. 在"时间"区中，可以直接在文本框中输入正确的时间。

4. 在"时区"标签中，可以选择自己所在的时区。

5. 在"Internet 时间"标签中，可以保持计算机与 Internet 时间服务器同步。如果勾选"自动与 Internet 时间服务器同步"复选框，则系统在每次启动后都会自动连接到 Internet 时间服务器上更新时间。

6. 设置完毕后，单击"确定"按钮。

四、区域设置

Windows 系统是一个全方位的操作系统，它的使用者遍布世界各地。由于不同的国家和地区所使用的语言不同，其数字、货币、时间和日期所采用的格式也有差异，因此 Windows XP 允许用户根据自己的实际情况设置不同的数字、货币、时间和日期格式。

双击"控制面板"窗口中的"区域和语言选项"图标，出现如图 2－88 所示的"区域和语言选项"对话框。

在"区域和语言选项"对话框的"区域选项"标签中，可以从"标准和格式"下拉列表框中选择本地语言，如中文"（中国）"，从"位置"下拉列表框中选择用户所在国家或区域。

如果对数字、货币、时间与日期的格式有特殊的要求，可以单击"区域和语言选项"对话框中的"自定义"按钮，出现如图 2－89 所示的"自定义区域选项"对话框，在该对话框的"数字"、"货币"、"时间"、"日期"和"排序"标签中，根据需要设置相应格式。

图 2－88　　　　　　　　　　　　　　　　　图 2－89

五、字体设置

字体是屏幕上看到的、文档中使用的、发送给打印机的各种字符的样式。它定义了字符的显示效果。安装和删除字体是通过"字体"文件夹完成的。

双击"控制面板"窗口中的"字体"图标，出现如图 2－90 所示的"字体"窗口。在"字体"窗口中显示了已经安装的字体。如果要显示某个字体的外观，则双击该字体的图标，在弹出的字体窗口中显示该字体的所有细节。

如果要安装新的字体，可以按照下述步骤进行操作。

1. 将包含字体的软盘插入软盘驱动器，或者将包含字体的 CD 盘放入 CD-ROM 驱动器，也可以用优盘、移动硬盘等。

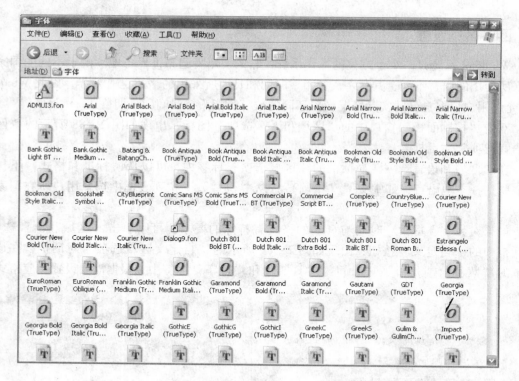

图 2 - 90

2. 在"字体"窗口中，选择"文件"菜单中的"安装新字体"命令，弹出了"添加字体"对话框。

3. 在该对话框中选择一个保存了字体文件的驱动器和文件夹路径，此文件夹中的字体文件将显示在字体列表中。

4. 如果字体文件存放在网络上，可以单击"网络"按钮，打开"映射网络驱动器"对话框，在该对话框中查找字体所在的驱动器和文件夹，并且选择所需的字体。

5. 从"字体列表"列表框中选择需要的安装字体。

6. 选中"将字体复制到 Fonts 文件夹"复选框，以便将字体文件复制到"字体"文件夹中。如果撤选该复选框，安装过程中字体并不复制到"字体 Fonts"文件夹中，系统要使用此字体文件时，直接到用户指定的文件路径中调用。

7. 单击"确定"按钮。

删除字体的方法很简单，只需要在"字体"窗口中选择要删除的字体，然后选择"文件"菜单中的"删除"命令，系统会弹出警告对话框，询问是否要删除字体，单击"是"按钮，即可删除所选的字体。

六、安装与卸载软件

安装软件

无论是从网上下载的应用软件，还是从市场上购买的安装光盘，都需要将其安装到我们的电脑中才能被操作系统所调用。下面以从光盘安装为例进行介绍。

1. 将光盘放入光驱，然后双击桌面上"我的电脑"图标。

2. 在"我的电脑"窗口中双击光盘驱动器图标，显示光盘内文件目录。一般安装文件的护展名为 exe，如 Setup. exe、Install. exe。

3. 双击安装文件，启动安装向导，然后按提示操作，一般直接单击"下一步"按钮，直至完成。

4. 安装成功后，单击"开始"按钮，选择"所有程序"选项，即可找到该程序组，单击可启动该程序。也可以将该文件从"所有程序"菜单中拖至桌面上，以后每次双击其快捷图标，即可启动该程序。

5. 如果该程序需要注册码才能够使用，在启动程序时，将会显示注册信息，可根据需要购买或通过其他方式取得注册码，在注册栏内输入注册码后，即可正常使用该软件了。

注意：通常从 Internet 上下载的共享软件或免费软件，可能是压缩文件格式，如 ZIP 文件，在安装之前，应确保自己的电脑中安装了解压缩的工具软件——WinZip。双击压缩文件，即可打开 WinZip 程序自动解压。然后在解压后的文件列表中双击安装文件。

卸载软件

要卸载一个应用软件，首先查看其是否有卸载程序（Uninstall），如果有卸载程序，可直接单击该文件。

如果找不到卸载文件，可通过"安装或卸载程序组"来完成，方法如下。

1. 确保要删除的文件已经关闭，单击"开始"按钮，选择"控制面板"选项，打开控制面板窗口。

2. 单击"添加或删除程序"，打开"添加或删除程序"对话框。

3. 在"当前安装的程序"列表中单击要删除的程序，显示该程序的大小、使用情况等信息及"更改"和"删除"按钮。

4. 确定要删除该程序时，单击"删除"按钮。

注意：要卸载程序也可以用专门的反安装软件，使用反安装软件的最大好处是它能够删除不在"添加或删除程序"对话框中显示的程序。

利用上述删除方法有时并不能做到完全删除程序，这就需要手动进行删除了。如：在桌面上建立的程序快捷方式，在执行删除程序操作后，其快捷方式有时不会被删除。需选中该快捷方式图标，按 Delete 键将其删除。也有一些应用软件在删除后，其文件夹依然存在，其中保存一些该程序创建的文件，如游戏进度，要删除这些文件也必须用手动的方法完成（同删除快捷方式）。

注意：为保持系统的稳定与正常工作，最好不要手动删除 exe，dll、vxd、sys、com 等文件。即使要删除，也应事先做好备份。在删除程序过程中，有时会出现是否删除与某些程序的共享部分，不能准确判断是否该删除时最好选择"否"，另外，在删除软件前应检查是否存在开机启动时自动加载的选项，如果有，应先撤销或退出该选项，再进行删除。

第六节 汉字输入法

如何将文字输入到计算机中，也许是用户最关心的问题之一，能随心所欲地将文字输入到计算机中吗？也许若干年后就可以实现，但目前还做不到。英文的输入是非常简单，一个个字母从键盘敲入，而汉字却复杂得多。汉字输入方法目前有两大类两种：第一类是键盘输入，这是最常用的，利用各种汉字输入法编码从键盘输入汉字；第二类非键盘输入法，常见的有三种方法，即联机手写输入、语音输入和扫描识别输入。

一、输入法简介

目前常用输入法的简单特点。如表 2 – 1 所示。

表 2 – 1

输入法名称	特点
区位码	顺序码输入法，有重码，很难记，一般用于各种信息卡的填写，普通用户很少用
五笔字型	拼形输入法，重码少，记忆量较大，但经过专门训练后，输入速度很快，一般用于专职文员
智能 ABC	拼音输入法，记忆量小，容易学习，通过提供非常丰富的词组及较多特殊功能，可以有较高的输入速度
手写输入	用特殊笔在手写板上直接书写汉字，几乎会写汉字的人都会，因而易于学习，但存在要增加辅助设备、识别率不太高、速度有限等问题

二、输入法安装

安装 Windows XP 时，只是安装了微软拼音输入法、智能 ABC 输入法、郑码输入法和全拼输入法。假如用户想使用其他输入法，就需要自行安装。

如果要在 Windows XP 中安装输入法，可以按照下述步骤进行操作。

1. 双击"控制面板"窗口中的"区域和语言设置"图标，出现"区域和语言选项"对话框。

2. 单击"语言"标签，如图 2 – 91 所示。

3. 单击"文字服务和输入语言"区中的"详细信息"按钮，出现如图 2 – 92 所示的"文字服务和输入语言"对话框。

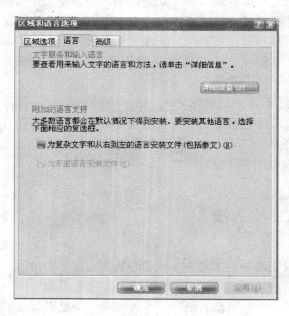

图 2 – 91

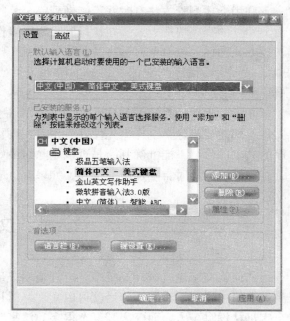

图 2 – 92

4. 单击"添加"按钮，出现如图 2 – 93 所示的"添加输入语言"对话框。

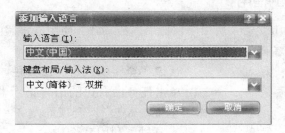

图 2 – 93

5. 单击"键盘布局/输入法"下拉列表框右边的向下箭头，从下拉列表框中选择要安装的输入法。

6. 单击"确定"按钮，系统将自动为用户安装该输入法，并且出现在"文字服务和输入语言"对话框的"已安装的服务"列表框中。

7. 单击"确定"按钮。

三、输入法删除

如果要删除某个不常用的输入法，可以按照下述步骤进行操作。

1. 在"文字服务和输入语言"对话框中，从"已安装的服务"列表框内选择要删除的输入法，如图 2 – 92 所示。

2. 单击"删除"按钮。

3. 单击"确定"按钮。

四、选择输入法

在 Windows XP 中，用户可以自由选用系统已安装的各种中文输入法。单击任务栏中代表输入法的"指示器"图标，出现如图 2 – 94 所示的输入法列表，在该列表中选择所需的输入法即可。

图 2 – 94

另外，也可以随时用 Ctrl + Space（空格）启动或关闭中文输入法，用 Ctrl + Shift 组合键在已经安装的输入法之间按顺序循环切换。

五、全拼输入法的使用

全拼输入法是所有中文输入法中出现最早、最基础、使用最普遍的输入法。全拼输入法使用汉语拼音作为输入编码，只要知道汉语拼音就可以输入中文。

中英文切换　全角/半角切换　软键盘

输入方式切换　中英文标点切换

图 2 - 95

认识"全拼输入法"工具栏

单击任务栏右边的语言指示器，从输入法列表中选择"全拼输入法"，会现如图 2 - 95 所示的"全拼输入法"工具栏。利用"全拼输入法"工具栏，可以切换中英文、切换全角/半角、切换中英文标点符号、开启/关闭和选择软键盘等。

中英文切换按钮

单击该按钮，可以在中文和英文输入法之间切换，切换到英文输入时，该按钮显示字母"A"。

输入方式切换

在 Windows XP 内置的某些输入法中，还含有自身携带的其他输入方式，例如，智能 ABC 输入法就包括"标准"和"双打"两种输入方式，单击该按钮，可以在两种输入方式之间切换。

全角/半角切换按钮

单击该按钮或者按 Shift + Space（空格）键，可以在全角和半角之间切换。当按钮上显示一个黑圆点时，表示为全角方式；当按钮上显示一月牙形时，表示为半角方式。在全角方式下，输入的英文字母、数字占一个字节。

中英文标点切换按钮

单击该按钮或者按"Ctrl + ."键，可以在中、英文标点符号之间切换，当按钮上显示为中文句号和逗号时，表示可以输入中文标点符号；当按钮上显示为英文字句号和逗号时，表示可以输入英文标点符号。

软键盘按钮

单击该按钮，出现如图 2 - 96 所示的软键盘。再次单击该按钮，会隐藏软键盘。

图 2 - 96

在默认情况下，显示的是标准 PC 键盘，如果要选择其他的软键盘，可以右击"软键盘"按钮，出现如图 2 - 97 所示的快捷菜单，该菜单中列出了 13 种软键盘，单击所选键盘，可以改变软盘的按键排列。

使用全拼输入法输入中文示例

下面举例说明在"写字板"中使用全拼输入法输入"新编"的步骤：

图 2 – 97

1. 选择"开始"—"所有程序"—"附件"—"写字板"命令，打开"写字板"窗口。

2. 单击任务栏右边的语言指示器，从输入法列表中选择"全拼输入法"会出现"全拼输入法"工具栏。

3. 输入拼音编码"xin"，如图 2 – 98 所示。

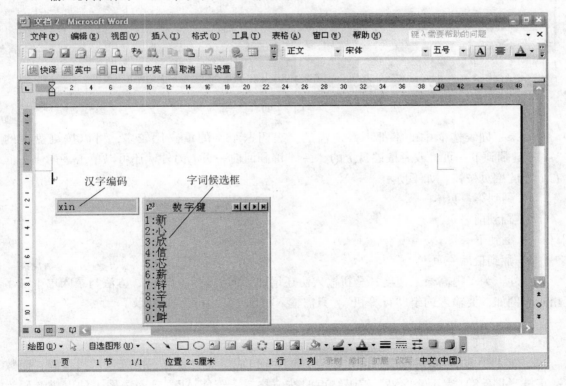

图 2 – 98

4. 由于"新"字就位于字词候选框的第一位，按空格键，"新"字就被输入到"写字板"窗口中了。

5. 为了输入"编"，输入拼音"bian"，出现如图 2 – 99 所示的画面。

6. 由于"编"位于字词候选框的第 5 位，按数字键 5，"编"字就被输入到"写字板"窗口中了。

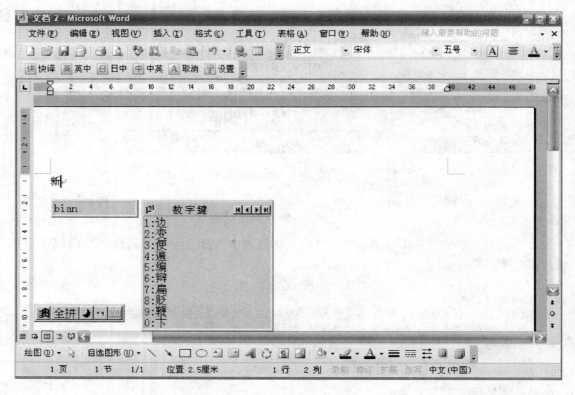

图 2-99

如果字词候选框中的字都不是所需的，表明这个字的重码比较多，可以按键盘上的"＋"键翻到下一页，或者按键盘上的"－"键翻回前一页。另外，还可以单击字词候选框右上方的翻页按钮，如下所示。

a) 翻到第一页 ⬛
b) 翻到前一页 ⬛
c) 翻到下一页 ⬛
d) 翻到最后一页 ⬛

另外，为了提高录入速度，全拼输入法还增加了词组录入的功能，方法与录入单个汉字相同。例如，要输入词组"计算机"，只需输入拼音"jisuanji"就可以了。

六、智能 ABC 输入法使用

智能 ABC 输入的汉字编码由英文字母和数字组成。其中，英文字母表示拼音码，而数字字符（1 至 8）表示笔形码。编码结束时按空格键。智能 ABC 输入法是一种以拼音码为主、形码为辅、音形结合的智能型汉字输入法。其界面友好，输入方便。字、词输入一般按全拼、简拼、混拼形式输入，而不需要切换输入方式。按照前面讲的方法选择智能 ABC 输入法，输入法工具栏变为 ⬛标准⬛，然后选择下列一种方法输入汉字。

全拼输入

相当于"全拼输入法"，逐个输入字词的全部汉语拼音，例如，输入"jisuanji"并按一次 Space（空格）键，会出现字词选框，此时只有"计算机"一个词组，按 Space（空格）

键即可。输入词组时，有些词组有歧义，如"西安"的全拼"xian"既可做词组也可做字，为了加以区别，可用隔音符号"'"分隔音节，即"西安"输入为"xi'an"。

简拼输入

如果对汉语拼音把握不准确，可以使用简拼输入。简拼输入法的编码由各个音节的第一个字母组成，对于包含 zh、ch、sh 这样的音节，也可以取前两个字母组成。例如，要得到"我们"，可以输入"wm"并按一次 Space（空格）键；要得到"长城"，可以输入"cc"、"cch"、"chc"或"chch"并按一次 Space（空格）键，弹出字词候选框，从中选择所需的字词；要得到"中国人民解放军"，可以输入"zgrmjfj"并按一次 Space（空格）键。

混拼输入

在两个音节以上的一个词中，有的音节全拼，有的音节简拼。例如，"工作"的全拼是 gongzuo，简拼是 gz，而混拼可是 gongz 或 gzuo。有时也需要用隔音符才能区分音节，例如，"耽搁"的混拼可用 dang，与"当"的拼音相同，因此应输入"dan'g"或"dge"。

七、微软拼音输入法使用

微软拼音输入法是一种汉语拼音语句输入法。在使用微软拼音输入法输入汉字时，可以连续输入汉语语句的拼音，系统自动根据拼音选择最合理、最常用的汉字，免去逐字逐词挑选的麻烦。

例如，利用微软拼音输入法输入"中国农业科学技术出版社"，具体操作步骤如下。

1. 在 word 窗口中，将输入法切换微软拼音输入。

2. 输入拼音字母"zhongguonongyekexuejishuchubanshe"，输入过程中自动显示内容搭配。

3. 在整句确认前，如果发现句中错误，可以使用方向键将光标移到错误处，在候选窗口中进行选择（单击该汉字或输入前面的数字）。如果候选窗口中没有需要的词，可以单击翻页按钮或使用键盘上的翻页键。

4. 当整句都正确后，可以按 Enter（回车键）确认，也可以直接在标点符号后面输入下一句，这时前一句就会自动确认，句子下的虚线消失。

第七节　本章小结

Windows 是目前微机上常用的操作系统，它为用户担供了一个友好的图形界面和多任务的操作环境。本章介绍了 Windows XP 操作系统的启动和关闭及其桌面组成，还介绍了鼠标的基本操作、Windows XP 的使用方法和操作技巧，让用户在短时间内学会使用 Windows XP。通过本章的学习，用户应该掌握如何启动应用程序、利用"我的电脑"或"资源管理器"管理文件、通过"控制面板"修改相关的设置等。

（黑龙江省计算机软件研究中心　刘德峰）

第八节 练 习

一、填空题

1. Windows XP 操作系统的桌面元素包括 _____、_____、_____、_____。

2. 任务栏位于屏幕底部，整个任务栏可分为 _____工具栏、_____、_____三部分。

3. 鼠标的基本操作有如下几种：_____、_____、_____、_____、_____。

4. 在计算机运行过程中，出现某一程序无反应时，可以按_____组合键，用以结束任务。

5. 窗口包括_____、_____、_____、_____及菜单栏、工具栏和_____等。

6. 要激活子窗口的控制框，可按_____键，而按_____键可打开父活动窗口的控制框。

7. 在"查看"菜单栏第三组选项中，"图标"选项前有一黑色的小圆点标记，这表明该组选项是_____选项。

8. 对话框有许多种，我们可以将其分为两大类，一类是_____，另一类是_____。

二、选择题

1. Windows 桌面指的是（   ）。

A. 整个屏幕   B. 当前窗口   C. 全部窗口   D. 某个窗口

2. Windows 的"开始"菜单，包括了 Windows 系统的（   ）。

A. 全部功能   B. 部分功能   C. 主要功能   D. 以上都不对

3. 在 Windows 任务栏中不能显示的是（   ）。

A. 当前日期   B. 当前时间   C. "开始"按钮   D. 当前使用的输入法

4. 若在桌面上同时打开多个窗口，则下面关于活动窗口（即当前窗口）的描述中（   ）是不正确的。

A. 活动窗口的标题栏是高度显示的

B. 光标的插入点在活动窗口中闪烁

C. 活动窗口在任务栏上的按钮为按下状态

D. 桌面上可以同时有两个活动窗口

5. 通过（   ）操作，可以把剪贴板上的信息粘贴到某个文档窗口的插入点处。

A. 按 Ctrl + C   B. 按 Ctrl + V   C. 按 Ctrl + Z   D. 按 Ctrl + X

6. 对话框外形窗口差不多，（   ）。

A. 也有菜单栏   B. 也有标题栏

C. 也允许用户改变其大小　　　　　　D. 也有最大化、最小化按钮

7. 在 Windows 中，能弹出对话框的操作是（　　）。

A. 选择了带省略号的菜单项　　　　　B. 选择了带向右三角形箭头的菜单项

C. 选择了颜色变灰的菜单项　　　　　D. 运行了应用程序

8. 在 Windows 中，有些菜单的选项的右端有一个向右的实心箭头，则表示该菜单项（　　）。

A. 有自己的子选项　　　　　　　　　B. 当前不能选取

C. 执行已被选中　　　　　　　　　　D. 将弹出一个对话框

9. 在 Windows 桌面上，不能启用"资源管理器"的操作是（　　）。

A. 用鼠标单击"开始"按钮，在其弹出的菜单中用鼠标左键单击"资源管理器"

B. 用鼠标左键单击"开始"按钮，在弹出的"开始菜单"的"所有程序"子菜单里单击"资源管理器"

C. 用鼠标右击"我的电脑"图标，在其弹出的菜单中用鼠标右击"资源管理器"

D. 在"我的电脑"窗口中双击"资源管理器"

10. 关于 Windows 的文件组织结构，下列说法中错误的一个是（　　）。

A. 每个子文件夹都有一个"父文件夹"

B. 每个文件夹都可以以包含若干"子文件夹"和文件

C. 每个文件夹都有一个唯一的名字

D. 文件夹不能重名

E. 把选择好的文件夹或文件复制到一个软盘

三、简答题

1. 使用完计算机，关闭计算机时必须遵循哪几个步骤？

2. 试述 Windows XP 桌面的组成元素。

3. 阐述 Windows 窗口的组成。

4. 简述安装打印机的操作步骤。

5. 练习启动 Windows XP 中的"画图"程序。

6. 练习利用"运行"命令，启动"计算器"程序。

7. 如何利用任务栏中的任务按钮，在"计算器"程序和"画图"程序之间切换？

8. 如何在桌面上创建一个名为"画图"的快捷方式图标？

9. 如何使用"写字板"创建一个文档，并将其以文件名"A01"保存起来？

10. 如何在 C 盘中新建一个"Sample"文件夹？

11. 将"A01"文件移到"Sample"文件夹中。

12. 如何将自己喜欢的图片设置为桌面背景？

13. 怎样利用控制面板改变键盘、鼠标的属性设置？

14. 如何向 Windows XP 中添加新的字体？

15. 练习向 Windows XP 中添加新的输入法，然后用自己熟悉的输入法在"写字板"中输入一篇短文。

16. 对软盘进行格式化应该如何操作？

17. 如何设置桌面背景？如果要将自己的相片设置桌面背景，应该如何操作？

18. 资源管理器是如何显示文件或文件夹及如何对文件或文件夹进行操作，是否与"我的电脑"中的操作一样？

19. 移动文件或文件夹的快捷方式是什么？

20. 如何添加一个新硬件？

21. 删除应用程序时，能否简单地将它所在的文件夹删除就行了？

22. 复制文件或文件夹与移动文件或文件夹有什么区别？

23. 回收站的作用是什么？如果误删除内容，要从回收站中恢复，应如何操作？如果要将回收站的内容彻底清除掉？应如何操作？

24. 屏幕保护程序的作用是什么？

25. 选择不相邻的多个文件或文件夹应该如何操作？

四、上机练习

1. 创建一个新文件夹，要求将该文件夹在桌面上显示。

2. 单击"开始"按钮选择"所有程序"并打开资源管理器，查看 C 盘中的内容。

3. 为 Windows XP 资源管理器程序设置桌面快捷图标。

4. 为经常使用的文件夹创建一种快捷方式，将其发送到"开始"菜单。

5. 用最快的方法检查一下在昨天计算机中创建的全部文件。

6. 单击"我的电脑"，分别用缩略图、图标、列表以及详细信息方式显示窗口内容，看看有什么不同。

7. 练习使用 Windows XP 的帮助系统。

8. 试着改变窗口、菜单、图标、滚动务等屏幕元素的外观形状和颜色。

第三章　Internet 基础与应用

本章要点

Internet（音译作因特网或意译国际互联网）是一个全球性的计算机网络，是采用 TCP/IP 网络协议的、全世界最大的、完全开放的计算机网络的集合。它集现代通信技术、计算机技术于一体，是一种在计算机之间实现国际信息交流和共享的手段，因特网正逐渐改变着人们的工作、学习和生活方式。

本章内容

➢ Internet 概述
➢ 计算机网络的含义和功能
➢ 计算机网络的分类
➢ 网络协议体系结构
➢ 网络操作系统
➢ IP 地址和域名
➢ 信道与数据交换技术
➢ 数字与模拟
➢ 带宽
➢ 接入 Internet 的方式
➢ 认识 IE 浏览器
➢ 查询资料及电子邮箱

第一节　Internet 概述

一、Internet 概述

Internet 起源于美国国防部高级计划研究局的 ARPANET，在 20 世纪 60 年代末，出于军事需要计划建立一个计算机网络，当网络的某一部分在战争等特殊情况下受到攻击而损坏时，其余部分会很快建立新的联系，当时在美国 4 个地区进行互联试验，采用 TCP/IP（传输控制协议/网络协议）作为基础协议。1969～1983 年是 Internet 形成的第一阶段，也是研究试验阶段，主要是作为网络技术的研究和试验在一部分美国大学和研究部门中运行和使用。1983～1994 年是 Internet 的实用阶段，在美国和一部分发达国家的大学和研究部门中得到广泛使用，用于教学、科研活动。但是，随着 Internet 规模的扩大，应用服务的发展，以及市场全球化需求的增长，Internet 开始了商业化服务。在 Internet 引入商业机制后，准许以商业为目的的网络连入 Internet，使 Internet 得到迅速发展，很快便达到了今天的规模。

Internet 在中国的发展也很迅速。1994 年 5 月，我国的第一个互联网与 Internet 连通。目前我国已建成的中国教育科研网（CERNET）、中国科学技术网（CSTNET）、中国公用计算机互联网（CHINANET）、中国金桥互联网（GBNET）四大主干网络都已相互连通，并都接入了 Internet。

要给 Internet 下一个确切的定义很难。一般都认为，Internet 是多个网络互联而成的网络的集合。从网络技术的观点来看，Internet 是一个 TCP/IP 通信协议连接各个国家和地区、各个部门、各个机构计算机网络的数据通信网。从信息资源的观点看，Internet 是一个集各个领域、各个学科的各种信息资源为一体，并供上网用户共享的数据资源网。

二、Internet 发展与应用

在了解什么是 Internet 之前，我们先来看一看什么是网络。所谓网络，简单的说，就是用电缆线把若干计算机联起来，再配以适当的软件和硬件，以达到在计算机之间交换信息的目的。Internet 的中文名称是因特网，也叫"国际互联网"，是一种全球性的、开放的计算机网络。它起源于 20 世纪 60 年代末，它的雏型是美国国防部建立的一个用于军事试验的网络 ARPAnet。

世界上有很多组织，像公司、大学、研究所等机构，把机构内部的计算机联成网络，在计算机之间进行通讯，这就是局域网。公司、大学、研究所局域网上计算机的资源可以共享，比起单机来优势非常明显，所以，人们就想到，为什么不在更大的范围内共享资源呢？于是许许多多这样的局域网又通过各种方法互相连接起来，进行国际之间的信息传递，形成一个世界范围内的大网，这就是 Internet。今天，全球已有数亿的 Internet 用户了，并每年以100 多万的速度增长。世界上已经有很多国家的很多机构加入了 Internet，这就使在国际之间传递信息成为可能。可以预见到的是，在不久的将来，Internet 必将使人类的生活发生根本意义上的变化。

Internet 在中国的发展状况是，我国在几年前也加入了 Internet。目前，在我国同时存在着几个同 Internet 相联的网络，其中规模最大的就是国家信息产业部的中国互联网 Chinanet。如果您与 Chinanet 或其他任何一个已经联入 Internet 的网络相连通，您也就联入了 Internet。

第二节　计算机网络的含义和功能

一、计算机网络的含义

所谓计算机网络，就是利用通信设备和线路将地理位置不同的、功能独立的多个计算机系统相互连接起来，以功能完善的网络软件实现网络中资源共享和信息传递的系统。其中网络软件包括：网络通信协议、信息交换方式和网络操作系统等。

关于计算机网络，还可以这样去理解：计算机网络就是计算机之间通过连接介质互联起来，按照网络协议进行数据通信，实现资源共享的一种组织体系。计算机网络是随着社会对信息共享和信息传递的日益增强的需求而发展起来的，是现代计算机技术与通信结合的产物。

二、计算机网络的主要功能

1. 通信

计算机网络为分布在不同地点的计算机用户提供了通信手段，不同计算机之间可以相互传输数据、交换文字、声音、图形、图像等信息。这是计算机网络最基本的功能之一。

2. 资源共享

资源共享包括硬件、软件和数据资源的共享。如共享大型绘图仪、大容量外部存储器等硬件设备，从而节省用户资金。

3. 提高系统的可靠性

计算机网络中拥有可替代的资源，从而提高了整个系统的可靠性。比如，网络上的某台计算机出现故障，其他计算机就可以承担起它的处理任务。

4. 分担负荷

当网络上某台计算机负荷过重时，则在网络操作系统的调节和管理下，可将作业任务传送给负荷轻的计算机去处理。从而均衡了计算机的负荷。另外，当一个大型任务难以依靠单台计算机完成时，则可有网络上的计算机协同工作，共同完成。

需要说明的是，在上述功能中，通信和资源共享是计算机网络的最主要、最基本的功能。

三、计算机网络的组成

由于计算机网络的规模、结构以及所采用的网络技术不同，计算机网络的组成也不尽相同。但由于计算机网络各组成部分主要完成网络通信和资源共享两种功能，因此，可以把计算机网络看成由通信子网络和资源子网两部分组成。

人们把计算机网络中实现网络通信功能的设备及其软件的集合称为网络的通信子网，而把网络中实现资源共享功能的设备及其软件的集合称为资源子网。

通常，通信子网由网卡、传输介质（如线缆）、集线器（Hub）、路由器、交换机等硬件设备和相关软件组成。资源子网由连网的服务、工作站、共享的打印机和其他硬件设备及其相关软件组成。

第三节　计算机网络的分类

网络地域覆盖范围分类、信息交换方式分类、网络拓扑结构分类。

按照地理覆盖范围的不同，计算机网络可分为 3 种。

LAN（局域网）：覆盖范围为几千米

MAN（城域网）：覆盖范围为几十千米

WAN（广域网）：覆盖范围为几百、几千千米

计算机网络的拓扑结构：计算机网络中各通信节点的几何排列形状即为拓扑结构，常见的有总线结构、环结构、星型结构和树型结构，如图 3 - 1 所示。

从不同角度看网络，使得人们对计算机网络的分类有多种不同的划分方法。下面就几种常见的网络类型及分类方法作简单的介绍。

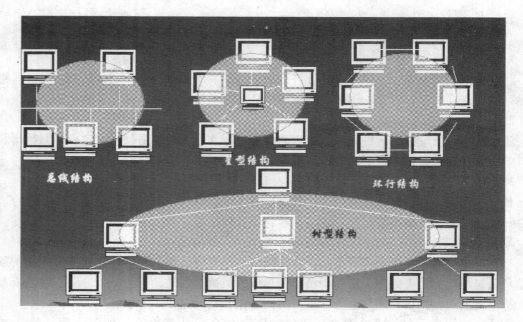

图 3 – 1

一、按网络的地域覆盖范围分类

按地域覆盖范围，可把计算机网络分为局域网、广域网和城域网 3 种。

1. 局域网

局域网一般限定在较小的区域内，通常采用有线的方法连接起来。其分布范围局限在一个办公室、一幢大楼或一个校园内。

局域网常用的硬件设备有：

网卡——插在计算机主板插槽中，负责计算机与网络介质之间的电气连接，并将用户传递的数据转换为网络上其他设备能够识别的格式，然后通过网络传输介质进行传输。它的主要技术参数为带宽、总线方式、电气接口方式等。

集线器——是单一总线"共享"式设备，提供很多网络端口，负责将网络中多个计算机连在一起。这里的"共享"是指集线器所有端口共用一条数据总线。因此，集线器上平均每端口传递的数据量和速度，受集线器总带宽和正在进行数据传输的端口总数量的限制。它的主要性能参数有总带宽、端口数、智能程度（是否支持网络管理）、扩展性（可否级联）等。

交换机——也称交换式集线器。它同样具备许多端口，提供多个网络节点互连。但它的性能却较前面的共享式集线器大为提高，相当于拥有多条总线，使连接在交换机上的各端口设备能独立地进行数据传递而不受其他端口影响，即各端口有独立、固定的带宽。另外，交换机还具备集线器欠缺的功能，如数据过滤等。

2. 广域网

也称远程网其覆盖范围为一个省、一个国家，甚至全球。广域网的典型代表是 Internet（即因特网）。

广域网常用的设备有：

路由器—在广域网中进行通信时，要根据地址来寻找被传输的数据到达目的地的路径，这个过程在广域网中称为"路由"。路由器以地址为依据，负责在各段广域网和局域网建立路由，将数据送到最终目的地。

调制解调器—作为网络设备与电信通信线路的接口，用来在电话线上传递数字信息。

3. 城域网

城域网的规模介于局域网和广域网之间，局限在一座城市的范围内。

应当注意的是，目前局域网和广域网是网络的热点。局域网是组成其他两种类型网络的基础。

二、按信息交换方式分类

按信息交换方式，可以把计算机网络分为电路交换网、报文交换网和分组交换网 3 种。

电路交换方式类似于传统的电话交换方式。两台计算机在相互通信时使用一条实际的物理链路，并且在通信时始终占用它；该方式的特点是实用性好、不会产生"阻塞"，但浪费信道容量，而且，要求两台计算机的通信速度必须相同。

报文交换方式采用存储转发原理。其特点是：通信双方不独占一条物理链路，提高了线路利用率，可以将信息发送给不同的接收方，不同速率之间的用户可以通信，这是电路交换方式所做不到的。但是，报文交换方式也有实时性差、需要较大容量存储设备等缺点。

分组交换方式又称包交换方式，该方式综合了电路交换和报文交换的优点。其特点是：通信资源可被多个用户共享，线路利用率大大高于电路交换和报文交换；不但可以实现一点发、多点发，还可多点同时通信。

三、按网络拓扑结构分类

"网络拓扑结构"是指网络上各计算机之间连接的方式，换句话，是指网络通信线路和各站点（计算机或设备）的物理布局，特别是计算机分布的位置以及电缆的连接形式。设计一个网络的时候，应根据自己的实际情况选择正确的拓扑结构。每种拓扑都有它自己的优点和缺点。

按拓扑结构，计算机网络可分为星型网、环型网、总线网、树型网和网状网络。

1. 星型网络

星型网络是各站点（计算机或设备）通过点到点的链路与中心处理机（也是一台计算机）相连，相关站点之间的通信都依靠中心处理机进行。

星型网络的优点是很容易在网络中增加新的站点，数据的安全和优先级容易控制，易实现网络监控。星型网络的缺点之一是中心处理机的负担较重，而且，一旦发生故障会引起整个网络瘫痪，因此，要求中心处理机的可靠性应很高。另外，由于每个站点都要和中心处理机直接连接，因而需要耗费大量的电缆。

2. 环型网络

环型网络是将各站点通过通信介质依次连成一个封闭的环型，信息沿着环型线路传输。环型网络的一个例子是令牌环局域网，这种网络结构最早由 IBM 推出，但现在被其他厂家采用。在令牌环网络中，拥有"令牌"的设备允许在网络中传输数据，这样可以保证在一个时间段内网络中只有一台设备可以传送信息。

环型网络的优点是一次通信信息在网中传输的最大时间是固定的，因而网络上不会出现阻塞和死锁现象，容易安装和监控，而且，与星型网络相比，电缆的消耗量大大减小。缺点是一个站点的故障可能导致整个网络终止运行。

3. 总线型网络

总线型网络中所有的站点共享一条数据通道，任何一个站点发送的信息都沿着同一通道传输，而且能够被所有其他的站点接受。人们常提到的以太网就是总线型网络最主要的实现，它目前已经成为局域网的标准。

总线型网络的优点是安装简单方便，电缆的消耗最小，成本低；而且，增加或减少站点不影响全网工作。缺点是同一时刻只能有两个网络站点相互通信；通信介质的故障会导致网络瘫痪；而且，总线型网络的安全性较低，监控比较困难。

4. 树型网、网状网

树型网、网状网都是以上述拓扑结构为基础而形成的网络。

第四节 网络协议体系结构

一、网络协议的概念

所谓网络协议，就是为了使网络中的不同设备之间能进行数据通信而预先制定的、通信双方相互了解和共同遵守的格式和约定。当网络上的两台或更多计算机需要通信时，它们之间需要有行为规则和书写与传送信息的格式。网络协议就是网络通信的规章制度。

二、网络协议的多样性

网络协议有多种，这是因为协议本质上是一套规则，而规则可以有多种，例如，交通规则，由于国家和地区的不同，交通规则的差异也很大。就像世界各地的人们在不同的地区讲不同的语言一样，计算机网络也需要"讲"特定的网络语言，即"协议"。如果一台计算机能使用某个协议，它就能与使用该协议的其他计算机通信。

综上所述，没有协议就不可能有计算机网络。而每一种计算机网络，都有一套协议支持着。由于现在计算机网种类很多，现有的网络通信协议的种类也很多。典型的网络通信协议有开放系统协议、X.25 协议等。而 TCP/IP 协议则是为 Internet 互联的各种网络之间能互相通信而专门设计的通信协议。

三、协议分层

在实际的计算机网络中，两个实体之间的通信是非常复杂的。为了降低通信协议实现的复杂性，采用了分层描述的方法，将整个网络的通信功能划分为多个层次，每层各自完成一定的任务，而且功能相对独立；相邻两层有接口连接，以便实现功能的过渡，使本层通过接口向上层提供服务，最后完成不同类别及要求的两个系统（或计算机用户）间的信息通信。

第五节 网络操作系统

网上信息的流通、处理、加工、传输和使用依赖于网络操作系统是网络软件的重要组成部分，其他还有网络数据库管理系统和网络应用软件等。

建网的基础是网络硬件，但决定网络的使用方法和使用性能的关键还是网络操作系统。网络操作系统（NOS）是网络大家庭中的"管家"，负责管理网上的所有硬件和软件资源，使它们能协调一致地工作。

目前，主要的网络操作系统有 Netware、Windows NT 、Windows 2000 Server、OS/2 Warp 和 Linux 等，它们在技术、性能、功能方面各有所长，可以满足不同用户的需要，也分别支持多种协议，彼此之间可以由服务器操作系统、网络服务软件、工作站软件、网络环境软件组成。

一、服务器操作系统

服务器操作系统是网络的心脏，它提供了网络最基本的核心功能，其中包括网络文件系统、存储器的管理和调度等。它直接运行在服务器硬件之上，以多任务并发形式高速运行，因此，是名副其实的多用户、多任务的操作系统。

二、网络服务软件

网络服务软件是运行在服务器操作系统之上的软件，它提供了网络环境下的各种服务功能。

三、工作站软件

工作站软件是指运行在工作站上的软件。它把用户对工作站微机操作系统的请求转化成对服务器的请求，同时也接收和解释来自服务器的信息，转化为本地工作站微机所能识别的格式。

四、网络环境软件

网络环境软件用来扩充网络功能，如网络传输协议、进程通信管理软件等。特别是网络传输协议软件，它用来实现服务器与工作站之间的连接。一个好的网络操作系统允许在同一服务器上支持多种传输协议，如 IPX/SPX、Apple Talk、NetBIOS、TCO/IP 等。

另外，网络数据库管理系统是网络操作系统的助手或网上的编程工具。通过它可以将网上各种形式的数据组织起来，科学、高效地进行数据的存储、处理、传输和使用。网络应用软件是根据用户的需要，用开发工具开发出来的在网络上使用的用户软件。

第六节　IP 地址和域名

一、IP 地址组成

IP 地址是区分网上不同计算机的最有力的标识，而且每一台计算机只有一个 IP 地址与它相对应，类似我们日常生活中的门牌号或身份证号码。

Internet 上计算机的地址是由一个 32 位的二进制数组成的号码，如：10101000101000001110100100001010，把它们分成每 8 位一组（正好一个字节），中间用"•"分隔，再把其转为十进制形式为：168.160.233.10，这就是 IP 地址。注意：IP

地址对一个普通用户来说是难记忆的，如同日常生活中，谁也不愿用身份证号码去记忆一个人一样。一般人们都喜欢记忆他人的名字，那么在 Internet 上又用什么表示 IP 地址方便人们记忆的呢？

二、IP 地址与域名

在 Internet 中一般使用更明了更直观的主机域名来代表一台计算机。域名是由用符号点分隔的几组字母或数字的字符串组成的。如 IP 地址：168. 160. 233. 10 对应域名 rol. com. cn。域名的组成部分从右向左解释依次为：区域名，机构名，网络名，计算机名，也可以多于或少于以上四个部分。

一个 IP 地址可对应多个域名，而某一个域名只能对应一个 IP 地址。

第七节　信道与数字交换技术

一、信道

信道是传输信息的通道，分物理信道和逻辑信道。物理信道是指用来传输信息的物理通路，它由传输介质和相关的通信设备组成。逻辑信道是在发送点和接收点之间的众多物理信道的基础上，通过节点连接实现内容连续传输的通道。物理信道可以是有线信道或无线信道。

二、数字交互技术

在计算机通信系统中，两点之间以直接占有线路进行通信方式是比较少见的，常常是通过拥有中间节点或中转节点的网络来把数据从源地发送到目的地。这样使通信线路为各个用户所公用，以提高传输设备的利用率，降低系统费用。通常把由中间节点参与的通信称为交换，其中分组交换技术最为常见。

分组交换是计算机通信所采用的一种书记传输方式。在传送前，计算机自动把要传送的数据分割成一个个长度相同的数据段，称为分组。每个分组具有相同的格式，其中包含了该分组是由哪一台计算机发送的，由哪一台计算机接收，分组的序号以及数据本身等。

目前大多数计算机通信网，无论是局域网还是广域网都采用分组交换方式。它不需要事先建立物理通道，只要前方线路空闲，就以分组为单位发送，中间节点接收到一个分组后就可以转发，而不必等到所有的分组都收到以后再转发，从而提高了交换速度。由于分组速度，因而可以直接存放在内存中，而不设置缓存。接收端收到所有的分组后，在按原来的顺序"组装"恢复成原来的数据。分组交换方式适合于交互式通信和批量数据的传递。

第八节　数字与模拟

数字有数字数据和数字信号之分，模拟有模拟数据和模拟信号之分。其中数字数据与模拟数据相对应，数字信号与模拟信号相对应。

数字数据就是一些可数的数据或非连续数据，模拟数据则是一些不可数数据或连续数据。

在计算机进行通信时，数据交换往往是通过信号的交换得以实现的，即首先将数据转换成为信号进行转送，接收端接收信号后再还原为数据。

模拟信号一般指电流或电压与时间之间的关系，数字信号则是由一连串的脉冲所组成，一般用 "0" 和 "1" 表示两种不同的状态。现在公用电话网都是用模拟信号传送，计算机与外部之间则使用数字信号传送。

将模拟数据或数字数据转换为数字信号称为解调。能实现这两种功能的电子装置称为调制解调器。

第九节　带宽

"带宽" 一词越来越为人们所熟悉和关注，因为它往往与速度和质量相联系。

带宽最早出现在模拟通信时代，指的是信号频率的变化范围，通常由最高频率减去最低频率而得。如电话线上的信号频率变化范围是 200Hz ~ 3 200Hz，则说它的带宽是 3 000 Hz。带宽越大，越能传输高质量的信号。

随着数字传输技术的问世，带宽又指通信介质的线路传输速率，即传输介质每秒所能传输的数据量。单位为每秒多少位（bit），即 b/s。如局域网的带宽有 10Mb/s、100Mb/s 和 1 000Mb/s 几种。在互联网中，如果带宽小于 56 Kb/s，称为窄带宽网，带宽大于 56 Kb/s 则称为宽带网。

第十节　接入 Internet 的方式

联接 Internet 的方式有 2 种：专线入网和拨号入网。

一、专线入网

一般是以拥有自己的局域网的集团为单位，通过专用线路将局域网接入 Internet，局域网上的计算机用户可以通过此专线进入 Internet，这种方式的上网速度比较快。

二、拨号入网

一般用户通过电话线上网，这种上网方式比较简单，但速度较慢，拨号入网基本条件是：

1. 一条电话线，一部可用的电话；
2. 一部 MODEM；
3. 一台安装了 Windows 95 以上操作系统的计算机。

三、无线 GPRS 入网

GPRS 业务全称为 General Packet Radio Service（通用分组无线业务）是为满足移动数据

市场需求而产生的旨在提高 GSM 数据传递率的一项新技术。GPRS 属于中国移动一项增值服务，只要中国移动信号覆盖的地方基本能实现无线上网。通过 GPRS 上网，目前比较常用的有以下方法。

● 采用 PCMCIA 接口或 USB 接口的 GPRS 无线上网卡上网。用户只需将 SIM 卡插入 GPRS 无线上网卡的相应 SIM 插槽内，并安装驱动器程序、拨号程序后，就可以像变普通 Modem 一样拨号上网了。下面以一款 PCMCIA 接口的 GPRS 无线上网卡为例，介绍其使用方法。

1. 将 SIM 卡插入 GPRS 无线上网卡中，有些 GPRS 需要插入天线。

2. 安装 GPRS 无线上网卡驱动器程序和拨号程序，安装后最好重启计算机。

3. 将无线上网卡插入笔记本相应的插槽中，系统会自动检测到设备，并自行配置好相关的设置。安装成功后，网卡上的连接灯会不停地闪烁。

4. 全部安装完成后，桌面上会有一个拨号图标，双击该图标进入拨号管理菜单窗口。只需选择自己刚才设置好的连接，并单击"连接"即可与网络连接。

● 采用带有 GPRS 功能的手机与笔记本相连上网，手机可以通过数据线、红外线或蓝牙与笔记本连接，将 GPRS 手机作为一个外置 Modem 来建立相应 GPRS 拨号连接。

无线 CDMA1X 上网

CDMA1X 是目前流行的上网方式之一，CDMA1X 网络可以作为话音业务的承载平台，也可以作为无线接入 Internet 分组数据承载平台，既可以为用户提供传统的话单业务，也可以为用户提供分组传输模式的数据业务。通过 CDMA1X 上网，目前比较常用的有以下方法。

● 采用 PCMCIA 接口或 USB 接口的 CDMA1X 无线上网卡上网。先到联通营业厅或者代理点申请开通 CDMA1X 上网业务功能，然后将 CDMA1X 无线上网卡插入 PCMCIA 插槽或 USB 接口，安装相应的驱动程序和拨号程序就可以轻松实现上网功能。

● 笔记本电脑与 CDMA1X 手机相连实现无线上网。前提是手机必须开通联通掌中宽带资费套餐业务功能，然后安装相应的驱动程序就可以进行拨号无线上网了。

第十一节　认识 IE 浏览器

网页浏览器是用户在网络上的一个统一的平台，只要有一个浏览器，就可以在网络上遨游了。目前主要的浏览器有 Microsoft 公司的 Internet Explorer（简称 IE）和 Netscape 公司的 Netscape Navigator。这里我们介绍 IE 的使用方法。Internet Explorer 是微软公司推出的功能强大的浏览器，由于该软件操作简便，使用简单，易学易用，深受用户的喜爱。

一、启动 IE 的常用方法

◇ 鼠标左键单击任务栏"开始"按钮，指向"程序"，在弹出的菜单中单击 Internet Explorer。

◇ 从桌面上双击 Internet Explorer 图标。

◇ 从任务栏上的"快速启动图标"处单击 IE 图标。

二、IE 窗口组成

启动 IE 后，在地址栏中输入一个地址，出现如图 3-2 所示界面，界面分为标题栏、常见工具栏、地址栏、浏览窗口、水平滚动条、状态栏。根据用户需要，IE 的外观可以按用户个性要求进行调整。调整可以通过"查看"菜单进行，"查看"菜单主要控制 IE 的屏幕显示、需要哪些栏目以及如何显示。

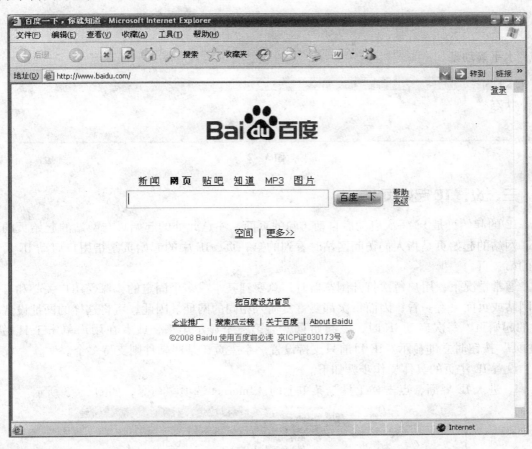

网页标题

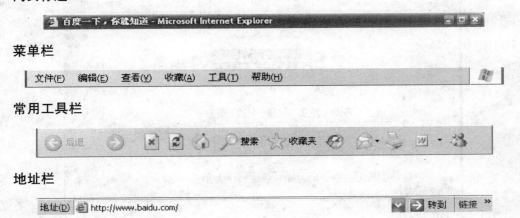

菜单栏

常用工具栏

地址栏

浏览窗口

水平滚动条

状态栏

图 3 – 2

三、设置 IE 起始页

IE 的起始页是 IE 每次启动后自动访问的页面。注意此处的起始页与网站的起始页的区别，网站的起始页是指人们访问网站时看到的第一页，IE 中的起始页是指用户启动 IE 后看到的第一页。

通常情况下，用户每次打开浏览器时，总要到某个或多个固定的、深受用户关心和喜爱的网站或页面去看一看，因而每次都要重复输入相同的网址。因此，可将这样的网址设置为 IE 的起始页，每次启动 IE 时，该起始页就会第一个显示出来，或者在用户单击工具栏的"主页"按钮时立即显示。IE 目前只支持设置一个主页，某些软件则支持多个。

设置 IE 主页的具体操作步骤如下。

1. 进入 IE 界面，点击"工具"菜单上的"Internet 选项"命令，如图 3 – 3 所示。

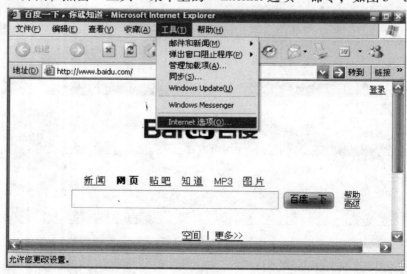

图 3 – 3

2. 弹出"Internet 选项"对话框,如图 3 – 4 所示。单击"常规"选项卡,在"地址"栏中输入要设置成起始页的网页地址。

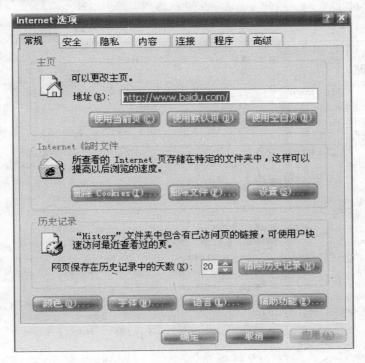

图 3 – 4

3. 单击"确定"按钮。

四、利用网址查看网页

IE 为用户提供了极大的方便,只需单击鼠标便可轻松快捷地浏览网页。操作步骤如下。

1. 启动 Internet Explorer。此时会出现 IE 窗口,IE 将加载事先确定的起始页。

2. 在地址栏中输入新的网页地址(如 site. baidu. com),按回车键,IE 将加载新的网页,如图 3 – 5 所示。

3. 单击当前页上的任一链接,IE 将加载新的网页。

4. 要返回以前的页,单击 后退 按钮。如果在倒退了几页后想要返回最后所在的页,单击 按钮。

5. 要返回起始页,单击 按钮。

6. 用户也可以单击地址栏右边的下拉箭头 ,IE 将显示出已经输入过的地址列表,在其中选择所需的地址即可。这样能避免重复输入,提高操作效率。

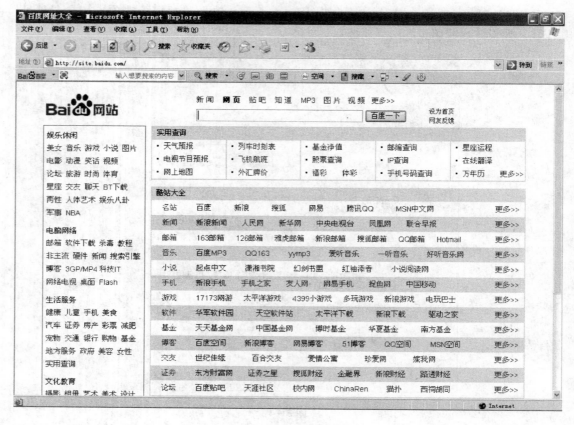

图 3 - 5

五、停止和刷新网页

假如网页包含了大量的图形，则加载该网页会耗费大量的时间。如果对等待加载网页感到厌倦了的话，可以通过单击停止按钮来停止这一过程。IE 也允许重新加载一个已加载了部分内容的网页。具体操作步骤如下。

1. 要停止加载当前页，单击"停止"按钮。
2. 要重新加载当前页，单击"刷新"按钮。

六、重新访问最近查看过的网页

具体操作步骤如下。

1. 在工具栏上，单击"历史"按钮。
2. 窗口的左边显示文件夹列表，包含几天或几周前访问的 Web 站点的链接。
3. 单击某个文件夹或网页以显示网页。
4. 再次单击"历史"按钮可以隐藏历史记录栏。

七、保存网页信息

对感兴趣的网页可以选择"文件"菜单中的"另存为"命令，把该网页的 HTML 文件保存到本地磁盘上，IE 可以将该网页包含的所有图像文件单独保存到 IE 创建的一个新目录中。

如果要保存页面中单个图像，首先用鼠标指向该图像，单击鼠标右键，在快捷菜单中选择"图片另存为"命令，然后在对话框中输入要保存的图像的文件名。

如果要保存网页上的文本，可以先拖动鼠标选中所要保存的文字信息，再选择"编辑"菜单中的"复制"命令。接着启动一个文字处理程序，如"Word 软件"或"记事本"，在其中选择"编辑"菜单中的"粘贴"命令，将 IE 中选中的文字复制到文字处理程序中，最后将文档存盘即可。

第十二节　查询资料及电子邮箱

一、查询资料

1. 在 Internet 上查询资料

第一步：在桌面上左键双击 IE 图标 如图 3 - 6 所示。

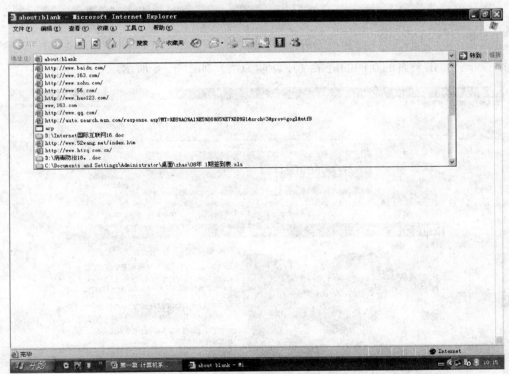

图 3 - 6

第二步：选择或输入要进入的网站（以 www. sohu. com 为例）如图 3 - 7 所示。

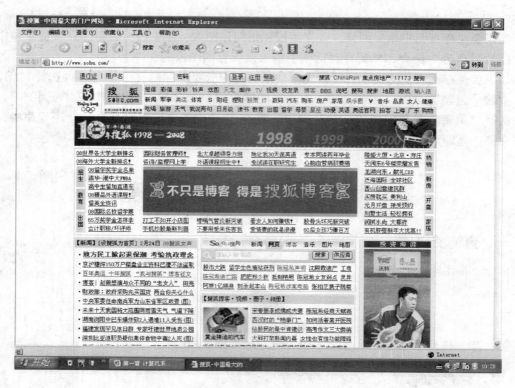

图 3-7

第三步：单击要看的新闻的链接（以新闻为例）如图 3-8 所示。

图 3-8

2. 进行网上搜索

第一步：打开 IE 在地址栏输入 www. baidu. com 网址，如图 3 - 9 所示。

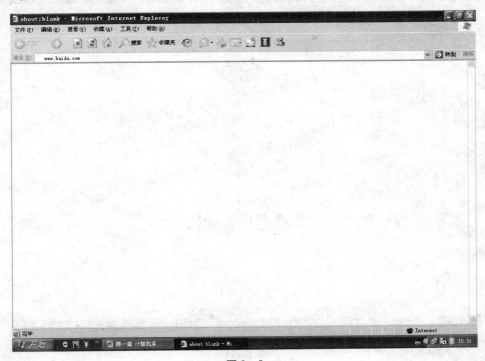

图 3 - 9

第二步：按回车键（Enter）进入主页，如图 3 - 10 所示。

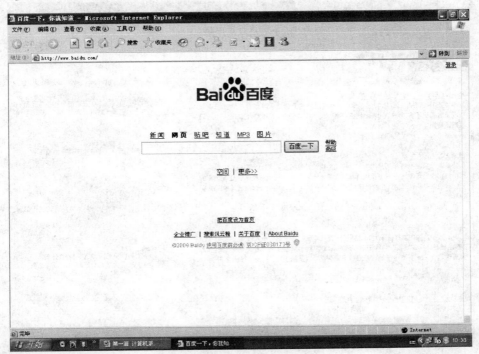

图 3 - 10

第三步：在光标所在的框内输入要查询的内容（如：计算机），如图 3 - 11 所示。

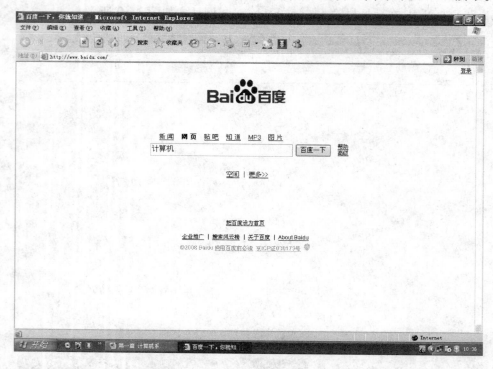

图 3 - 11

第四步：左键单击"百度一下"，如图 3 - 12 所示。

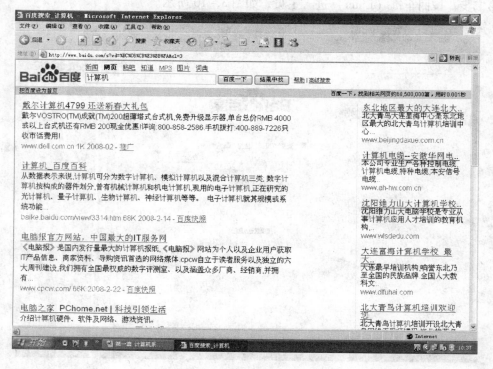

图 3 - 12

第五步：左键单击你要查询的内容的链接进入即可（如单击电脑之家），如图 3 – 13 所示。

图 3 – 13

二、电子邮箱 E-mail

电子邮箱就是 E-mail，也可以叫邮箱。E-mail（Electronic Mail，电子邮件是 Internet 上重要的信息服务方式。它为世界各地的 Internet 用户提供了一种极为快速、简单和经济的通讯和信息交换的方法。与常规信函相比，E-mail 非常迅速，把信息传递时间由几天到十几天减少到几分钟。E-mail 使用非常方便，即写即发，省去了粘贴邮票和跑邮局的烦恼。与电话相比，E-mail 的使用是非常经济的，传输几乎是免费的。正是由于这些优点，Internet 上数以亿计的用户都有自己的 E-mail，E-mail 也成为利用率最高的 Internet 应用。除了为用户提供基本的电子邮件服务，还可以使用 E-mail 给邮寄列表（Mailing List）中的每个注册成员分发电子邮件以及提供电子期刊。E-mail 的传递是依靠一个标准化的简单邮件传输协议 SMTP（Simple Mail Transfer Protocol）来完成的．SMTP 是 TCP/IP 协议的一部分，它概述了电子邮件的信息格式和传输处理方法。目前 Windows 操作系统环境下使用最多的 E-mail 收发工具是 Netscape Navigator 浏览器中的 E-mail 收发工具，使用 Netscape Navigator 发送 E-mail 时，用户在 Mail To 栏中输入对方的 E-mail 地址，在 Cc 栏中输入邮件传送的地址，在 Subject 栏中输入邮件标题，在正文栏中输入邮件内容即可。当然也可以先用 Windows 记事本编辑好邮件正文，然后用 Attachment 按钮调此邮件。最后用鼠标左键单击 Send 按钮，邮件就发出了。如果用户用鼠标左键单击 E-mail 收发工具窗口的 Getmail 按钮，则最新收到的邮件就会显示出来，用户可以一一观看。

1. 电子邮箱业务（E-mail）有什么好处

快速——在十几秒内即可将信件发送至对方。

安全——与其他邮箱系统相比，电子邮箱是专为商业用户而设计的"公务信箱"，有更严密的安全措施。

服务完善——针对商业用户设计了多项功能。用户通过电子邮箱不但可以与国内外的电子邮箱用户、国际计算机互联网（INTERNET）用户互通电子邮件，还可以将信件直接送到对方的传真机、用户电报终端机、分组交换网的计算机上。

经济——是一般邮政投递费用的三分之一至二分之一。

2. 怎样申请邮箱

本书以网易163的免费邮箱为例，教给您申请邮箱的方法。

第一步：打开网易163免费邮箱的主页 www.163.com，如图3-14所示。

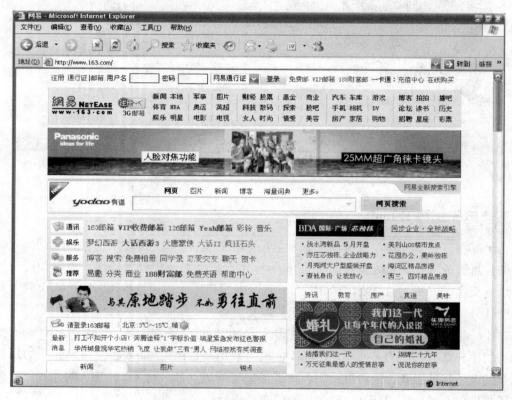

图 3-14

第二步：鼠标左键单击"163邮箱"，如图3-15所示。

图 3 – 15

第三步：左键单击马上注册，如图 3 – 16 所示。

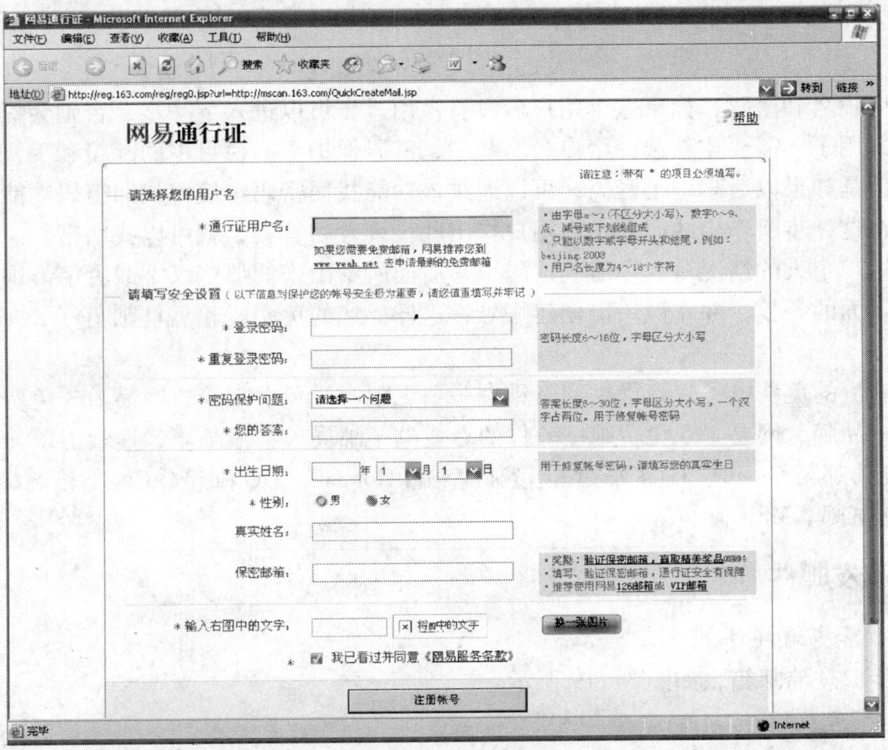

图 3 – 16

第四步：按提示填写各项内容，如图 3-17 所示。

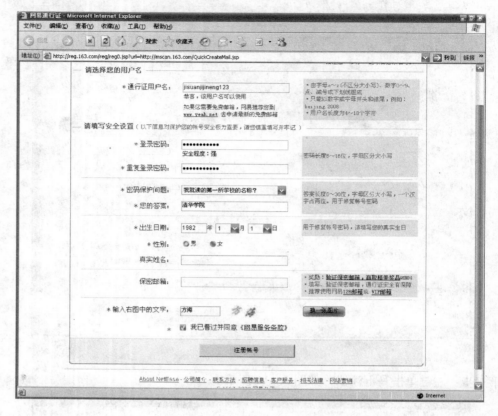

图 3-17

输入用户名和密码，如果这个用户名没有被用过，可以进入下一步，否则会提示该用户名已经有人用了。需要重新选择用户名。其中，密码保护那一栏目中的邮箱和手机号码可以不填写，但是如果以后忘记了密码，可以通过该功能找回密码。使用找回密码功能时，系统会先提出在这一步所作出的问题。由用户作出此步设置的答案，就可以找回密码。个人资料可以依据用户个人的情况写。注册确认码填写后面所给出来的那些汉字或者字母即可，然后选择接受下面的条款，并左键单击创建账号，这样，您的免费邮箱就注册好了，如图 3-18 所示。

目前主流的免费电子邮箱提供商有雅虎——无限容量免费邮箱、网易 163 免费邮——中文邮箱第一品牌、网易 126 免费邮——你的专业电子邮局、新浪邮箱、搜索引擎 google 提供超过 2.5G 的邮箱 Gmail、TOM 邮箱、搜狐邮箱、Hotmail、QQ 邮箱、CN 邮箱、263 电子邮箱、188 财富邮、MSN 邮箱等。

三、收发邮件

1. 接收和查看邮件

第一步：登陆邮箱，如图 3-19 所示。

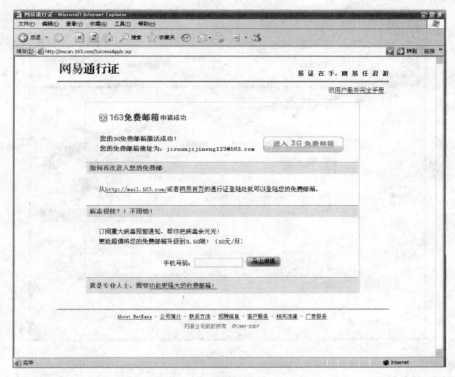

图 3－18

图 3－19

第二步：鼠标左键单击"登陆邮箱"登陆，如图 3－20 所示。

图 3 - 20

第三步：鼠标左键单击"收件箱"接收并查看邮件，如图 3 - 21 所示。

图 3 - 21

第四步：鼠标左键单击要看的邮件的标题。有附件时，右键单击附件名称，选择"打开"或"保存"即可打开或保存附件。

2. 发送邮件

第一步：鼠标左键单击"写信"按钮，在收件人处填写邮件地址，填入邮件主题，添加附件时在添加附件处右键单击；选择要添加的附件，在空白处写入邮件内容。如图 3 - 22 所示。

图 3 - 22

第二步：鼠标左键单击发送即可。如图 3 - 23 所示。

图 3 - 23

第十三节　本章小结

　　本章主要介绍了计算机网络的含义、功能、分类、网络协议体系结构，网络操作系统，IP 地址和域名，信道与数据交换技术，接入 Internet 的方式，重点讲解了互联网（Internet）知识，在网上申请电子邮箱、登录电子邮箱、接收和发送电子邮件。

（黑龙江省计算中心　李诚）

第十四节　练　习

一、填空题

　　1. 计算机网络是_____。

　　2. 计算机网络主要由_____和_____两部分组成，前者负责_____；后者负责_____。

　　3. 计算机网络通常按地理范围进行分类，分为_____、_____、_____。

　　4. 网络协议是指_____。

　　5. 计算机的拓扑结构包括：_____、_____、_____和_____。

　　6. Internet 是指_____，主要作用是_____。

　　7. IP 地址是指_____。

　　8. 域名是指_____，域名中的 cn 表示_____，com _____表示，edu 表示_____。

二、选择题

　　1. 计算机联网的主要目的是（　　　）。

　　A. 实时控制　　　　　　　　　　　B. 提高计算速度

　　C. 便于管理　　　　　　　　　　　D. 数据通讯、资源共享

　　2. 计算机局域网与广域网最显著的区别是（　　　）。

　　A. 后者可传输的数据类型要多于前者

　　B. 前者传输速度快

　　C. 前者传输范围相对较小

　　D. 前者传输速度较慢

　　3. 就计算机网络而言，下列说法中规范的是（　　　）。

　　A. 网络可分为光缆网、无线网、局域网和有线网

　　B. 网络可分为公用网、专用网、远程网和局域网

　　C. 网络可分为数字网、模拟网、通用网和专用网

　　D. 网络可分为局域网、城域网和广域网

4. 下列数据通信线路形式中，具备最佳数据保密性及最高传输效率的是（　　）。

A. 电话线路　　　　B. 光纤　　　　　　C. 同轴电缆　　　　D. 双绞线

5. 衡量网络上数据传输率的单位是 b/s，其含义是（　　）。

A. 信号每秒传输多少千米

B. 信号每秒传输多少千米

C. 每秒传送多少个数据

D. 每秒传送多少位数据

6. 下列（　　）不是英特网的机构域名。

A. edu　　　　　　B. www　　　　　　C. gov　　　　　　D. com

7. 从 www. edu. cn 可以看出，它是中国一个（　　）站点。

A. 政府部门　　　　B. 军事部门　　　　C. 工商部门　　　　D. 教育部门

8. 如果电子邮件到达时，电脑没有开机，那么电子邮件将（　　）。

A. 退回给发件人　　　　　　　　　B. 保存在服务商的主机上

C. 收集感兴趣的文件内容　　　　　D. 收集感兴趣的文件名

9. 拥有计算机并以拨号方式进入网络的用户需要使用（　　）。

A. CD-ROM　　　　B. 鼠标　　　　　　C. 电话机　　　　　D. Modem

10. 关于电子邮件，下列说法中错误的是（　　）。

A. 发送电子邮件需要 E-mail 软件支持

B. 发件人必须有自己的 E-mail 账号

C. 发件人必须有自己的邮政编码

D. 必须知道收件人的 E-mail

三、简答题

1. 计算机网络的主要功能是什么？

2. 计算机通常采用的 3 种控制方法的功能是什么？

3. 计算机局域网的特点是什么？

4. 简述网络的 3 种拓扑结构的缺点。

5. 什么是因特网？简述因特网应用。

6. 怎样在 Yahoo 中申请邮箱？

第四章　五笔字型

本章要点

五笔字型汉字输入法是王永民教授发明的一种完全依照汉字字形进行编码的汉字输入方法，是一种纯字型的编码方案，该技术已成为众多电脑用户的汉字录入助手。

本章内容

➢ 认识五笔字型
➢ 汉字的结构
➢ 汉字的基本字根
➢ 五笔字型简码输入规则
➢ 未笔字型识别交叉码
➢ 单笔画的输入原则
➢ 键外字输入规则
➢ 五笔字型汉字拆分原则
➢ 五笔字型的重码、容错码及帮助键
➢ 词组输入规则
➢ 五笔输入法的属性设置

第一节　认识五笔字型

五笔字型，即五笔字型汉字输入法，基本原理是将汉字拆分成一些最常用的基本单位，即字根。五笔字型输入法有 86 版本、98 版本和极品五笔，目前 Windows XP 操作系统下主要应用极品五笔输入法。下面主要介绍 86 版王码五笔字型。

计算机键盘的结构及指法如图 4－1、图 4－2 所示。

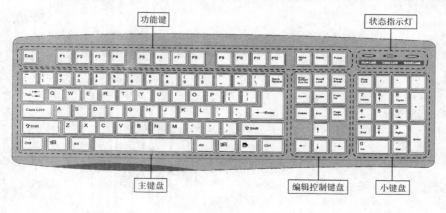

功能键　　状态指示灯

主键盘　　编辑控制键盘　　小键盘

图 4－1

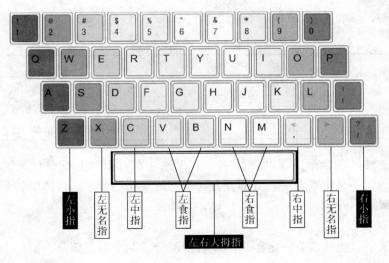

图 4－2

第二节 汉字的结构

一、汉字的几个概念

1. 汉字的三个层次：笔画、字根、字型。
2. 汉字的五种笔画：横、竖、撇、捺、折。
3. 汉字的三种字型：左右型、上下型、杂合型。

二、汉字的五种笔画

在书写汉字时，不间断地一次连续写成的一线段叫做汉字的笔画。汉字的诸多笔画可归结为五种基本的笔画：横、竖、撇、捺、折。将这五个基本笔画按照书写顺序、汉字使用频度的高低进行排列分为五个单元区，并用数字 1、2、3、4、5 五个代号代表五种基本笔画，见表 4－1 所示。

表 4－1　汉字的五种笔画

笔画代号	笔画名称	笔画走向	笔画及其变形
1	横	自左向右	一
2	竖	自上而下	丨
3	撇	右上到左下	丿
4	捺	左上到右下	丶
5	折	带转折	乙

实际上汉字的笔画没有这么简单，除这五种笔画外，还有多达 10 多种的其他笔画。根据汉字基本笔画形态，我们可以把 10 多种笔画归结为上述五种。

三、汉字的三种字型

根据构成汉字各字根之间的位置关系，可以把成千上万的汉字分为三种类型：左右型、上下型和杂合型，如表4-2所示。

表4-2　汉字结构

字型名称	字型代号	字　例
左右型	1	汉、湘、结、封、打、顺、信、佳
上下型	2	字、莫、花、华、雷、霞、家、吉
杂合型	3	困、凶、这、司、乘、本、无、天

表中最后一种（杂合型）又叫独体字，前两种（左右型和上下型）又统称合体字。两部分合并一起的汉字又叫双合字，三部分合并一起的又叫三合字。合体字的分型，一般只分到三合字这一级。

1. 左右型汉字

如果一个汉字只能分成有一定距离的左右两部分或左中右三部分，则这个汉字就称为左右型汉字。

左右型汉字主要包括以下2种情况。

（1）双合字

两个部分分列左右，其间有一定距离，如肚、胡、咽等。

（2）三合字

整字的三个部分从左至右并列，或者单独占据一边的部分与另外两部分呈左右列，例如："树"——三部分从左到右并列；"剖"——左侧部分分为上下两部分。

2. 上下型汉字

如果一个汉字能分成一定距离的上下两部分或上、中、下三部分，则这个汉字就称为上下型汉字。

上下型汉字主要包括以下2种情况。

（1）双合字

两个部分分列上下，其间有一定的距离，如字、节等。

（2）三合字

整字的三个部分上中下排列，或者单独占据一层的部分与另外两个部分呈上下排列，例如：意——分为上中下三层；型——分为上下两层，上层又分为左右两部分。

3. 杂合型汉字

如果组成汉字的各部分之间没有简单明确的左右型或上下型关系，则这个汉字称为杂合型汉字。

内外型汉字一律视为杂合型，如团、这、乘等，各部分字根之间的关系是包围与半包围的关系。

第三节　汉字的基本字根

一、字根

由若干个笔画交叉连接而形成的相对不变的结构，就叫做字根。字根是汉字的组成部分，同一个字根可以在较多的汉字中找得到，是这些汉字的相同部分。

注意，同一字根在不同的汉字中的位置可以不同，但字根的笔画结构是相对不变的。

二、字根在键盘上的分布方式

1. 将英文键盘上的 A ~ Y 共 25 个键分成五个区，区号为 1 ~ 5，并用字根首笔画的代号作为区号。

2. 每区 5 个键，第一个键称为一个位，位号为 1 ~ 5。

3. 将每个键的区号作为第一个数字，位号作为第二个数字，将这两个数字组合起来就表示一个键，即我们所说的"区位号"，五笔字型键盘字根分布如图 4 - 3 所示。

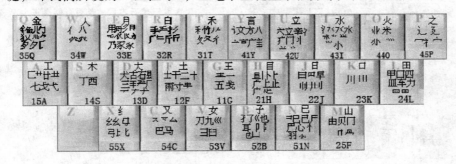

图 4 - 3　五笔字型键盘字根分布图

三、字根之间的结构关系

基本字根在组成汉字时，按照它们之间的位置关系也可以分为四种类型，即"单、散、连、交"。基本字根与单笔画之间按照这四种位置关系，可组成所有的汉字。

1. 单字根结构

在字根间的结构关系中，"单"应理解为单独成为汉字的字根，即这个汉字只有一个字根。具有这种结构的汉字包括键名汉字与成字字根汉字，如"口、丁、木"等。需要强调的是要将字根和笔画区分开，构成汉字最基本的单位是字根而不是笔画，字根是由笔画按一定的方式组成的。

2. 散字根结构

指构成汉字的基本字根之间可以保持一定的距离，如"吕、足、困"等。

注意：既然字根间是可以保持一定距离，那么它们就有一个相互位置关系问题。要么左右，要么上下，要么杂合，总归属于一种，从而形成三种不同字型。

3. 连笔字根结构

指一个基本字根连一单笔画，如"丿"下连"目"成为"自"，下连"十"成为"千"等。其中单笔画可连前也可连后。

4. 交叉字根结构

指几个基本字根交叉套叠之后构成的汉字，如"申"是由"日、丨"；"里"是由"日、土"；"夷"是由"一、弓、人"交叉构成的等。

综上所述，我们对汉字的结构已经有了一个清晰的认识。这个认识在今后对汉字字型分类时，是非常重要的。归纳起来为：

（1）基本字根单独成字，在将来的取码中有它专门的规定，因而不需要判断字型。

（2）属于"散"的汉字，才可以分为左右、上下型。

（3）属于"连"与"交"的汉字，一律属于杂合型。

（4）不分左右、上下的汉字，一律属于杂合型。

四、字根助记词

为了便于学习与掌握，对每一区字根编写了一首助记词，每句的第一个字，都是对应键位上的"键名"汉字，如下所示。

11 王旁青头戋（兼）五一，

12 土士二干十寸雨，一二还有革字底，

13 大犬三羊石古厂，羊有直斜套去大，

14 木丁西

15 工戈草头右框七。

41 言文方广在四一，高头一撇谁人去，

42 立辛两点六门病，

43 水旁兴头小倒立，

44 火业头，四点米，

45 之字宝盖建到底，摘示衣。

31 禾竹一撇双人立，反文条头共三一

32 白手看头三二斤，

33 月（衫）乃用家衣底，爱头豹头和豹脚，舟下象身三三里，

34 人八登祭取字头

35 金勺缺点无尾鱼，犬旁留叉，多点少点三个夕，氏无七（妻）

21 目具上止卜虎皮，

22 日早两竖与虫依，

23 口与川，字根稀，

24 田甲方框四车力，

25 山由贝，下框几。

51 已半巳满不出己，左框折尸心和羽，

52 子耳了也框向上，两折也在五耳里，

53 女刀九臼山向西，

54 又巴马，经有上，勇字头，丢矢矣，

55 慈母无心弓和匕，幼无力

第四节　五笔字型简码输入规则

一、一级简码

在 5 个区的 25 个键位上，每个键安排一个使用频率最高的字，这类字只需按下字母所在的键位，再按一下空格键既可输入。

G 一　F 地　D 在　S 要　A 工
H 上　J 是　K 中　L 国　M 同
T 和　R 的　E 有　W 人　Q 我
Y 主　U 产　I 不　O 为　P 这
N 民　B 了　V 发　C 以　X 经

二、二级简码

只输入该字的前两个字根码，再按一下空格键既可输入。

三、三级简码

三级简码字字数多，输入三级简码也需要击 4 下键（含一空格键），3 个简码字母与全码的前三者相同，但用空格键代替了末字根或识别码。

四、键名汉字

每个字根键位最左上角的那个汉字称为键名汉字。其输入方法只需把字母所在的键位连击 4 下。

例：王（GGGG）　土（FFFF）　大（DDDD）　木（SSSS）　工（AAAA）
　　目（HHHH）　日（JJJJ）　口（KKKK）　田（LLLL）　山（MMMM）
　　禾（TTTT）　白（RRRR）　月（EEEE）　人（WWWW）　金（QQQQ）
　　言（YYYY）　立（UUUU）　水（IIII）　火（OOOO）　之（PPPP）
　　已（NNNN）　子（BBBB）　女（VVVV）　又（CCCC）　纟（XXXX）

五、成字字根

成字字根是指在字根总表中，除键名汉字外，本身是汉字的字根。其输入方法为：先按一下该字根所在的键（即报户口），再按该字根的第一、第二及最末一个单笔画；如果不足 4 键，以空格作为结束键。

例：文：41y　41y　11g　41y　　石：13d　11g　31t　11g
　　用：33e　31t　51n　21h　　力：24l　31t　51n
　　方：41y　41y　11g　51n　　厂：13d　11g　31t

第五节　末笔字型识别交叉码

将末笔画代码与字型代码合成一个共同的代码，称为末笔字型识别码。末笔字型识别码是为了区别字根相同、字型不同的汉字而设置的，只适用于不足 4 个字根组成的字。末笔字型交叉识别码由末笔画代号与字型代号组合而成。汉字图形的末笔字型交叉识别码如表4－3所示。

表 4 – 3

笔画\字型代号	左右型1	上下型2	杂合型3
横（1）	11（一）G	12（二）F	13（三）D
竖（2）	21（丨）H	22（刂）J	23（川）K
撇（3）	31（丿）T	32（斤）R	33（彡）E
捺（4）	41（丶）Y	42（冫）U	43（氵）I
折（5）	51（乙）N	52（巜）B	53（巛）V

末笔识别交叉码的识别方法：首先确定"最后一笔"是哪个区，然后确定"字"是什么结构。

　　例如："扛"最后一笔是横，是左右型，那么就是 rag。

　　　　　"芯"最后一笔是捺，是上下型，那么就是 anu。

　　　　　"闺"最后一笔是横，是杂合型，那么就是 uffd。

第六节　单笔画的输入原则

单笔画有时也需要单独使用，单笔画（一、丨、丿、丶、乙）均是只有一个笔画的成字字根，需要按两次该字根所在键，再按两次 L 键的方法进行输入。

　　例如：一：GGLL　　丨：HHLL　　丿：TTLL　　丶：YYLL　　乙：NNLL

第七节　键外字输入规则

取码顺序	第一码	第二码	第三码	第四码
取码要素	取第一个字根	取第二个字根	取第三个字根	取最后一个字根

第八节　五笔字型汉字拆分原则

拆分原则

1. 按书写顺序：从左到右，从上到下，从内到外。

例：对：又 寸　　　　　　　安：宀 女

　　因：囗 大

2. 取大优先：拆的字根笔画数尽量大，拆出的字根个数尽量少的优先。

例：夷：一 弓 人　　　　　无：二 儿

　　平：一 丷 十　　　　　重：丿 一 日 土

3. 兼顾直观：在取大优先的同时，仍要照顾到拆分的直观性。

例：自：丿 目　　　　　　　生：丿 キ

4. 能连不交：能按连的关系拆分，就不要按相交的关系拆分。

例：天：一 大　不能拆为二人　　　牛：丿 扌

　　于：一 十　　　　　　　　　丑：乙 土

5. 能散不连：能按散的关系拆分，就不要按连的关系拆分。

例：午：⺧ 十　　　　　　　　占：卜 口

　　非：三 刂 三

第九节　五笔字型的重码、容错码及帮助键

一、五笔字型的重码

当屏幕编号显示重码字时，直接选择其当前汉字的数字键即可。

二、五笔字型容错码

1. 拆分容错

拆分时的顺序允许有错，如：

长：丿 七 、TAYI　正确码　　　长：七 丿 、ATYI　容错码

长：丿 一 乙、TGNY　容错码　　长：一 乙 丿、GNTY　容错码

2. 字型容错

3. 版本容错

4. 异体容错

5. 末笔容错

6. 低频重码字后缀

三、五笔字型帮助键

当对键盘字根不太熟悉或对某一汉字的拆分一时难以确定时，未知的那个字根可用"Z"键来代替。

第十节　词组输入规则

一、两字词组

每字取其全码的前面二码组成。例如：

经济：纟 又 氵 文（xciy）

机器：木 几 口 口（smkk）

操作：扌 口 亻 ⺧（rkwt）

汉字：氵 又 宀 子（icpb）

二、三字词组

前两字各取一码，最后一字取前两码，共 4 码。例如：

计算机：讠 ⺮ 木 几（ytsm）

解放军：勹方宀车（qypl）
操作员：扌亻口贝（rwkm）
生产率：丿立宀幺（tuyx）

三、四字词组

各字取全码的第一码。例如：
汉字编码：氵宀幺石（ipxd）
光明日报：⺌日日扌（ijjr）
经济管理：纟氵⺮王（xitg）
艰苦奋斗：又艹大丶（cadu）

四、多字词组

取第一、二、三及最末一个汉字的第一码，共四码。例如：
中华人民共和国：口亻人囗（kwwl）
中国人民解放军：口囗人宀（klwp）

第十一节　五笔输入法的属性设置

在使用五笔输入法时，为了提高输入速度或让五笔输入法适应自己的习惯，需要对五笔输入法属性进行设置。如设置词语联想、光标跟随等功能，要设置其属性，必须在"输入法设置"对话框中完成。

设置五笔输入法属性的操作步骤如下。

1. 用鼠标右键单击五笔输入法状态条上除软键盘外的任意按钮，然后在弹出的快捷键菜单中选择"设置"选项。

注意：在五笔输入法状态条上单击鼠标右键，在弹出的快捷菜单中选择"帮助"命令，可打开五笔输入法的帮助系统。

2. 打开"输入法设置"对话框，在该对话框中选中不同的复选框或选项会有不同的效果。然后单击"确定"按钮即可完成设置。

3. 选中"词语联想"复选项，输入某个字或词组时，系统会在屏幕显示以该字或词组开头的相关词组。

4. 选中"词语输入"复选项，可以输入词语，如果没有选中该复选框，就不能进行词语输入。

5. 选中"外码提示"复选项，输入汉字的第 1 码后，系统将自动给出该字后面的编码，只需根据提示按相应的键或词组前的数字即可继续输入汉字。

6. 选中"逐渐提示"复选项，输入汉字或词组时，汉字候选框中将出现相关的字或词组，这时可根据提示逐渐输入汉字或词组。

7. 选中"光标跟随"复选项，输入汉字时，提示框将位于当前光标的下方，否则提示框将显示在任务栏的上方并呈"一"字排列。

注意：五笔输入法中保存的词语数量有限，如用户需输入五笔词库中没有的词语，可进行手工造词，其方法为在五笔输入法状态条上单击鼠标右键，在弹出的快捷菜单中选择"手工造词"选项，然后在打开对话框的"词语"文本框中输入需添加的词语，单击"添加"按钮并关闭对话框，此后就可按输入词组的方法输入设置的词组了。

第十二节　本章小结

本章主要讲解了键盘的结构及输入汉字的指法，并重点讲解了五笔字型输入法。通过本章的学习读者应掌握一些汉字输入的基本方法和技巧。掌握和灵活运用汉字输入方法，将有利于提高办公效率。

（哈尔滨华夏计算机职业技术学院　丁鹏）

第十三节　练　习

一、填空题

1. 按功能划分，键盘总体上可分为 5 个大区，分别为 _____、_____、_____、_____、_____。

2. 通过按 _____ 组合键可在输入法之间快速切换。

3. 汉字可以划分三个层次，即 _____、_____ 和 _____。

4. 书写汉字时一个连续不断的线段称为笔画，其中包含 _____、_____、_____、_____ 和 _____。

5. 汉字分为三种结构 _____、_____ 和 _____。

6. 一级简码 _____ 地 _____ 上 _____ 产 _____ 为 _____ 有 _____ 同。

7. 键名字打法是将字母所在键位连击 _____ 次。

8. 汉字"广"的打法是：_____。

9. 写出下以下汉字的笔画代号序列。

例如：王 1121　石 13251　虫 251214　车 1512　由 25121

金____	文____	病____	米____	水____	已____
巴____	雨____	鸟____	四____	甲____	用____
字____	根____	是____	非____	曲____	直____
农____	业____	若____	无____	其____	事____
笔____	画____	时____	代____	构____	成____
的____	确____	良____	相____	对____	而____
言____	在____	职____	起____	死____	回____
生____	强____	大____	选____	择____	能____
想____	方____	设____	法____	口____	马____

社_____	会_____	科_____	学_____	里_____	面_____
必_____	须_____	术_____	勺_____	无_____	产_____
阶_____	级_____	五_____	笔_____	字_____	型_____
夷_____	水_____	落_____	石_____	出_____	平_____
常_____	风_____	关_____	节_____	切_____	中_____
多_____	少_____	进_____	要_____	求_____	定_____
军_____	尼_____	研_____	河_____	黄_____	孙_____
度_____	笔_____	芝_____	按_____	取_____	型_____

二、简答题

1. 键盘有哪几部分组成？各部分的主要功能是什么？
2. 怎样在输入中文的过程中输入英文？
3. 在输入汉字时，不足四码以及多于四码的汉字应如何输入？
4. 什么是键名字？怎样输入其键名字？
5. 分别说出下列字根所在字母键：雨、早、乙、几、夕、八、米、一、丁、女。
6. 一级简码与二级简码有什么区别？
7. 怎样识别末笔码？怎样输入末笔码？
8. 用五笔字型输入法输入下面的汉字：

宾馆	波动	玻璃	下班	部长	灿烂	车队	窗口
询问	聪明	才智	担保	灯光	都市	队长	锻炼
档案	词汇	辞典	电报	冬季	频繁	非常	风暴
悲壮	仿佛	干部	踊跃	跟踪	纺织	复查	公安
负担	构成	沟通	轨道	估计	骨干	巩固	果断
纠正	款式	长期	煤矿	民警	朦胧	模范	工期
陈列	展出	陈旧	毁灭	戏院	驱逐	幽雅	缘故
模式	砸碎	寺院	形式	主义	开花	上面	止境
暴露	串联	田地	口腔	日历	宽大	宽敞	之下
炼油	火柴	火车	江苏	消防	并且	诬陷	谨防
奥运会	芭蕾舞	办公楼	报告会	招待会	闭幕式	备忘录	
笔记本	毕业生	编辑部	辩证法	标准化	出版社	蛋白质	
房地产	福建省	石膏像	公安部	工程师	积极性	重要性	
领导者	一方面	小轿车	真实性	招待所	重工业	自动化	
注意力	战斗机	西安市	所得税	实际上	委员长	严重性	
重要贡献	奥林匹克	澳大利亚	成人之美	报告文学	闭路电视		
组织纪律	可想而知	仅供参考	炎黄子孙	水落石出	言外之意		
爱国主义	言过其实	人才辈出	人民政府	人尽其才	直截了当		
新闻联播	资产阶级	轻工业部	言而有信	孜孜不倦	人才济济		
人大常委会	人民大会堂	中国共产党	辩证唯物论	全国各族人民			
中华人民共和国	中国人民解放军	中共中央总书记	中央人民广播电台				

9. 指出以下汉字哪些是单字结构、哪些是散字结构？哪些是连笔字根结构？哪些是交

叉字根结构？

王　石　七　虫　车　由　金　文　病　米　水　已　巴　雨
鸟　四　甲　用　社　会　科　学　里　面　必　须　术　勺
无　产　阶　级　五　笔　字　型　夷　水　落　种　出　平
农　业　常　旁　若　无　人　关　切　严　礓　占　有　多
少　要　求　进　行　部　上　海　队　军　型　一　目　了
然　按　劳　取　科　研　单　位　北　方　只　口　惹　河
炎　黄　子　孙　度　字　根　是　非　曲　相　对　而　言
在　此　一　游　划　时　代　权　成　构　设　法　气　习

第五章　Word 2003 基本应用

本章要点

本章从实用性、易掌握性出发，重点突出、操作简练、内容丰富而且实用、可操作性强，可帮助读者快速有效地掌握 Word 2003 的各项功能及实用技巧。

本章内容

➢ 认识 Word 2003
➢ Word 2003 基本文档操作
➢ Word 2003 编排
➢ 图文混排
➢ 文本格式
➢ 表格
➢ 高级功能
➢ 页面设置和打印

第一节　认识 Word 2003

Word 2003 是目前较常用的文字排版软件，根据用户使用的反馈意见在原有 Word 2002 版本基础上进行了完善和更新。使用 Word 2003 软件可以创建适合日常办公的电子文档，帮助用户更好地与他人协作。本章主要讲述 Word 2003 文档的基本操作及编辑文档的格式化、表格的使用、图形及图像的处理和页面设置与打印等内容。

一、Word 2003 启动及退出

1. 启动 Word 2003

启动 Word 2003 的操作步骤如下。

鼠标左键单击"开始"按钮→在弹出的菜单中选择"程序→Microsoft Office2003→Microsoft Office Word 2003"命令，启动 Word 2003 程序窗口，如图 5 - 1 所示。

注意：如果在桌面上创建了 Word 2003 快捷方式，直接用鼠标左键双击快捷图标即可启动 Word 2003 程序窗口。

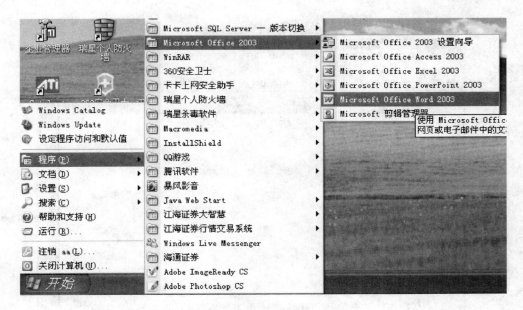

图 5 - 1

2. 退出 Word 2003

退出 Word 2003 的常用方法如下。

方法一：单击 Word 2003 窗口中右上角的"关闭" ✖ 按钮。

方法二：双击窗口左侧的控制菜单图标。

方法三：按"Alt + F4"组合键。

方法四：执行"文件"菜单中的"退出"命令。

在退出 Word 2003 之前，如果进行了文档的编辑工作并且尚未保存，系统会弹出提示保存的窗口，如图 5 - 2 所示。

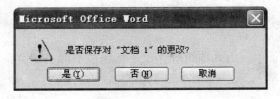

图 5 - 2

这时可以单击"是"按钮，保存对文档的修改并退出 Word 2003，也可以单击"否"按钮，不保存对文档的修改并退出 Word 2003，还可以单击"取消"按钮，返回 Word 2003 继续编辑文档。

二、Word 2003 窗口组成

Word 2003 的工作窗口如图 5 - 3 所示。从中可以看到 Word 2003 的主窗口由标题栏、菜单栏、常用工具栏、标尺、编辑区、滚动条、状态栏等部分组成。

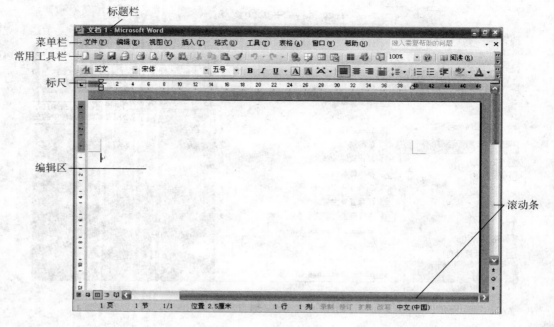

图 5 - 3

1. 标题栏

标题栏 位于窗口最上端，作用是显示当前正在编辑的文档名称。Microsoft Word 表示当前正在执行的程序名称，文档1 为当前打开的文档名称。

2. 菜单栏

标题栏下面是菜单栏，其中包括各种命令，如果用户需要使用菜单命令，只需将鼠标指针移到菜单项上，如果该菜单项有效，则以淡蓝色方式显示，此时，单击它可打开菜单，然后单击菜单命令即可激活选中的命令。

菜单的分类如下。

（1）下拉式菜单

下拉式菜单又称主菜单，由九项组成，位于标题栏下面，这类菜单都是在菜单项处往下弹出，称为"下拉式菜单"，是 Word 2003 的主要操作命令。

（2）子菜单

菜单框中的某些项右边带有一个小箭头形如 ▶，将鼠标移到该项处会弹出一级菜单，称为"子菜单"。

（3）折叠式菜单

在主菜单中只把使用频率高的菜单项显示出来，部分不常用的菜单项是隐藏的，这就形成了折叠式菜单，需要时单击菜单底部的按钮行如 ⩡ ，则把全部菜单项显示出来。

（4）快捷菜单

当使用鼠标右键单击文本编辑区空白位时则弹出一种菜单，它被称为"快捷菜单"或"弹出式菜单"或"右键菜单"。在文本菜单编辑窗口的不同地方单击鼠标右键，会弹出不同的快捷菜单，这有助于操作更加快捷方便。

3. 常用工具栏

常用工具栏一般位于菜单栏的下面，它由按钮组成，一个按钮就是一种工具，代表某一个操作，用鼠标单击某个按钮也就执行了该按钮所代表的操作，因此，工具栏可以说是用途相近的工具集合，即工具集，有的按钮的功能与某个菜单项差不多，仅仅是为了操作更加快捷。

Word 2003 中带有很多工具集，执行"视图"菜单中的"工具栏"命令，则弹出"工具"下拉菜单。在工作中，Word 2003 一般不会将所有的工具和工具栏打开，而是只打开常用的和当前能用到的工具和工具栏，用户可对工具栏进行设计，包括决定打开哪些工具栏和各种工具栏放置的位置。

Word 2003 工具栏如图 5 – 4 所示。

格式工具栏——设置文档格式（字体/型号/对齐方式）

图 5 – 4

4. 标尺

标尺分为水平标尺和垂直标尺，可以直观查看文图表框的宽和高，用于正方排版、段落缩进设制表位等。

5. 编辑区

编辑区主要用于录入文本内容，对录入的内容进行编辑操作。

6. 滚动条

由于计算机屏幕的大小有限，而用户输入的内容显示的范围一般要比屏幕大得多，这时滚动条就起作用了，用户通过它来移动编辑区，将要看的内容显示在当前屏幕上，滚动条分为垂直滚动条和水平滚动条，滚动条一般有三个操作点，如图 5 – 5 所示。

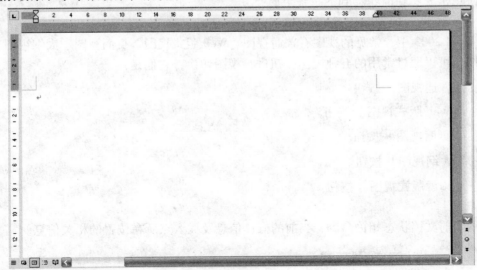

图 5 – 5

在垂直滚动条下端还有两个按钮，分别是"下一页"按钮"⬇"和"上一页"按钮"⬆"，浏览对象的移动距离可以是一页纸、一张图或一个表格等，单击选择浏览对象按钮◎，弹出如图 5-6 所示的窗口。

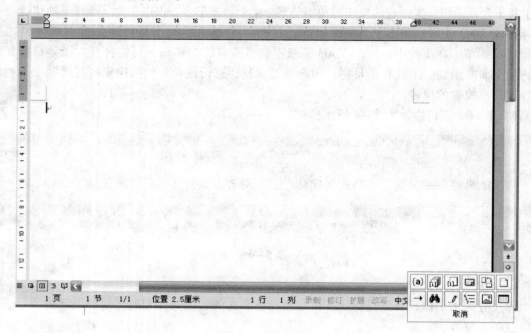

图 5-6

用户在图 5-6 中可以选择其中一种作为当前的浏览对象。当按 ⬇ 和 ⬆ 时，光标则以当前浏览对象作为目标进行移动。

如果当前选择的浏览对象是一个页面，则单击 ⬆ 按钮时，光标移到上一页处，单击 ⬇ 按钮时，光标移到下一页处；如果浏览对象改为图形，则单击 ⬆ 按钮时，光标移到上一张图形处，单击 ⬇ 按钮时，移到下一张图形处。

7. 视图按钮

在 Word 2003 中，常见的视图有普通视图、Wed 版式视图、页面视图、大纲视图、阅读版式视图，可以通过常用的五种视图按钮进行视图切换，它们是：

▤：［普通视图］按钮。

▣：［Web 版式视图］按钮。

▤：［页面视图］按钮。

▤：［大纲视图］按钮。

▥：［阅读版式视图］按钮。

8. 状态栏

显示当前文档状态相关命令、当前的操作信息及插入点所在位置的相关信息。

三、Word 2003 视图方式

屏幕上显示文档的方式称为视图，Word 2003 主要提供了普通视图、页面视图、大纲视图、Web 版式视图和阅读版式视图等多种视图方式，选择"视图"菜单中的"普通"、"页面"、"大纲"、"Web 版式"或"阅读版式"命令，或者单击水平滚动条左侧的视图方式切换按钮，就可以切换至相应的视图方式。

在 Word 中，不同的视图方式有其特定的功能和特点。

● 普通视图：在此方式下，用户可以完成大多数文本、字符的录入和编辑工作，也可以设置字符和段落的格式，但是只能将多栏显示成单栏格式，页眉、页脚、脚注、页号以及页边距等显示不出来。

在普通视图下，页与页之间用一条虚线表示分页符如图 5 - 7 所示；节与节之间用双行虚线表示分节符，更易于编辑和阅读文档。

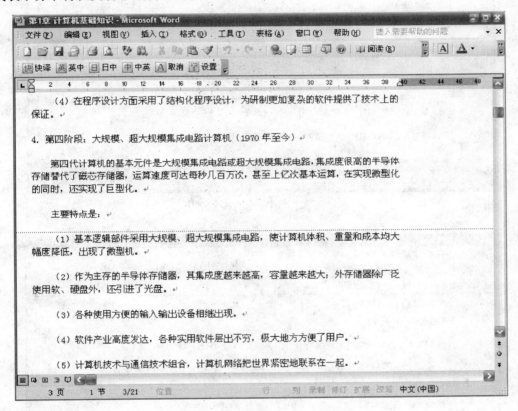

图 5 - 7

● 页面视图：在此方式下，所显示的文档与打印出来的结果几乎是完全一样的，也就是一种"所见即所得"的方式，文档中的页眉、页脚、批注、分栏等项目显示在实际的位置处。在页面视图下，不再以一条虚线表示分页，而是直接显示页边距，如图 5 - 8 所示，若要节省页面视图中的屏幕空间，可以隐藏页面之间的灰色区域。将鼠标指针移到页面的分页标记上，然后单击"隐藏空白"按钮，结果如图 5 - 9 所示，前后页之间的显示也就连贯了。

如果要显示页面之间的灰色区域，则将鼠标指针移到页面的分页标记上，然后单击"显示空白"按钮。

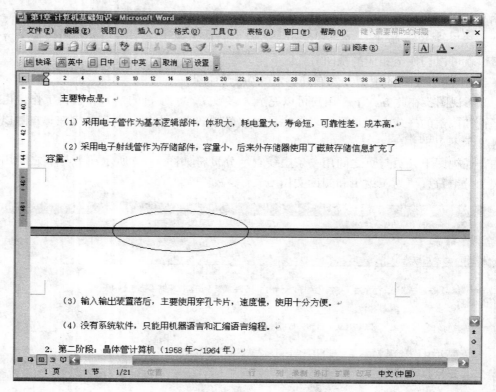

图 5－8

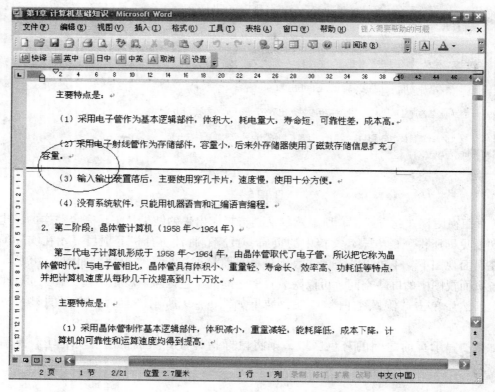

图 5－9

● 大纲视图：此方式用于创建文档的大纲，查看以及调整文档的结构。切换到大纲视图后，屏幕上会显示"大纲"工具栏，通过此工具栏可以选择仅查看文档的标题、升降各标题的级别、移动标题重新组织文档。

● Web 版式视图：此方式用于创建 Web 页，它能够仿真 Web 浏览器来显示文档。在 Web 版式视图下，能够看到给 Web 文档添加背景，文本将自动折行以适应窗口的大小。

● 阅读版式视图：此方式的最大特点是便于用户阅读文档，这是 Word 2003 新增的功能。它是模拟书本阅读方式，让人感觉在翻阅书籍，这种方式在图文混排或包含多种文档元素的文档中，可能不便于阅读，但是，在阅读内容连续连接紧凑的文档时，它能将相连的两页显示在一个版面，如图 5 – 10 所示。

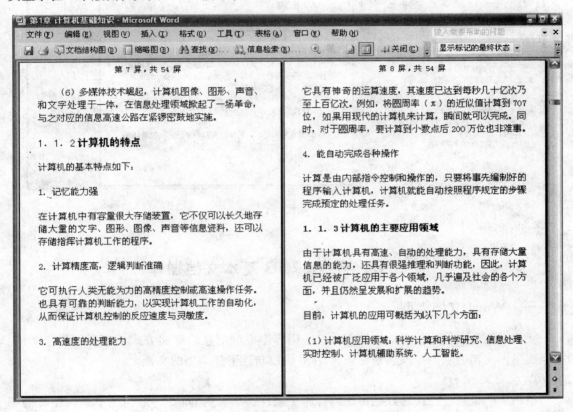

图 5 – 10

"阅读版式视图"还提供了文档结构图，单击工具栏上的"文档结构图"按钮，即可在窗口左侧显示文档结构图，使得用户在阅读文档时能够根据目录结构有选择地阅读文档内容，如图 5 – 11 所示。

在实际工作中，用户还可以配合显示比例进行操作，在"常用工具栏"中有一个"显示比例"列表框，通过此列表框可以改变视图的显示比例，或者直接在"显示比例"列表框中输入所需的显示比例，然后按下 Enter（回车）键确认。

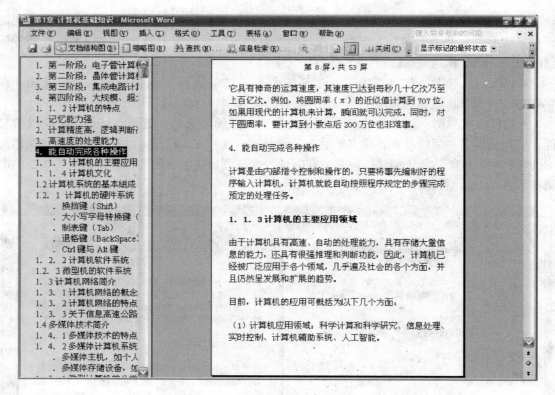

图 5-11

第二节　Word 2003 基本文档操作

一、Word 文档类型

文档类型是文档中信息的存储方式，应用程序根据信息的存储方式来打开或保存文档。文档类型由文档名后的扩展名来标识，Word 可以新建下列类型的文档。

1. 空白文档

空白文档是系统已设置好的传统的打印文档，扩展名为 doc。一般情况下，新建文档都采用空白文档为模板。单击工具栏的新建按钮 即可建立空白文档。

2. Web 文档

Web 文档的扩展名为 html，在 Internet 上，可通 Web 浏览查看其内容，Word 可以创建一份新的 Web 文档，也可以将 doc 文档保存为 html 格式的文档，Web 文档可在 Web 版式视图中打开。

3. 模板文档

模板文档的扩展名为 dot，是系统固有或由用户自定义的文档。模板文档中存储一些可以反复套用的文字、自定义工具栏、宏、快捷键、样式和"自动图文集"词条，它可以重复使用，例如，传真、报告、简历等模板。

4. 电子邮件

在 Word 中可以直接撰写并向其他人发送电子邮件或文档。电子邮件中包含电子邮件信封工具栏，可以填写收件人名称和邮件的主题，设置邮件属性，然后将邮件发送给对方。

二、新建文档

启动 Word 2003 时，它自动新建立一个空白文档，用户可以直接在上面进行编辑工作。如果用户还想建立一个新的文档，则执行"文件"菜单中的"新建"命令，弹出新建文档任务窗口，如图 5 – 12 所示。

1. 新建一个空白文档

一个空白文档就像一张白纸，用户可以在纸上任意书写文章。

创建空白文档的操作步骤如下。

（1）用鼠标执行"文件"菜单中的"新建"命令，弹出如图 5 – 12 所示的"新建文档"任务窗口。

（2）单击 空白文档 图标：鼠标指针移到 空白文档 上时会变成小手形状，单击鼠标左键创建空白文档。

（3）这时系统就建立一个新的空白文档，并自动为这个新建文档取一个如"文档 X"的临时文档名。"X"为新文档序号，其序号按建立的先后次序递增。

2. 利用模板新建一个文档

模板是指具有一定格式的空文档，例如传真、信函、报告、简历等。根据模板新建文档时，Word 会按照模板预先为用户编排好格式，用户只要填写自己的内容提要就行了。

下面介绍新建一个传真文档的操作步骤。

（1）执行"文件"菜单中的"新建"命令，弹出如图 5 –12所示新建文档任务窗口。

（2）单击窗口中的 本机上的模板 命令，打开模板窗口，选择 信函和传真，切换到如图 5 – 13 所示的窗口。

图 5 – 12

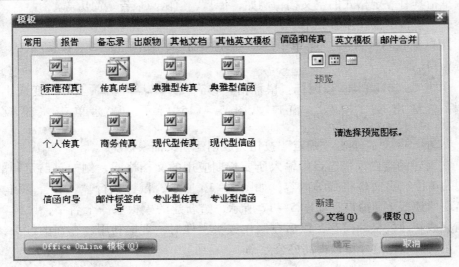

图 5 – 13

（3）单击窗口中的 个人传真 图标，使其变为蓝色。

（4）单击 确定 按钮。这时系统就新建一个传真文档，就像一张新的传真纸一样，用户即可根据具体情况和传真上的提示填写传真内容，如图 5-14 所示。

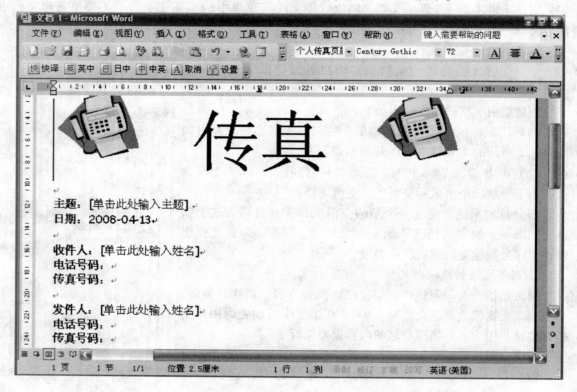

图 5-14

3. 新建模板

模板是指具有一定格式的空文档，例如，传真、信函、报告、简历等。

创建一个模板的操作步骤如下。

（1）用鼠标执行"文件"菜单中的"新建"命令，弹出如图 5-12 所示的"新建文档"任务窗口。

（2）单击 本机上的模板 图标：鼠标指针移到 本机上的模板 上时会变成小手形状，单击鼠标左键出现"模板"窗口如图 5-15 所示，鼠标单击"模板"选项

新建
○文档(D) ○模板(T) ，单击"确定"按钮完成创建新文档模板。

（3）在新建的空白模板窗口中输入所要长期应用的文档格式，例如自己定制的信封或经常用到的单位红头文件格式等内容，如图 5-16 所示，鼠标执行"文件"菜单"保存"命令，出现"模板 1"窗口，如图 5-17 所示，给新建的模板取一个名字，鼠标单击"保存"按钮完成新建模板的保存，以后在制作红头文件时，直接利用已存在的红头文件模板新建一个文档即可，这样可以提高办公效率。

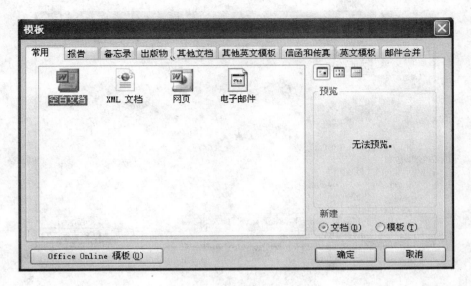

图 5 - 15

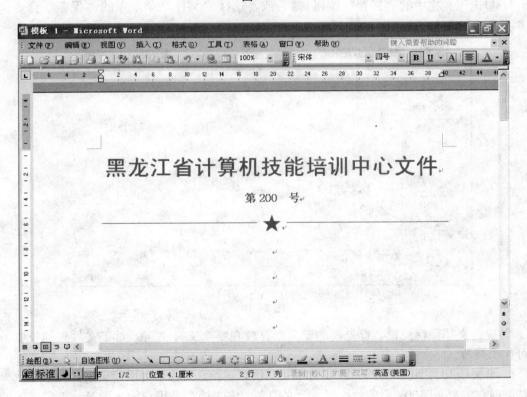

图 5 - 16

三、保存文档

输入和编辑的文档只有保存在硬盘或软盘等存储设备上才能够长时间地存在，如果不存盘，关闭计算机后，最近一次编辑的文档内容就会丢失。

保存文档的操作步骤如下。

图 5 – 17

1. 单击工具栏中的"保存"按钮 ■，或者选择"文件"菜单中的"保存"命令，弹出"另存为"窗口，如图 5 – 18 所示。

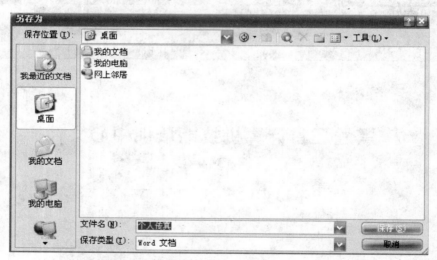

图 5 – 18

2. 确定文档保存位置。首先要确定文档存放在哪个文件夹下。对于文件夹的位置，用户可作出修改。

3. 给文档起名字。Word 2003 支持中文文档名，而且文档名可以写得很长，第一次保存文档的时候，Word 2003 会自动给出一个文档名，该文档名是用户输入的第一个段落中的部分文字或字符。用户可单击 文件名(N): ┃个人简章┃ ▼ 文本框，然后输入新的文件名，最后单击 ┃保存(S)┃ 按钮。

四、打开文档

打开系统内已有 Word 的文件，打开文档窗口和保存文档窗口比较相似，其打开 Word 文档的具体步骤如下：

选择"文件"菜单中的"打开"命令，弹出打开窗口，选择要打开的文件，单击"打开"按钮，如图 5 – 19 所示。

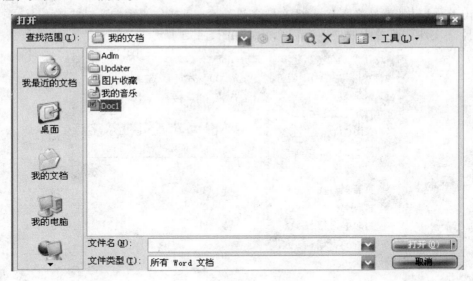

图 5 – 19

五、关闭文档

对于编辑完成或不再使用的文档可以将其关闭，以节约内存空间。其关闭文档的操作步骤如下。

选择"文件"菜单中的"关闭"命令，如图 5 – 20 所示。

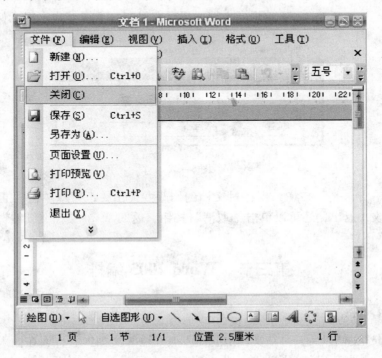

图 5 – 20

六、退出 Word 文档

退出 Word 软件就是将所有 word 文件全部关闭，其操作步骤如下。

选择"文件"菜单中的"退出"命令，如图 5 – 21 所示。

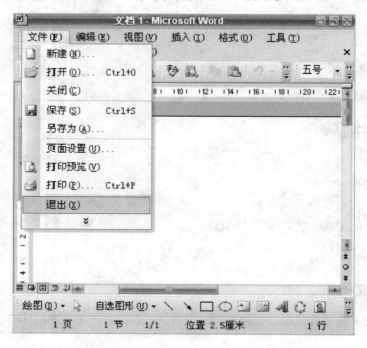

图 5 – 21

在退出 Word 文档之前，所编辑的文档如果没有保存，系统会弹出提示保存的窗口，如图 5 – 22 所示。

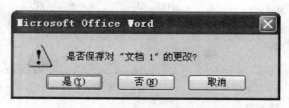

图 5 – 22

这时可以单击"是"按钮，保存对文档的修改并退出，也可以单击"否"按钮，不保存对文档的修改并退出，还可以单击"取消"按钮，返回 Word 文档继续编辑文档。

第三节　Word 2003 编排

一、输入文本

创建好 Word 文档以后，可在文档中的插入点处输入文档内容，当在插入点处输入文字或字符后，插入点自动后移，同时输入的内容显示在屏幕上，当输入文字或字符到达右边界时，Word 会自动换行，插入点移到下一行首，当输入满一页后，光标移到下一页。

如果发现有输入错误，可将插入点定位在出错的文本处，按 Delete 或 BackSpace 键来删除错误，如果直接改写，可通过按 Insert 键进行"插入"和"改写"之间的切换。

二、输入符号

在文本录入时，常需要录入符号。当需要输入符号时，Word 2003 提供了多种输入方法。

1. 一般的输入方法

方法一：在键盘上能找到的符号可通过键盘直接输入。

方法二：不同的中文输入法在键盘上有相应的键来表示常用的中文标点符号。

方法三：打开"符号栏"工具栏，单击所需的符号直接输入。

打开符号工具栏的操作步骤如下。

（1）执行"视图"菜单中的"工具栏"命令。

（2）在弹出的子菜单中单击"符号栏"命令，如图 5－23 所示。

（3）打开如图 5－24 所示的符号工具栏，单击所需的符号进行插入。

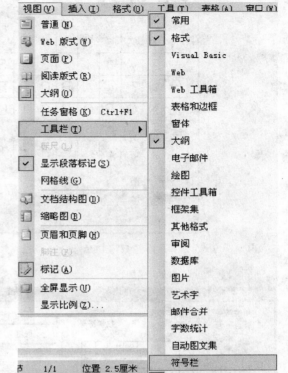

图 5－23

图 5－24

2. 输入常规符号

常规符号的输入操作步骤如下。

（1）执行"插入"菜单中的"符号"命令，弹出如图 5－25 所示的"符号"窗口。

（2）如果所需的符号不在窗口内，可以单击的 字体(F):（普通文本） 下拉按钮，在弹出的下拉列表中选择所需的字体。

（3）单击 子集(U): 半形及全形字符 的下拉列表按钮，选择所需的子集。

（4）设置完成后，在窗口中选定要插入符号，单击 插入(I) 按钮即可。

3. 输入特殊符号

特殊符号输入操作方法：执行"插入"菜单中的"特殊符号"命令，弹出如图 5－26 所示"插入特殊符号"窗口，在窗口中用鼠标选择不同的符号后，点击"确定"即完成特殊符号的输入。

图 5 – 25

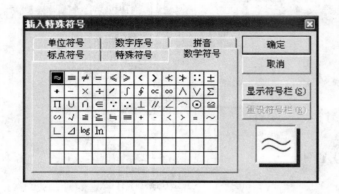

图 5 – 26

三、选定文本

选定文本是进行文档编辑的前提和基本操作。在录入文档的内容后，其最初的录入格式并不一定能满足用户的需要，通常在进行打印输出之前要对内容进行编辑和格式排版。

1. 常用的方法

选择文档中的文字、表格和图形等元素，最实用的方法是直接使用鼠标进行框选，即移动鼠标指针到需要选择的对象的起始处按住鼠标左键不放，然后拖动鼠标直接到对象的结尾处释放鼠标左键，被选择的内容会被高亮显示，如图 5 – 27 所示。

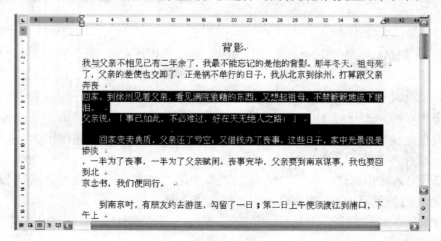

图 5 – 27

2. 选择一个汉字词语或英文单词

在汉字词语或单词上双击鼠标。Word 自带的词典能辨认常用的词语、人名、地名及公司名称等，如图 5－28 所示。

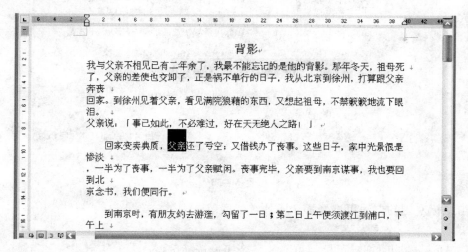

图 5－28

3. 选择多个不连续的词语

按住 Ctrl，用双击鼠标左键的方法依次选择不连续的词语，如图 5－29 所示。

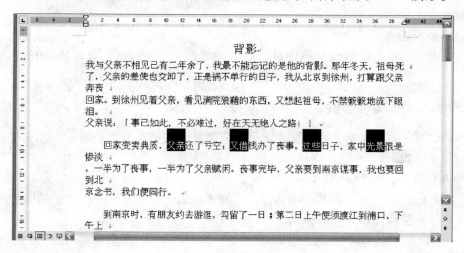

图 5－29

4. 选择一个句子

按住 Ctrl 键同时在该句中单击鼠标左键，如图 5－30 所示。

5. 选择一行

将鼠标指针移到页面文字的左侧，当鼠标指针变为指向右上方的箭头时，单击即选择其指向的文本行，按住鼠标左键不放并拖动鼠标可连续选择多行，在按住 Ctrl 键的同时再按住鼠标左键不放并拖动的方法可不间断地选择多行。

6. 选择一个段落

移动鼠标指针到该段落中连续双击鼠标左键，即可立即选中整个段落，按住 Ctrl 键的同

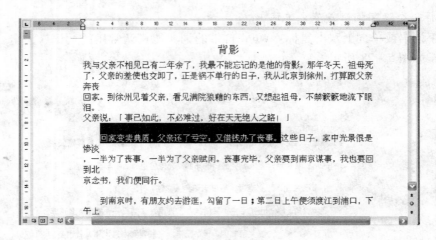

图 5 – 30

时再双击鼠标左键的方法可选择多个不连续的段落。

7. 选择任意一个文本块

按住 Alt 键的同时拖动鼠标，可形成一个矩形选择区域。

8. 全选整篇文档

将鼠标指针移到页面文字的左侧，待其变为指向右上方的箭头时，三击，即可选中整篇文档；或者用鼠标执行"编辑"菜单下的"全选"命令选中整篇文章。

快捷键方式：Ctrl + A。

9. 选择一个图形

直接使用鼠标单击该图形对象即可，选择图形时，Word 2003 会自动打开"图片"工具栏。

四、插入、改写、替换

插入、改写、替换是对文档中文字进行录入和修改的基本方法。插入、改写与替换的基本方法分别介绍如下。

1. 插入状态

插入状态是进行文字输入的基本状态，在插入状态下输入文字时，文字后面的内容将伴随着输入光标的移动而自动向后移动。

例如在输入完"十年磨一剑，霜刃未曾试，今日把示君，谁有事?"后，发现"有"和"事"之间缺少"不平"两字，可将光标定位到"有"和"事"之间，直接输入"不平"两字就行了。

2. 改写状态

改写状态是进行文字修改时的基本状态，在改写状态中输入文字时，文字后面的内容会伴随着输入后光标的移动而自动消失，不会向后移动。

例如，在输入完"当时天色方黎明，她送我踏上漫长的路途"后，发现"上"和"的"之间的"遥远"错录成了"漫长"两字。可将光标定位到"上"之后，直接输入"遥远"两字并删除"漫长"就行了。

五、常规查找和替换

查找与替换是修改文档时最常用的方法之一，在录入完一篇比较长的文档后，检查中发现将一个重要的字或词录入错了，如将"魏书林"错录成了"魏舒玲"，如要一个一个地改下去，就要花费大量的时间和精力，其实，根本就用不着一个一个地去找，再一个一个地去改，只需要用查找与替换功能就能很快解决这个问题。

如果在文本中误将"父亲"输入成了"父辛"，运用查找与替换功能可以很快完成修改。其具体操作步骤如下。

1. 执行"编辑"菜单中的"查找"（快捷键 Ctrl + F）命令，弹出"查找和替换"窗口，如图 5 – 31 所示。

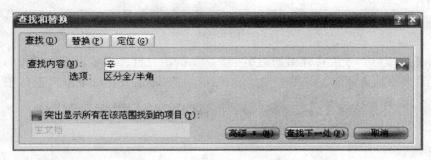

图 5 – 31

2. 在 查找内容(N): 文本框中输入"辛"字

3. 单击 查找下一处(F) 按钮或按回车键，Word 2003 会找到文章中，第一个"辛"，并用高亮显示出来，如果选中 突出显示所有在该范围找到的项目(T): 复选框，在其下拉列表中选择"主文档"，这时 查找下一处(F) 按钮就变为了 查找全部(F) 按钮，如图 5 – 32 所示。

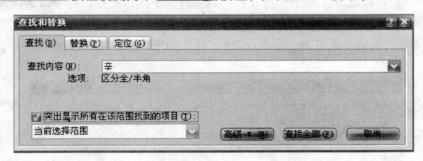

图 5 – 32

4. 如果需要查找下一个，继续单击 查找下一处(F) 按钮，查找完成以后，弹出"Word 已完成对文档的搜索"的提示信息，可单击 确定 按钮，如图 5 – 33 所示，至此，查找完成。

图 5 – 33

5. 如需要替换，可在窗口中打开 替换(P) 选项卡（快捷键 Ctrl + H），在如图 5 – 34 所示的 替换为(I): 文本框是输入"亲"，单击 全部替换(A) 按钮，就可以一次性将输入错误修改完成。

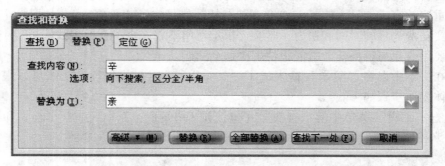

图 5 – 34

6. 在替换完成后，系统将弹出如图 5 – 35 所示的消息框，显示出本次操作的有关信息，如果还要搜索文档其余部分，可单击"是"按钮，如果不需要，可单击"否"按钮。

图 5 – 35

六、高级查找和替换

Word 2003 也可以替换文档中的格式和特殊字符，下面以替换特殊字符为例进行介绍。

1. 设置常用搜索选项

在图 5 – 32 所示中，单击 高级 ▼ (L) 按钮，打开如图 5 – 36 所示的查找窗口，设定常用的各种查找条件。

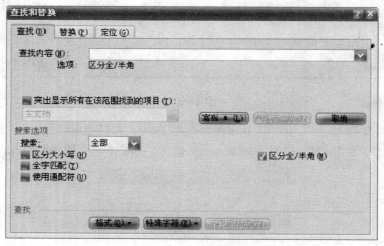

图 5 – 36

其中各选项的含义如下。

搜索：全部 ▼：确定从光标位置开始查找的方法，系统默认全部查找。

■ 区分大小写(H)：选中该复选框，用于区分大小写的字母组合的文本查找。

■ 全字匹配(Y)：选中该复选框，用于查找词汇，只有完整的词才能被找到。

■ 使用通配符(U)：选中该复选框，可以使用通配符查找。

2. 替换文档中的格式

Word 2003 可以替换文档中已设置的格式。例如，将文档中的三号"黑体"字换成四号"宋体"字，其操作步骤如下：

（1）定位在 查找内容(N)：中。

（2）单击图 5 – 36 中的"格式"按钮，弹出如图 5 – 37 所示的窗口。

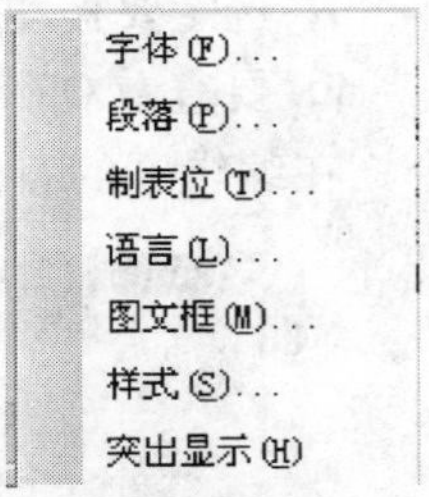

（3）选择菜单中的选项，即可进入相应的窗口并设置查找文档中的格式，本例选择"字体"选项，弹出"查找字体"窗口。

字体(F)…
段落(P)…
制表位(T)…
语言(L)…
图文框(M)…
样式(S)…
突出显示(H)

图 5 – 37

（4）单击查找字体窗口的 中文字体(T)：下拉按钮，在弹出的下拉列表框中选择"黑体"；在 字号(S)：列表框中选择"三号"，然后单击 确定 按钮。

（5）定位在 替换为(I)：中，然后重复步骤（2）～（4）的操作，选择"宋体"；在 字号(S)：列表框中选择"四号"。

（6）单击 替换(P) 按钮即可。

3. 替换特殊字符

替换特殊字符的操作与替换格式的操作基本相似，只是要单击如图 5 – 36 中的 特殊字符(E) ▼ 按钮，从弹出的菜单中选择所需要的特殊符号，如图 5 – 38 所示。

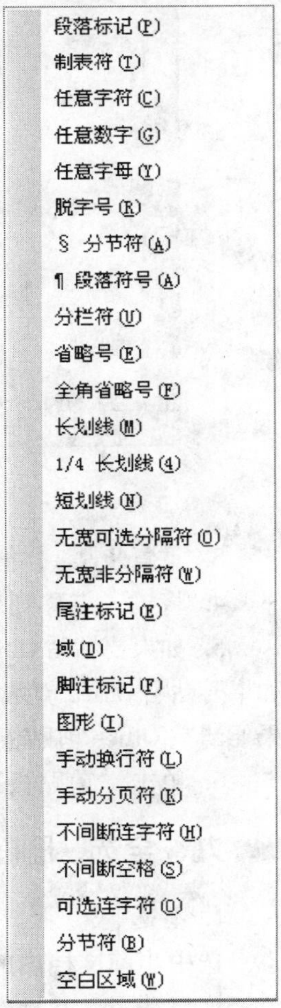

七、移动、复制、粘贴

1. 在文档中复制文本

将选中的文本重新制作一遍，且保留原文本即为复制。其操作步骤是：选择要复制的文本，单击"编辑"菜单中的"复制"命令。

快捷键：Ctrl + C；

2. 在文档中剪切文本

在拷贝到剪贴板的同时将原来选中部分从原位置删除即为剪切。剪切操作步骤是：选择需要剪切的内容，选择"编辑"菜单中的"剪切"命令。

快捷键：Ctrl + X；

3. 在文档中粘贴文本

将复制或剪切的文本粘贴在光标所在位置，可以粘贴无数次。其操作步骤是：选择"编辑"菜单中的"粘贴"命令。

快捷键：Ctrl + V；

注意：复制和剪切通常都与粘贴连用。粘贴的内容必须是最后一次复制或剪切的内容。

段落标记(P)
制表符(T)
任意字符(C)
任意数字(G)
任意字母(Y)
脱字符(R)
§ 分节符(A)
¶ 段落符号(A)
分栏符(U)
省略号(E)
全角省略号(F)
长划线(M)
1/4 长划线(4)
短划线(N)
无宽可选分隔符(O)
无宽非分隔符(W)
尾注标记(E)
域(D)
脚注标记(F)
图形(I)
手动换行符(L)
手动分页符(K)
不间断连字符(H)
不间断空格(S)
可选连字符(O)
分节符(B)
空白区域(W)

图 5 – 38

八、使用 Office 剪贴板

Office 2003 的 Office 剪贴板的功能更强大，它可以保存多达 24 项剪贴内容，并且这些剪贴内容可以在 Office 2003 的程序中共享。

如果要使用 Office 剪贴板来移动或复制文本，可以按照下述步骤进行操作。

1. 选定要移动或复制的文本，然后选择"编辑"菜单中的"剪切"或者"复制"命令。

2. 要查看 Office 剪贴板中所存放的内容，请选择"编辑"菜单中的"Office 剪贴板"命令，在编辑区的右侧显示出如图 5－39 所示的"剪贴板"任务窗口。

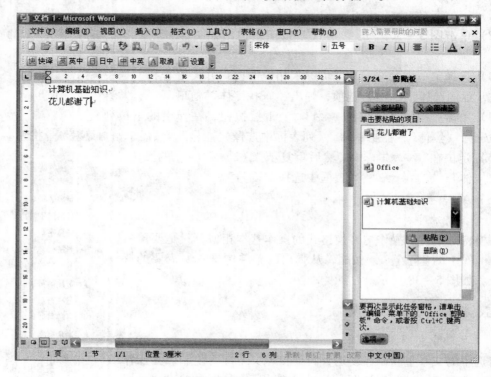

图 5－39

3. 重复步骤 1，把多处文本存放到 Office 剪贴板中，最多可以存放 24 项复制或剪贴内容。

4. 将插入点移到想粘贴的位置。

5. 如果要粘贴 Office 剪贴板中的某项内容，请单击"剪贴板"任务窗口中相应的对象图标；如果要粘贴 Office 剪贴板中的所有内容，请单击"剪贴板"任务窗口中的"全部粘贴"按钮；如果要清空 Office 剪贴板中的内容，请单击"剪贴板"任务窗口中的"全部清空"按钮。

6. 单击"剪贴板"任务窗口右上角的"关闭"按钮，即可关闭"剪贴板"任务窗口。

九、全选、删除、撤销、恢复、重复

1. 全选

选中当前文档内的所有内容，可以对整编文档进行改变字本、字形、字号等。单击任意位置恢复选择。其操作步骤是：选择"编辑"菜单中的"全选"命令。

快捷键：Ctrl + A；

2. 清除

具有清除文档内容和格式的作用，在这里清除键分为 Delete（删除键）和 BackSpace（退格键）。

3. 撤销

在进行输入、删除和改写文本等操作时，Word 2003 会自动记录下最新操作和刚执行过的命令，这种存储动作的功能可以帮助操作者撤销某次操作。当发生错误操作时，就可以使用这个功能来改正错误。其操作步骤是：选择"编辑"菜单中的"撤销键入"命令。

快捷键：Ctrl + Z；

4. 恢复

恢复是撤销的反操作。在进行编辑操作过程中，由于对前一次或某次的操作不太满意而执行了撤销命令，但在撤销以后却发现前几次的操作也有其可取之处，想要恢复撤销前的状态，就可以利用这个功能来实现。操作步骤是：选择"编辑"菜单中的"恢复键入"命令。

注意：恢复和撤销是配合使用的。

5. 重复

重复上一次的命令或操作。如要在一篇文档中多次反复录入相同的内容时，重复操作就显得很有用。操作步骤是：选择"编辑"菜单中的"重复"命令。

第四节　图文混排

一、在文档中插入剪贴画

选择"插入"菜单中的"图片"命令，这时会弹出一个子菜单，在子菜单中的选择"剪贴画"命令，如图 5 – 40 所示。

图 5 – 40

单击鼠标左键选择剪贴画的样式，弹出如图 5 – 41 所示的窗口，单击鼠标左键选择要插入的剪贴画，在弹出的窗口中选择按钮  。

图 5 -41

二、在文档中插入图片

选择"插入"菜单中的"图片"命令，这时会弹出一个子菜单，在子菜单中选择"来自文件"命令，选择要插入的文件，单击"插入"命令，如图 5 - 42 所示。

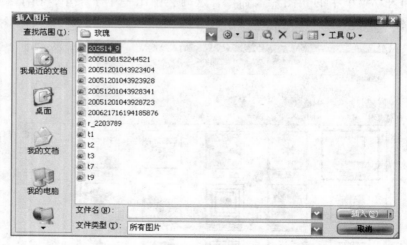

图 5 - 42

三、在文档中插入艺术字

单击"插入"菜单，选择"图片"—"艺术字"命令，弹出"艺术字"窗口，如图 5 - 43 所示，用鼠标点击一种艺术字类型并输入内容，如图 5 - 44 所示，点击"确定"按钮完成对艺术字的录入，如图 5 - 45 所示。

图 5－43

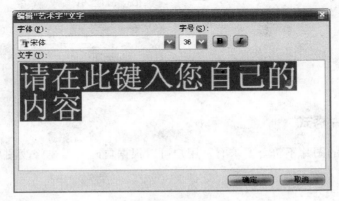

图 5－44

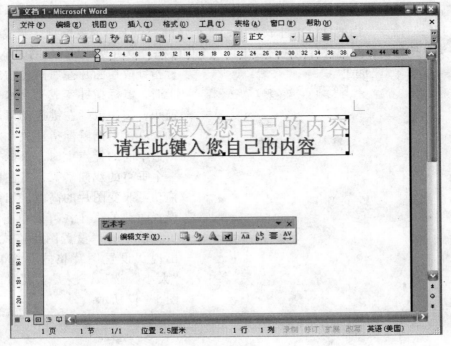

图 5－45

四、在文档中插入自选图形

向文档中插入自选图形时，可以单击"插入"菜单中的"图片"—"自选图形"命令，弹出"自选图形"工具栏。在工具栏中可以根据需要进行选择，然后在文档中按住鼠标左键拖拉出所选图形即可，如图 5 – 46 所示。

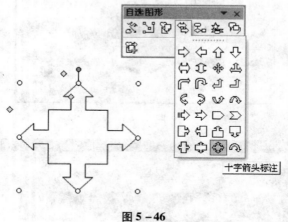

图 5 – 46

五、设置图片格式

当插入文档中的图片不符合要求时，用户可以根据自己的需要修改图片的大小、位置或者进行裁剪等。

1. 改变图片的大小

首先选定需要修改的图片，在图片的周围会出现 8 个控点，同时显示"图片"工具栏，如果没有显示"图片"工具栏，可以用鼠标右键单击该图片，然后从快捷菜单中选择"显示图片工具栏"命令，当把鼠标指针放在图片四个角的控点上时，鼠标指针变成一个斜向的双向箭头，按住鼠标左键进行拖拽时会出现一个虚线框，表明改变图片后的大小，当把鼠标指针放在图片左右两边中间的控点上时，鼠标指针变成一个水平的双向箭头，按住鼠标左键拖动可改变图片的宽度，当把鼠标指针放在图片上下两边中间的控点上时，鼠标指针变成一个垂直的双向箭头，按住鼠标左键拖动可改变图片的高度，如果要精确设置图片的大小，可以单击"图片"工具栏中的"设置图片格式"按钮，出现"设置图片格式"窗口，单击"大小"选项，按要求设置即可。如图 5 – 47 所示。

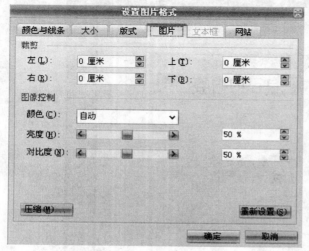

图 5 – 47

2. 根据用户的需要，还可将插入文档的图片进行裁剪

操作步骤如下。

（1）选中要修改的图片。

（2）单击"图片"工具栏上的"裁剪"按钮。鼠标指针变成 ╬ 形状。

（3）将该指针移动到一个尺寸控制点上并拖动鼠标，当图片大小合适时松开鼠标左键。

（4）单击"裁剪"按钮，结束对图片的裁剪操作。

3. 改变图片的环绕方式

首先选中图片，单击"图片"工具栏中的"设置图片格式" 选项，打开"设置图片格式"窗口，选择"版式"选项，"版式"选项组提供了"嵌入型"、"四周型"、"紧密型"、"浮于文字上方"和"衬于文字下方" 5 种文字环绕方式。对于其中的"四周型"、"紧密型"、"嵌入型" 3 种环绕方式，Word 还提供了环绕位置的选择，即文字出现在图片的两边、左边、右边还是图片到页边距的最大边上。设置方法单击"高级"按钮，会弹出"高级版式"窗口，选择文字环绕选项，在"文字环绕"选项组中进行相应的选择便可。窗口中的"距正文"选项组用于设置图片四周的文字到相应的图片边框之间的距离，单击"图片位置"选项，选项卡上"水平对齐"选项组内有 3 个单选按钮，其中的"对齐方式"是指图片的水平对齐方式，而"绝对位置"是指图片边框左边界与页面、页边距或栏的左边界之间的距离，具体是页面、页边距还是栏，则在"左侧"列表框中选择。"垂直对齐"选项组内有两个单选按钮，其中的"对齐方式"是指图片的垂直对齐方式，而"绝对位置"是指图片边框上边界与页面、页边距或段落上边界之间的距离，具体是页面、页边距还是段落，则在"下侧"列表框中选择。如图 5 –48 所示。

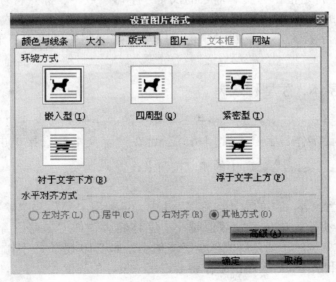

图 5 –48

六、向文档中插入图表

向文档中插入图表时，可以单击"插入"菜单中的"图片"—"图表"命令，弹出"图表"窗口。在窗口中可以根据需要进行设置，如图 5 –49 所示。

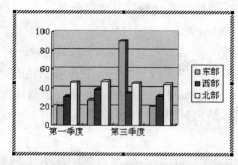

		A	B	C	D	E
		第一季度	第二季度	第三季度	第四季度	
1	东部	20.4	27.4	90	20.4	
2	西部	30.6	38.6	34.6	31.6	
3	北部	45.9	46.9	45	43.9	
4						

图 5—49

第五节　文本格式

在 Word 中，字符是指作为文本输入的汉字、字母、数字、标点符号以及特殊符号等。字符是文档格式化的最小单位，对字符格式的设置决定了字符在屏幕上或打印时的形式。字符格式包括字体、字符大小、形状、颜色，以及特殊的阴影、阴文、阳文、动态等修饰效果。

一、字号、字体、字型和效果

用户可通过"格式"工具栏或"格式"菜单中的"字体"命令或快捷键等方法设置字符格式。如果要设置字体、字号等常用格式，可在选定文本后直接单击"格式"工具栏中的相应按钮来设置。

1. 设置字号

字号被用来设置文本字体的大小。在 Word 中，可利用"号"和"磅"两种单位来度量字体大小，当以"号"为单位时，数值越小、字体越大，如"二号"字比"三号"字要大，当以"磅"为单位时，则是磅值越小字体越小，如"10 磅"的字比"12 磅"的字小，一英寸为 72 磅，因此，72 磅大小的字体将会占用一英寸的高度。

设置字号的操作步骤如下：首先选中字体，然后单击"格式"菜单中的"字体"命令。选择字号后，在窗口下方的"预览"框中可以看到字号设置后的预览效果。如图 5—50 所示。

2. 设置字体

首先选中字体，然后单击"格式"菜单中的"字体"命令。如要设置中文字体，可打开窗口中的"中文字体"列表框，从中选择一种中文字体，若要设置英文字体，则打开

图 5－50

"英文字体"列表框，并从中选择一种英文字体，选择字体后，在窗口下方的"预览"框中可以看到字体设置后的预览效果。如图 5－51 所示。

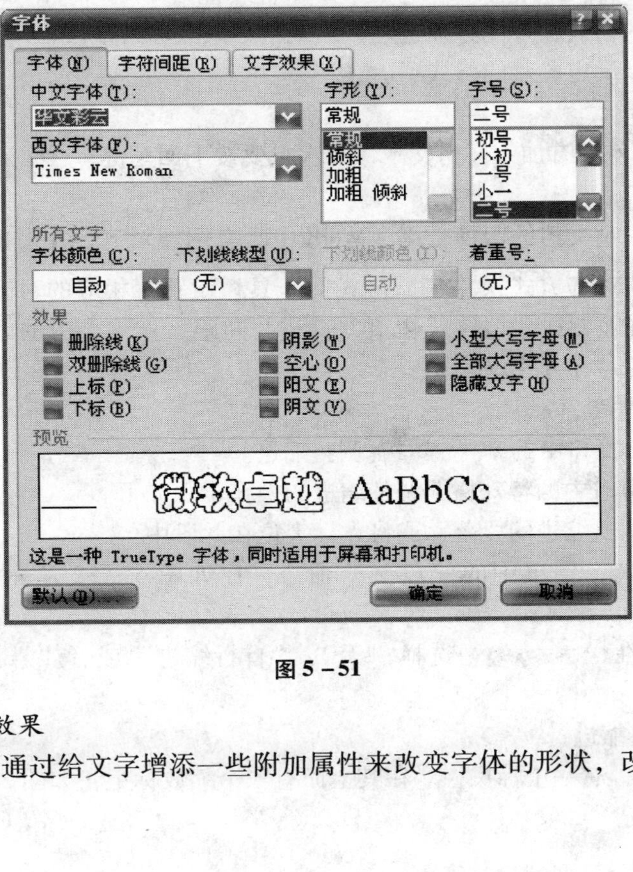

图 5－51

3. 设置字型和效果

在 Word 中，可通过给文字增添一些附加属性来改变字体的形状，改变字体就是指给文字添加粗体、斜体等强调效果或空心、下划线、阳文、上标、底纹、方框等特殊效果。

所有字型和效果都可通过"字体"窗口来设置，首先选定要改变效果的文本，然后选择"格式"菜单中的"字体"命令，打开"字体"窗口进行设置，此外，字型和部分效果也可以通过"格式"中相关工具来设置。

二、字符比例间距

字符的缩放是指根据需要，对文本字符在宽度和高度上进行缩放。设置字符缩放比例的操作步骤如下。

1. 选定需要缩放的文本，如"李白"。

2. 单击格式工具栏上的字符缩放按钮 ，"李白"两字就放大一倍，即由原来的100%放大到200%，再单击一次就可以还原。

3. 如果需要缩放到其他比例，可以在字符缩放按钮 的下拉菜单中进行选择，例如，150%、80%等。

三、段落格式

段落格式包括文本的对齐方式，行和行之间的距离、缩进方式、边框、底纹、序号等。段落的格式化是对整个段落外观的调整和优化，这种调整和优化对文本的外观会有很大影响，在 Word 2003 中，"段落"是文本、图形、对象或其他项目等的集合，后面跟一个段落标记即一个回车符，每一个段落都有一定的格式，与这些格式设置有关的操作称为段落格式化。

要设定某一段的格式，首先必须选定该段或将插入点移入该段，在选定或指定需要格式化的段落后，便可以设定段落的格式了。

1. 设置段落格式

在 Word 中，即使没有加入任何文本，每次只要按下回车键，一个新的段落就产生了。

2. 段落对齐

段落对齐直接影响文档的版面效果，Word 中具有两端对齐、左对齐、居中对齐、右对齐和分散对齐等段落对齐方式，并在"格式"工具栏设置了相应的对齐按钮 。使用工具栏中的对齐按钮或"段落"窗口"缩进与间距"选项卡中的"对齐方式"下拉列表都可以设置段落的对齐方式。

3. 设置段落的缩进

● 利用"段落"窗口中的 特殊格式(S): 调整缩进。

利用"段落"窗口中的特殊格式调整缩进的操作步骤如下。

（1）选定需要调整缩进的段落，或将光标定位在此段中。

（2）执行"格式"菜单中的"段落"命令，在如图 5-52 所示的段落窗口中选择 缩进和间距(I) 选项卡。

（3）在窗口中的 特殊格式(S): 中选择"无"、"首行缩进"或者"悬挂缩进"。单击"确定"按钮。

● 利用标尺调整缩进

在 Word 窗口中，有一个标尺栏。在其上面有三个缩放标记，如图 5-53 所示。

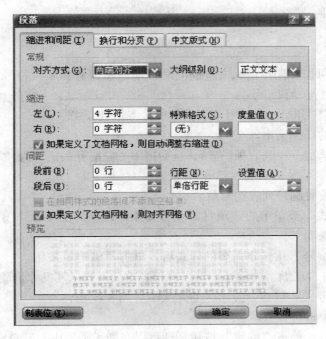

图 5—52

图 5—53

右上标记 为首行缩进；左下标记 包括两部分，上半部分 标记为悬挂缩进，下半部分 标记为左缩进；右下标记 为右缩进。

其各种缩进时的标尺情况为：

首行缩进：用鼠标拖动首行缩进标记，控制段落中的第一行第一个字的起始位置。

悬挂缩进：用鼠标拖动悬挂缩进标记，控制段落中首行以外的其他行的起始位置。

左缩进：用鼠标拖动该标记，并把首行缩进标记拖到一起，控制段落左边界缩进的位置。

右缩进：用鼠标拖动该标记，控制段落右边界缩进的位置。

4. 利用 "制表符" 设置对齐与缩进

在 Word 2003 中，制表符有 7 种对齐方式：左对齐 "   "、居中 "   "、右对齐 "   "、小数点对齐 "   "、竖线对齐 "   "、首行缩进 "   " 和悬挂缩进 "   "。

设置制表符的操作步骤如下：

(1) 选定设置制表符的段落（可以是一个新段落，设置好制表符后再输入）。

(2) 单击水平标尺最左侧的 "制表符对齐方式" 按钮，用鼠标逐次单击它，将在上述的前 4 种类型之间切换。

(3) 在标尺位置上单击所设置的制表符。

四、编号和项目符号

对于那些按一定顺序排列的项目，比如操作的步骤等，可以创建编号列表。创建编号列表的方法主要有 3 种。

设置编号

1. 自动键入

Microsoft Word 可以在用户键入文本的同时自动创建编号和项目符号列表，也可在文本的原有行中添加项目符号和编号。

（1）键入"1."，开始一个编号列表，然后按空格键或 Tab 键。

（2）键入所需的任意文本。

（3）按回车键添加下一列表项。Word 自动把下一段的开头定义为"2."。

2. 利用"格式"菜单设置编号

（1）选定需要设置编号列表的对象。

（2）执行"格式"菜单中的"项目符号和编号"命令，在弹出"项目符号和编号"窗口中单击"编号"选项卡。

（3）在"列表编号"中选定需要的样式后，单击"确定"按钮。

如果在图中没有自己满意的编号，可以进行自定义设置。其操作步骤如下。

（1）单击"自定义"按钮，弹出"自定义编号列表"窗口。

（2）在该窗口中进行设置。

（3）设置完成后，单击"确定"按钮，即可以在列表编号中看到自定义的编号形式。

（4）选定这种样式的编号，再单击"确定"按钮即可。

3. 利用格式工具栏

（1）选定需要进行编号的对象。

（2）单击"格式"工具栏上的编号按钮 ⅰ≡，对象将自动加上 Word 默认的编号样式。如不满意，可右击鼠标，在弹出的快捷菜单中选择"项目符号和编号"，在窗口中选择或自定义。

设置项目符号

设置和更改项目符号列表的操作方法与设置编号列表的操作方法基本相同，完全可以使用编号列表的操作来完成项目符号的操作。字符和图片都可以作为项目符号。

自定义项目符号的操作步骤如下。

（1）执行"格式"菜单中的"项目符号和编号"命令，在弹出的"项目符号和编号"窗口中单击"项目符号"选项卡。

（2）单击自定义按钮"自定义"，弹出"自定义项目符号列表"窗口。

（3）单击"图片"按钮，系统将搜索本机项目符号图片。

（4）选择满意的符号图片，单击"确定"按钮。

（5）如果对搜索的图片不满意，可单击"确定"按钮，在弹出的"将剪切辑添加到管理器"窗口中选择本机或网络中的所有图片资源。

设置多级符号

创建多级图片项目符号列表，多级图片项目符号列表类似于多级符号列表。它以不同的级别显示列表项，每一层除缩进外分别使用不同的图片项目符号图标。

（1）设置多级符号的操作步骤如下。

①执行"格式"菜单中的"项目符号和编号"命令，弹出"项目符号和编号"窗口。

②单击"多级符号"选项卡。

③单击任意列表样式，或者单击原有的图片项目符号样式，再鼠标单击"自定义"按钮。

④单击"级别"框中的"1"。

⑤单击"确定"按钮。

（2）将项目移至适当的级别

可在"格式"工具栏上执行下列方法之一。

方法一：如果要将项目降至较低的级别，可以单击该项目的任意一处，再鼠标单击增加缩进量按钮。

方法二：如果要将项目提升至较高的级别，可以单击该项目的任意一处，鼠标单击减少缩进量按钮。

（3）已经添加项目符号列表文档

通过更改列表中项目的层次级别，可将原有的列表转换为多级符号列表。

一篇文档案最多可有 8 个级别，Microsoft Word 不能对列表中的项目应用设置标题样式。

五、分栏排版

有时候用户会觉得文档一行文字太长，不便于阅读，这时可以使用分栏排版将版面分成多栏，这样就会使文本更便于阅读，版面显得更生动一些。

创建分栏版式的操作步骤如下。

1. 将文档切换到"页面视图"模式下。

2. 选定需要设置分栏板式的文档。

3. 单击"格式"菜单中的"分栏"菜单项，打开"分栏"窗口。

4. 使用"分栏"窗口上的选项设置分栏格式。

5. 单击"确定"按钮。如图 5 – 54 所示。

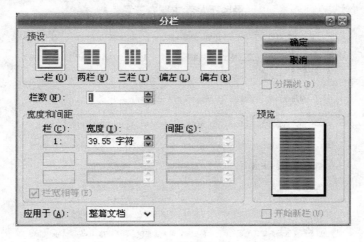

图 5 – 54

用户设置好分栏版式后，可能对栏宽和栏数并不满意，这时可以对栏宽和栏数进行调整，一般可使用鼠标在标尺上拖动来调整栏宽，具体操作步骤如下。

1. 选定需要调整的全部文本。

2. 移动鼠标到要改变栏宽的栏的左边界或右边界处，等鼠标指针变成了一个水平的黑色箭头时，就可以按下鼠标左键，拖动栏的边界调整栏宽了。

六、首字下沉

有时，为了使文档更加美观或者引起读者对某段文字的注意，可以使该段文字的第一个字或字母下沉，具体操作步骤如下。

图 5 – 55

1. 将插入点移到要设置首字下沉的段落中。

2. 选择"格式"菜单中的"首字下沉"命令，出现如图 5 – 55 所示的"首字下沉"窗口。

3. 在"位置"选项组中选择首字下沉的方式。例如，选择"下沉"。

4. 在"字体"下拉列表框中选择首字的字体。

5. 在"下沉行数"微调框中设置首字所占的行数。

6. 在"距正文"微调框中设置首字与正文之间的距离。

7. 单击"确定"按钮。首字下沉的效果如图 5 – 56 所示。

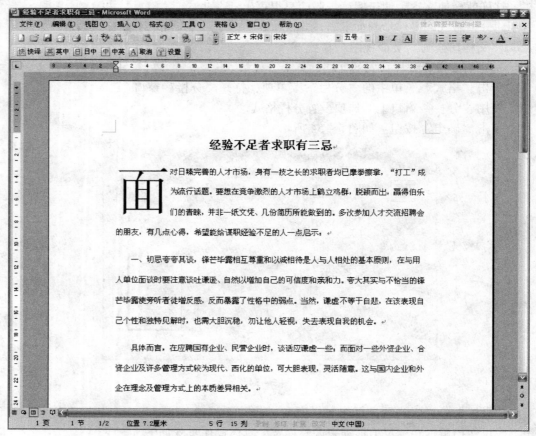

图 5 – 56

注意：若要取消首字下沉，请将插入点移到该段中，然后选择"格式"菜单中的"首字下沉"命令，在出现的"首字下沉"窗口中选择"无"选项，单击"确定"按钮。

七、设置竖排效果

竖排是汉字的特色排版方式，它有着悠久的文化历史，至今在请柬的制作、仿古型中还被大量使用。

竖排效果设置的操作步骤如下。

1. 选择"格式"菜单中的"文字方向"命令，出现 5－57 所示的"文字方向"窗口。

2. 在"方向"选项组内选择需要方向，并在"应用于"下拉列表中选择应用范围。

3. 单击"确定"按钮。竖排的效果如图 5－58 所示。

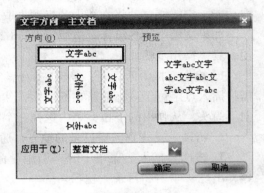

图 5－57

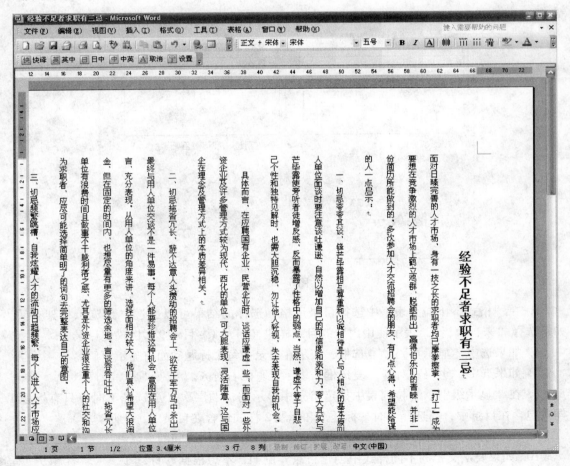

图 5－58

八、编制目录

目录是一本书中必不可少的内容之一，它为读者提供了导读的功能，便于读者查阅全书内容，同时也显示了全书内容的分布和结构组成。Word 2003 为用户提供了非常好的目录提取功能，它能够自动将文档中的标题提取出来。

如果文档中的各级标题应用了 Word 2003 定义的各级标题样式，这时创建目录将十分方便，具体操作步骤如下。

1. 检查文档中的标题，确保它们已经以标题样式被格式化，要应用某个标题样式，只需将插入点定位于该标题所在的段落，然后单击"格式"工具栏中"样式"列表框右侧的向下箭头，从弹出的下拉菜单中选择一个标题样式。

2. 将插入点移到需要目录的地方，通常位于文档的开头。

3. 选择"插入"菜单中的"引用"命令，在弹出的子菜单中的选择"索引和目录"命令，出现"索引和目录"窗口。

4. 单击"目录"标签，屏幕画面如图 5 – 59 所示。

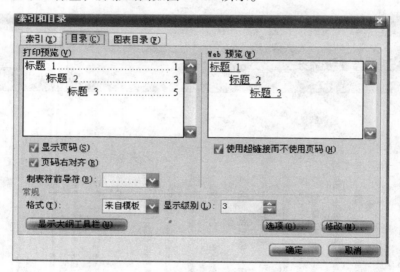

图 5 – 59

5. 在"格式"下拉列表框中选择目录风格，选择的结果可以通过"预览"框架查看。如果选择"来自模板"，表示使用内置的目录样式（目录1~目录9）格式化目录。

6. 如果选中"显示页码"复选框，表示在目录中每个标题后面将显示页码。

7. 如果选中"页码右对齐"复选框，表示让页码右对齐。

8. 在"显示级别"下拉列表中指定目录中显示的标题层次（当选择 1 时，只有标题 1 样式包含在目录中；当选择 2 时，标题 1 和标题 2 样式包含在目录中，依此类推）。

9. 在"制表符前导符"下列表框中可以指定标题与页码之间的分隔符。

10. 如果要从文档的不同样式中创建目录，例如，不想根据"标题 1"~"标题 9"样式创建目录，而是根据定义的"一级标题"~"三级标题"样式创建目录，可以单击"选项"按钮，出现如图 5 – 60 所示的"目录选项"窗口。在"有效样式"列表框中找到标题使用的样式，然后在"目录级别"文本框中指定标题的级别，如图 5 – 60 所示。

11. 单击"确定"按钮。

更新目录的方法很简单，只需右击目录，从弹出的快捷菜单中选择"更新域"命令，如果选中"只更新页码"单选按钮，则更新现有目录的页码，不会影响目录项的增加或修改；如果选中"更新整个目录"单选按钮，将重新创建目录。

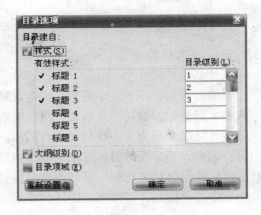

图 5 – 60

九、边框和底纹

为文档中某些重要文本或段落添加边框和底纹，可以使显示的内容更加突出和醒目，或使文档的外观效果更美观，文字边框是把用户认为重要的文本用边框围起来加以提醒。具体操作步骤如下。

1. 选中要加边框的文本。

2. 单击"格式"菜单中的"边框和底纹"命令，打开"边框和底纹"窗口，并选中"边框"选项卡。

3. 从"设置"选项组的"无"、"方框"、"阴影"、"三维"和"自定义"5 种类型中选择需要的边框类型。

4. 从"线型"列表框中选择边框线的线型。

5. 从"颜色"列表框中选择边框线的颜色。

6. 从"宽度"列表框中选择边框线的线宽。

7. 如果在"设置"选项中选择的是"自定义"，则在"预览"中还应选择文本添加边框的位置。边框由 4 条边线组成，自定义边框可以由 1～4 条边线组成。

8. 单击选项卡中"选项"按钮，打开"边框和底纹选项"窗口。在窗口里设置边框框线距正文的上、下、左、右距离后，单击"确定"按钮。

9. 单击边框和底纹窗口上的"确定"按钮。如图 5 – 61 所示。

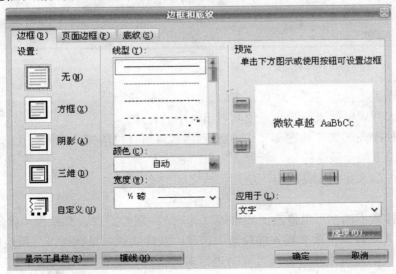

图 5 – 61

十、样式

1. 应用样式

什么是样式?

前面我们学习了文字设置、段落设置等,这些格式设置并不难,但多次的重复可能会让人不太好忍耐。如写一个通知,每次都要为标题设置字体、字号、字间距、加粗、对齐方式等等,之后又要为下一级标题进行同样设置,之后要为正文设置……能否将这些格式设置都保存起来,当需要的时候拿来用呢? 当然可以,这就是"样式"。

样式是具有名称的一系列指令的集合。在工具栏中有一个样式列表框:正文 ▾,其中包含若干样式,下面来应用这些样式,如图 5−62 所示。

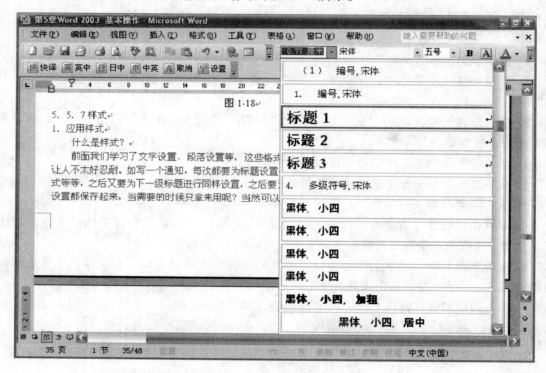

图 5−62

- 将插入点置于待应用样式的段落中。
- 单击样式列表框的下拉箭头,使其列出其中的样式。
- 选择一种样式,如"标题1",这时看到插入点所在段落格式发生变化。
- 依次对以下两个段落应用"标题2"和"正文"样式。

请比较同一段文字应用样式与不应用样式之间的不同。

2. 更改样式

如果对某样式不满意可以修改。如希望"标题1"居中对齐,其操作步骤如下。

(1) 将插入点置入待改变样式的段落中,此时从样式栏中见到该段落所应用的样式。

(2) 对该段落进行格式设置(可同时进行多种格式设置),如让其居中。

(3) 单击样式栏中的样式名,该样式名被选择。再按回车键,样式更改完成。

3. 建立样式

用户可以使用已经存在的样式，也可以建立自己的样式。建立样式的操作步骤如下。

（1）选择一个段落或文字，对它们进行格式设置。

（2）在样式列表框中单击，此时样式名称处于等待编辑状态，输入新的样式名称。

（3）按回车键，新样式建立完成。

第六节 表 格

Word 2003 具有更加强大的表格制作和编辑功能，不仅可以快速创建各种样式的表格，而且还可以很方便地修改表格、移动表格位置或调整表格大小，在表格中可以输入文字、数据、图形或建立超级链接，实现在文本和表格之间相互转换，可以给表格或单元格添加各种边框和底纹，甚至可以在表格中嵌套表格。

一、创建表格

表格由水平的行和垂直的列组成，行与列交叉形成的方框称为单元格。

1. 使用"插入表格"方法来创建表格

使用"常用"工具栏上的"插入表格"按钮，这种方式适合于创建那些行、列数较少，并且有规范的行高和列宽的简单表格，这是创建表格的最快捷的方法。如下图 5 - 63 所示。

2. 使用菜单创建表格

菜单创建表格的操作稍微复杂一些，但是它的功能更加完善，设置也更为精确。使用菜单创建表格的具体操作步骤如下。

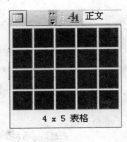

4 x 5 表格

图 5 - 63

（1）确定插入位置，并将光标定位。

（2）单击"表格"菜单的"插入"菜单项下的"表格"选项，打开"插入表格"窗口。

（3）设置表格参数。如图 5 - 64 所示。

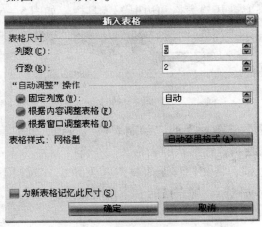

图 5 - 64

（4）单击"确定"按钮。如图 5 - 65 所示。

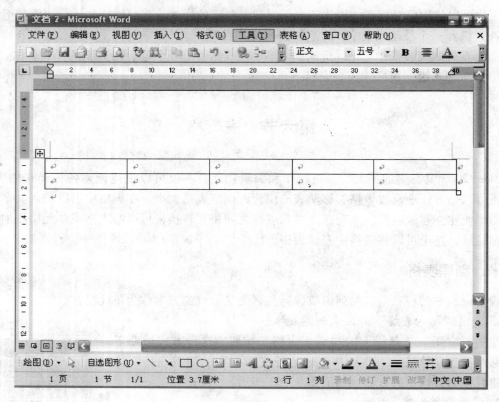

图 5 - 65

二、绘制表格

用"表格和边框"工具栏中的绘制表格工具，可以非常灵活、方便地绘制或修改表格，特别是那些单元格的行高、列宽不规则或带有斜线表头的复杂表格。

1. 单击"表格"菜单下的"绘制表格"菜单项，或者单击"常用"工具栏上"表格和边框"按钮，此时在屏幕上打开"表格和边框"工具栏。如图 5 - 66 所示。

图 5 - 66

2. 单击"表格和边框"工具栏上的"绘制表格"按钮，此时鼠标指针变为笔形，这时就可使用自由表格功能，绘制各种形状的表格。

3. 确定表格的外围边框，将光标移至表格的左上角位置时按下鼠标左键，此时鼠标指针变为十字形状，然后拖动鼠标，到表格的右下角时松开鼠标左键，此时即已绘制出表格的外围边框。

4. 在表格边框内绘制表格的各行各列。在需要表线的位置按下鼠标左键，此时鼠标指针变为笔形，横向、纵向拖动鼠标，就可绘出表格的行和列，斜线的绘制方法也相同，当绘制了不必要的框线时，可单击"表格和边框"工具栏上的"擦除 ✎ "按钮，此时鼠标指针为橡皮擦形状。将橡皮擦形的鼠标指针移动到要擦除的框线的一端时按下鼠标左键，然后拖动鼠标到框线的另一端在松开鼠标左键，即已删除该框线。

三、修改表格

一般情况下，用户不可能一次就创建出完全符合要求的表格，总会有一些不合适的地方，为了更好地满足用户的工作需要，Word 2003 提供了多种方法来修改已经创建的表格。如调整单元格的宽度和高度，增加新的单元格，插入行或列，删除多余的单元格、行或列，合并或拆分单元格等。

1. 添加行或列

用户绘制完表格后经常发现行数或列数不够用了，Word 2003 提供的表格行、列添加工具能很方便地完成行、列添加操作。

添加行、列的操作步骤如下。

（1）选定与插入位置相邻的行，选定的行数和要增加的行数相同。

（2）单击"表格"菜单下的"插入"菜单项，在弹出的菜单中选择"行（在上方）"或"行（在下方）"选项即可。

增加列的操作与增加行的操作基本类似，用户可以在表格的任意位置增加列。

2. 行高、列宽的调整

行高和列宽的操作方法完全相同，这里以列宽为例讲述。

重新调整列宽时可以用标尺和鼠标进行调整，当用户创建表格时，水平标尺为每个单元格的列宽都已经设置了刻度，这就为使用标尺调整列宽提供了方便，将鼠标指针移动到对应于要改变这一列的水平标尺的左边界或右边界上，等它变成两边箭头形状，按住鼠标左键并拖动鼠标在水平标尺上移动，等虚线位于需要的新列边界处，松开鼠标左键即完成列宽重调。或者可直接将鼠标移动到要改变列宽的表格竖线上，当鼠标指针变为两边箭头形状时，按下鼠标左键，拖动鼠标，就可以改变列宽。如果用户只想改变一列中一个或几个单元格的宽度，而不改变列中其余单元格的宽度时，必须先选定这个单元格或这些单元格，然后用鼠标改变整列列宽的方法来调整。

3. 单元格的拆分与合并

把相邻单元格之间的边线擦除，就可以将两个单元格合并成一个大的单元格，而在一个单元格中添加一条边线，则可以将一个单元格拆分成两个小单元格。这是合并与拆分单元格的最简单方法。

Word 2003 提供了一个"拆分单元格"命令，允许用户把一个单元格拆分为多个单元格，这样也能达到增加行数和列数的目的。拆分单元格的操作步骤如下。

（1）选定要拆分的单元格。

（2）单击"表格"菜单下的"拆分单元格"菜单项或单击"表格和边框"工具栏上"拆分单元格"按钮，打开"拆分单元格"窗口。

（3）在窗口中"列数"文本框中输入要将单元格拆分的列数，"行数"文本框中输入要将单元格拆分的行数，列数与行数相乘即为拆分后单元格的数目。

（4）窗口中有一个"拆分前合并单元格"复选框。如果此项被选中，表示拆分前将选定的多个单元格合并成一个单元格，然后在将这个单元格拆分为指定的单元格数。如图 5 - 67 所示。

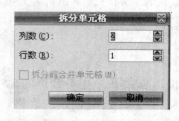

图 5 - 67

Word 2003 同时还允许用户将相邻的两个或多个单元格合并成一个单元格。

（1）选定要合并的单元格。

（2）单击"表格"菜单下的"合并单元格"菜单项或单击"表格和边框"工具栏上"合并单元格"按钮。这样所选的单元格之间的边界就会被删除，并建立起一个新的单元格，且将原来单元格的列宽（行高）合并为当前单元格的列宽（行高），将原来单元格的文本作为新单元格中单独的段。

4. 拆分表格

有时，需要将一个大表格拆分为 2 个表格，以便表格之间插入一些说明性文字，具体操作步骤如下。

（1）将插入符放置在想成为第二个表格首行的那一行上。

（2）单击"表格"菜单中的"拆分表格"命令即可将表格拆分成两部分。

四、表格格式

在 Word 中，可以对整个表格、某个单元格、以及单元格中的一个或多个段落文字的格式进行设置，也可以对选中的表格应用内置的表格格式。

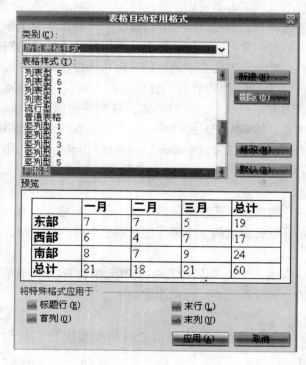

图 5 - 68

1. 自动套用格式

给表格设置格式也称为格式化表格。Word 提供了 30 多种预置的表格格式，无论是新建的空白表格还是已输入数据的表格，都可以通过自动套用格式快速编排表格格式。

自动套用格式的具体操作步骤如下。

（1）单击要设置格式的表格中的任何位置。

（2）选择"表格"菜单中的"表格自动套用格式"命令。

（3）在"格式"列表框中选择一种表格格式名，在右边的"预览"框中将显示相应的表格格式，选择"无"则清除选中表格中的所有格式。

（4）在"要应用的格式"和"将特殊格式应用于"选区中，可选择需要的复选框。如图 5 - 68 所示。

五、编排表格中的文本内容

表格中的文本编排与文档中的正文编排一样，同样可以设置字体、字型、字号以及改变文字方向，也可以对表格中的文本进行添加底纹、设置阴影或修改文本在单元格中的对齐方式等修饰操作，除文本在单元格中的对齐操作和改变文字方向略有不同外，表格中文本编排与文档中的文本编排操作完全相同。

设置文字方向

默认状态下，表格中的文本都是横向排列的。在 Word 中可以改变整个表格中文本的文字方向，也可以只改变某个单元格的文字方向。

设置文字方向的具体操作步骤如下。

（1）选中要改变文字方向的单元格或整个表格。

（2）选择"格式"菜单中的"文字方向"命令。

（3）在"方向"框内选择一种文字方向。

（4）单击"确定"按钮。如图 5 – 69 所示。

改变文字方向后，行间距、段落格式以及其他的格式都会发生相应的变化，格式工具栏及"表格和边框"工具栏上的一些按钮也会发生相应的旋转。

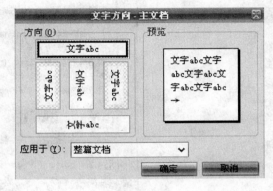

图 5 – 69

第七节　高级功能

一、模板

当要编排多篇文档使之具有相同的格式设置时，例如信函或简历，就可以使用模板。所谓模板，就是 Word 2003 预先设置好的、最终文档的、外观框架的特殊文档，可包括以下内容。

1. 同一类型文档中相同的文本和图形，当用户调用模板创建新的文档时，Word 自动将文本和图形插入文档中。

2. 段落排版的样式，包括字体、字号、缩进格式等。

3. 标准文本、插入图形以及公司标记等。

4. 自动完成编辑和格式编排功能的宏。

Word 2003 不仅预定义了模板，也允许用户自行定义模板。

1. 单击"文件"菜单中的"新建"命令，打开"新建"窗口。该窗口有 9 个选项卡，每个选项卡都有一定数量的模板。

2. 从"新建"窗口上选择所需的选项卡，在选项卡中选中相应的模板，从右侧的窗口预览一下该模板的格式，再作选择。

3. 双击需要的模板文件名，创建基于该模板的新文档。

4. 按照提示，输入用户需要的信息，删除用户不需要的信息。

二、自动更正

自动更正的设计目标是自动修改错误，通过设置一些选项，Word 2003 中文版式从开始运行程序时，就监视用户的输入，并修改一些特定的错误，如果还没有设置自动更正的功能，可以单击"工具"菜单中的"自动更正"命令，打开如图 5 - 70 所示的"自动更正"的窗口。

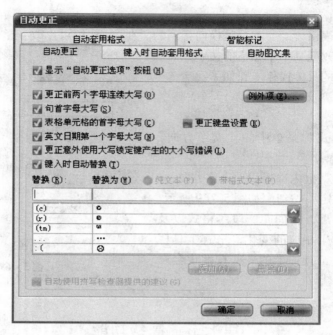

图 5 - 70

"自动更正"选项卡中列出了许多可以自动更正的选项。

1. "更正前两个字母连续大写"：选中此复选框后，可以自动更正第一和第二个小写字母为大写字母。

2. "句首字母大写"：选中此复选框，可以将每句第一个字母设置为大写。

3. "英文日期第一个字母大写"：选中此复选框，可以将英文的星期第一个字母设置为大写。

4. "更正意外使用大写锁定键产生的大小写错误"：选中此复选框后，会自动更正错误按 Capslock 键产生的大写错误。

5. "键入时自动替换"：选中此复选框后，可以将一些容易出错的词条自动替换为正确的词条。这些替换和被替换的词条可由用户自己设置。

6. "键入时自动替换"：选中此复选框后，输入字符后自动替换。

三、自定义拼写和语法检查

为了提高拼写和语法检查的速度和精度，用户可以自定义拼写和语法检查。如果要自定义拼写和语法检查，可单击"工具"菜单中的"选项"菜单项，打开"选项"窗口，选择"拼写和语法"选项卡，选项卡上"拼写"选项组用于自定义拼写检查；"语法"选项组用于自定义语法检查。

四、自动图文集

自动图文集具有和自动更正相似的功能，与自动更正相比，自动图文集的优点在于自动图文集需要得到用户的确定后才可执行某命令。

用户可以按照下述步骤创建自动图文集的词条。

1. 在文档中选中需要创建自动图文集的词条。

2. 单击"工具"菜单中的"自动更正"菜单项，打开"自动更正"窗口，并选择"自动图文集"选项卡。

3. 在请在些键入"自动图文集"词条文本框中输入自动图文集词条名。

4. 单击"确定"按钮。

第八节　页面设置和打印

一、页面设置

页面设置是指对文档页面布局的设置，主要包括纸张、页边距、版式等，设置页面纸张的操作步骤如下。

1. 选择"文件"菜单中的"页面设置"命令，打开"页面设置"的窗口。

2. 单击"纸张"选项卡，如图所示选择用户所需纸张大小。如图 5 –71 所示。

图 5 –71

3. 若要自定义纸大小，则可以在"宽度"和"高度"数值框中输入数值进行设定。

4. 设置完成时，单击"确定"按钮。

二、页边距

所谓的页边距就是指文本编辑区到页边的距离。

设置页边距的操作步骤如下。

1. 选择"文件"菜单中的"页面设置"命令，打开"页面设置"的窗口。
2. 单击"页边距"选项卡，如图 5－72 所示。

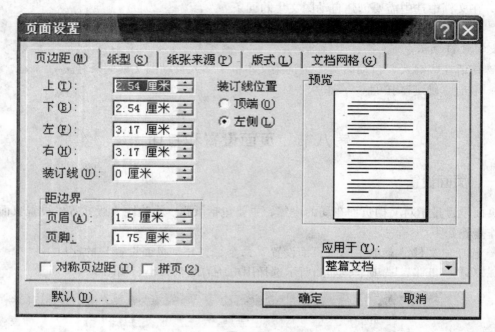

图 5－72

3. 在"页边距"栏中设置上、下、左、右的边距值。
4. 在"方向"选项组中选择"纵向"或"横向"显示页面。
5. 设置完成后，单击"确定"按钮。

三、页码

页码是每一页的标号，在文档中插入页码的操作步骤如下。

1. 选择"插入"菜单中的"页码"命令，打开"页码"的窗口，如图 5－73 所示。

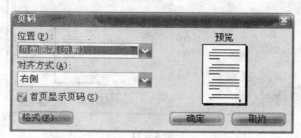

图 5－73

2. 在"位置"框中，选择页码在文档中的显示位置。

3. 在"对齐方式"框中选择页码在页面中的水平对齐位置。

4. 如果在首页显示页码，则选中"首页显示页码"复选框。

5. 单击"格式"按钮，打开"页码格式"窗口，如图 5 – 74 所示。

6. 在"数字格式"框中选择页码格式。

7. 若要设置页码的起始页码，则选中"起始页码"，然后在其后的数值框中输入起始页码的数值。

8. 单击"确定"按钮，返回"页码"窗口。

9. 设置完成后，单击确定。

图 5 – 74

四、页眉和页脚

1. 选择"视图"菜单中的"页眉和页脚"命令。

2. 打开"页眉和页脚"工具栏，文档原内容将模糊显示，如图 5 – 75 所示。

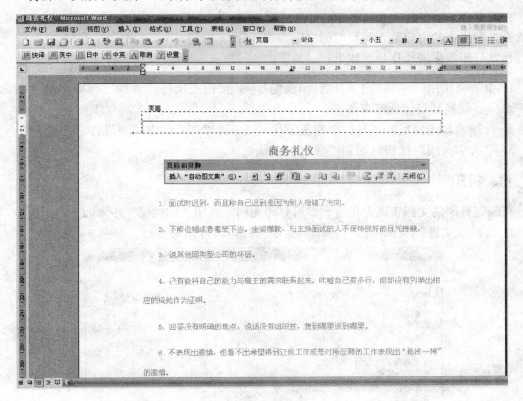

图 5 – 75

3. "页眉和页脚"工具栏如图 5 – 76 所示。

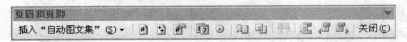

图 5 – 76

五、分页符

文本内容超过一页时，Word 自动按照设置的页面大小自动分页，在普通视图下，自动分页处显示一条水平的虚线，另外，用户还可以在需要的位置人工插入分页符。

图 5-77

如果要插入分页符，可以按照下述步骤操作。

1. 将插入点移到要设置分页符的位置。

2. 选择"插入"菜单中的"分隔符"命令，弹出如图 5-77所示的"分隔符"窗口。

3. 在"分隔符类型"区内选中"分页符"单选按钮。

4. 单击"确定"按钮，在普通视图下，可以看到在插入点位置出现一条水平的虚线，上面标有"分页符"字样。

5. 删除分页符：如果用户删除插入的分页符，请将插入点移到分页符上，然后按 Delete 键将其删除。

六、预览打印

在打印之前，最好先预览一下打印效果，这就需要我们将文档切换到打印预览视图下，以检查打印出来的内容是否与我们的实际需求一致。

预览打印效果的操作步骤如下。

1. 单击"常用"工具栏上的"打印预览" 按钮或执行"文件"菜单下的"打印预览"命令，切换到打印预览视图。

2. 选择"打印预览"工具栏中的各工具按钮，可以用不同方式浏览打印后的式样。

3. 单击"关闭"按钮，回到"普通"视图。

七、打印

在确定打印的文档正确无误后，即可打印文档。打印文档的操作步骤如下。

1. 选择"文件"菜单中的"打印"命令，打开"打印"窗口，如图 5-78 所示。

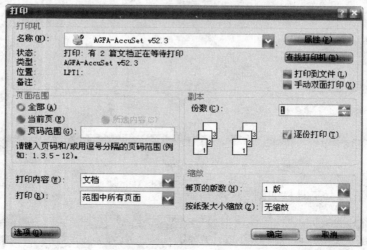

图 5-78

2. 在"打印机"选项组中的"名称"列表框中选择需要使用的打印机。

3. 在"页面范围"组中选择打印的范围。例如选择"页码范围"单选框时，需在其后的文本框中指定需打印的页码范围。

4. 在"副本"组中的"份数"值框中输入需打印的份数。选中"逐份打印"复选框将逐份打印多份文档，清除"逐份打印"复选框则将逐页打印多份文档。在"打印内容"框中选择需要打印的内容。在"打印"框中选择打印"范围中所有页面"、"奇数页"或"偶数页"。

5. 单击"确定"按钮开始打印。

注意：单击"常用"工具栏上的打印按钮，可省去对"打印"窗口的设置，快速地打印文档。

第九节　本章小结

本章主要介绍了 Word 2003 的启动和退出、Word 2003 的工作界面组成、Word 2003 的基本操作，包括新建文档、保存文档、关闭文档、输入文本、选定文本、移动和复制文本、替换和查找文本、撤销和恢复文本等常用编辑操作，图片的插入和编辑方法、图形绘制与处理方法，还介绍了文本框、艺术字图示的插入与编辑方法，字符的格式化、段落的格式化、边框和底纹的设置等操作方法和技巧，创建表格，以及表格的格式设置、内容编排、行与列的调整，还介绍了如何进行页面设置，以及插入页码、预览打印、打印文档的操作方法等。通过本章的学习，读者应掌握 Word 软件的操作，更好地应用 Word 软件来提高我们的办公效率。

（黑龙江省计算中心　李小莉）

第十节　练　习

一、填空题

1. Word 2003 的主界面由_____、_____、（常用、格式）工具栏_____、_____、滚动条、_____视图按钮和状态栏等部分组成。

2. 菜单栏分为_____菜单和_____菜单、_____菜单、_____菜单、_____菜单、_____菜单、_____菜单、_____菜单、_____菜单。

3. 如果发现有输入错误，可将插入点定位在出错的文本处，按_____或者_____键来删除错误。

4. 如果要直接改写，可通过按_____进行"插入"和"改写"之间的切换。

5. _____文本是进行文档编辑的基础工作。

6. 按住_____键，双击鼠标左键，选择不连续的词语。

7. _____、_____是对文档中文字进行录入和修改的基本方法。

8. 恢复是_____的反操作。

9. 移动的方法主要有两种，一是利用_____拖动来进行，二是通过_____命令来进行。

10. 可以利用常用工具栏上的_____按钮和_____按钮来完成移动。

11. 单击常用工具栏_____按钮，在窗口底部将出现"绘图"工具栏。

12. 执行_____命令，Word 2003 将显示出"绘图"工具栏和"自选图形"工具栏。

13. 字符的格式化是指_____。

14. 在启动 Word 2003 后，Word 2003 默认中文字体为_____，英文文字和符号的字体为_____。

15. 通过快捷键_____键来设置为粗体字；按_____组合键来设置下划线，按_____组合键来设置斜体字。

16. 字符的缩放是指_____。

17. 段落格式包括_____、_____、_____、_____、_____等。

18. 常用的段落对齐方式有_____、_____、_____、_____和_____5 种。

19. 创建编号列表的方法主要有：_____、_____、_____3 种。

20. 将表格全选应当按_____组合键。

21. 删除某行时，首先应当_____，执行"表格"菜单中的"删除"_____。

22. 设置表格的属性应当执行_____菜单中的_____。

23. 页面设置是指_____，主要包括_____、_____等。

24. 执行_____命令，打开"页面设置"对话框。

25. 执行_____命令，打开"页码"对话框。

26. 执行_____命令，打开"打印"对话框。

27. 单击"常用"工具栏上的_____按钮，可以省去对"打印"对话框的设置，快速地打印文档。

二、选择题

1. 中文 Word 2003 编辑软件的运行环境是（   ）。

A. DOS　　　　　　B. WPS　　　　　　　C. Linux　　　　　　　D. Windows

2. 文本编辑区内有一个跳动的光标，它表示（   ）。

A. 插入点，可在该处输入字符

B. 文章结尾符

C. 字符选取标志

D. 以上都不是

3. 段落标记是在输入什么之后产生的（   ）。

A. 句号　　　　　　B. Shift + Ente 键　　　C. Enter 键　　　　　　D. 分页符

4. 打开 Word 文档一般是指（   ）。

A. 从内存中读出文档

B. 打开一个空的新文档窗口

C. 把文档内容从磁盘调入内存并显示出来

D. 显示并打印指定的文档内容

5. 为了方便地输入特殊符号、当前日期、时间等，可以采用（　　）菜单下相应的命令。

　　A. 编辑　　　　　　B. 插入　　　　　　　C. 格式　　　　　　D. 工具

6. 在 Word 编辑区中，要把一段已被选取（在屏幕上以反白显示）的文字复制到同一篇文章的其他位置上，应当（　　）。

　　A. 把鼠标光标放到该段文字上单击，再移动到目的位置上单击

　　B. 把鼠标光标放到该段文字上单击，再移动到目的位置上按 Ctrl 键

　　C. 把鼠标光标放到该段文字上，按 Ctrl 键和鼠标左键，并拖动到目的的位置再放开左键和 Ctrl 键

　　D. 把鼠标光标放到该段文字上，按下鼠标左键，并拖动到目的位置上再放开左键

7. 执行"编辑"菜单里的"替换"命令，在对话框内指定了"查找内容"，但在"替换为"框内不输入任何内容，此时单击"替换"命令按钮，将（　　）。

　　A. 不能执行，显示错误

　　B. 只做查找，不做任何替换

　　C. 把所有查找到的内容全部删除

　　D. 每查找一个，就询问用户，让用户指定"替换什么"

8. 设目前有两个文档窗口，要把一个窗口中文档的部分内容移动到另一个窗口的文档中去，选择好第一个窗口里要移动的文字内容，然后执行的命令是"编辑"菜单中的（　　）。

　　A. 复制　　　　　B. 粘贴　　　　　　C. 剪切　　　　　　D. 清除

9. 如果文档中某一段与其前后两段之间要求留有较大间隔，最好的解决方法是（　　）。

　　A. 在每两行之间用按回车键的办法添加空行

　　B. 在每两段之间用按回车键的办法添加空行

　　C. 用段落格式设定来增加段间距

　　D. 用字符格式设定来增加段间距

10. 对于插入的图片，不能进行（　　）操作。

　　A. 放大和缩小　　　　　　　　B. 修改其中的图形

　　C. 移动其在文档中的位置　　　D. 从矩形边缘裁剪

11. 选取表格中的一个单元格，然后进行删除操作时，（　　）。

　　A. 只能删除该单元格所在的一行

　　B. 只能删除该单元格所在的一列

　　C. 将删除该单元格所在的一行和一列

　　D. 可删一行，也可删一列，也可只删一格

12. 当插入点位于表格某一单元格内时，按 Enter 键，会使（　　）。

　　A. 插入点所在的行加宽　　　　　B. 插入点所在的列加宽

C. 插入点下一行增宽　　　　　　　　D. 表格线断开

三、简答题

1. 关闭 Word 2003 有哪几种方法？
2. Word2003 菜单的分类有哪几种？Word2003 有哪几种视图按钮？
3. 输入符号有几种方法？分别是哪几种？
4. 打开符号栏工具的方法是怎样的？
5. 调整日期和时间的操作步骤有哪些？
6. 如何选择任意一个文本块？
7. 替换文档中的格式的操作步骤有哪些？
8. 删除文字和一个段落的操作步骤有哪些？
9. 剪切对象有哪三种方法？
10. 简述绘制规则图形的操作步骤。
11. 简述绘制自选图形的操作步骤。
12. 简述插入艺术字的操作步骤。
13. 简述插入图片的操作步骤。
14. 简述插入剪贴画的操作步骤。
15. 改变字体外观有哪几种方法？
16. 设置文字颜色、边框和底纹的操作步骤有哪些？
17. 设置字符缩放的操作步骤有哪些？
18. 为什么要设置编号和项目符号？
19. 添加边框和底纹的操作步骤有哪些？
20. 创建表格的方法有哪些？
21. 怎么样设置表格的边框及底纹颜色？
22. 怎样改变文字的方向？
23. 设置页面纸张操作步骤有哪些？
24. 设置页边距操作步骤有哪些？
25. 预览打印操作步骤有哪些？
26. 打印文档操作步骤有哪些？

四、上机练习

1. 练习启动和退出 Word 2003。
2. 新建、保存、关闭 Word 2003 文档。
3. 练习输入特殊字符。
4. 插入日期和时间。
5. 输入一段文字，练习选择一个句子和一个段落。
6. 在文档中反复录入某几个字，如"管理系"。
7. 运用表格工具创建一个通讯录。
8. 设置默认字体。
9. 输入一篇文章，对输入的文章进行设置字体、字号、字型等操作。

10. 对输入的文章进行段落设置，设置段落对齐、段落缩进。
11. 创建一个 5 行 7 列的表格。
12. 利用表格属性命令设置表格的边框和底纹。
13. 练习输入数据，调整表格。
14. 制作个人简历，包括封面和个人资料简述。
15. 插入一个表格，其中包含了你的个人详细资料。
16. 插入你的近照，使简历更加直观。
17. 在简历正文中，插入页码，设置简的页眉与页脚。
18. 试将自己的照片用扫描仪扫描后插放文档中。
19. 调整插入图片的大小、位置、版式、亮度、对比度等属性，使之与文稿融为一体。

第六章 Excel 2003 基本应用

本章要点

Excel 是 Office 系列办公软件中的电子表格处理软件，既可以帮助用户制作普通的表格，又可以实现简单的加、减、乘、除运算，还能够通过内置的函数完成诸如逻辑判断、时间运算、财务管理、信息统计、科学计算等复杂的运算。Excel 还可以将数据表格以各式各样的图表形式展示出来，或者进行排序、筛选和分类汇总等类似数据库的操作。

本章内容

➢ 认识 Excel 2003
➢ 工作簿的基本操作
➢ 编辑工作表
➢ 工作表的调整
➢ 工作表的格式化
➢ 公式和函数
➢ 图表的基本操作
➢ 数据的管理与分析
➢ 打印工作表

第一节　认识 Excel 2003

Excel 2003 在原有版本的基础上又增加了许多功能，同时对原有的功能进行了较大的改进和加强，其界面更加美观、操作更加简便、智能性更加完善，进一步为用户提高工作效率提供了保障。

一、Excel 2003 的启动

启动中文版 Excel 2003 的操作步骤如下。

单击"开始"按钮→在弹出的菜单中执行"程序→Microsoft office2003→Microsoft office Excel 2003"命令，启动 Excel 2003 程序。如图 6 - 1 所示，图 6 - 2 - 1 是启动后的 Excel 2003 程序窗口。

注意：如果在桌面上创建了 Excel 2003 快捷方式，直接用鼠标左键双击快捷图标即可启动 Excel 2003 程序。

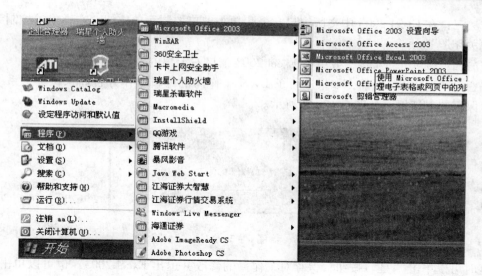

图 6-1

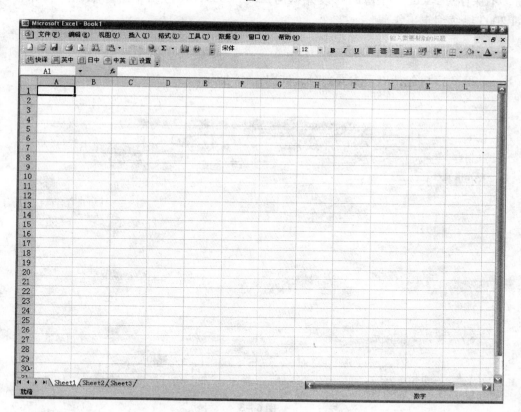

图 6-2-1

二、退出 Excel 2003

退出 Excel 2003 的常用方法如下。

方法一：在 Excel 2003 菜单栏中选择"文件"中的"退出"命令项。

方法二：在 Excel 2003 中文版窗口左上角双击窗口控制菜单按钮。

方法三：在 Excel 2003 中文版窗口左上角单击窗口控制菜单按钮，在弹出的控制菜单中选择"关闭"选项。

方法四：按 Alt + F4 键，或单击 Excel 2003 窗口右上角的关闭按钮。

注意：在退出 Excel 前，如果进行了 Excel 工作薄的编辑工作并且尚未保存，系统会弹出提示保存的对话框，如图 6 - 2 - 2 所示。

图 6 - 2 - 2

这时可以单击"是"按钮，保存对工作薄的修改并退出 Excel 2003，也可以单击"否"按钮，不保存对 Excel 工作薄的修改并退出 Excel 2003，还可以单击"取消"按钮，返回 Excel 2003 继续编辑工作薄。

三、Excel 2003 窗口组成

Excel 2003 窗口包括以下主要部分，如图 6 - 3 所示。

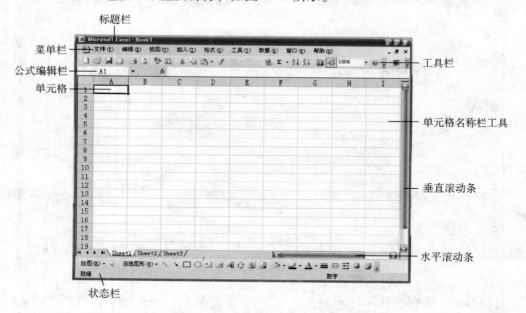

图 6 - 3

标题栏—说明当前所编辑的工作薄的名字。

菜单栏—汇集了各种菜单命令，用来对数据、工作表等进行操作。

工具栏—由一些工作按钮组成，可快捷方便地执行相关的命令。

单元格名称栏—用于显示当前处于活动的单元格位置。

公式编辑栏—用来编辑一些简单的公式。

工作表区—显示所建立的电子表格和电子图表的内容。

单元格—是整个工作表最基本的编辑单位。

滚动条—包括垂直滚动条和水平滚动条，由滚动方块和几个滚动按钮组成，它可以使文档上下或左右移动，以查看工作表中未曾显示出的内容。

状态栏—用来显示当前正在执行的命令或操作的提示。

第二节　工作簿的基本操作

用来储存并处理工作数据的文件叫做工作簿。每个工作簿由 256 列和 65536 行组成。每一本工作簿可以拥有许多不同的工作表，Excel 2003 中，工作簿中最多可建立 255 个工作表。

一、新建工作簿

1. 菜单方式

启动 Excel 2003 时，系统将新建一个新的工作簿。任何时候，要建立一个新的工作簿，可以通过下面的操作步骤来实现。

图 6 - 4

(1) 单击工具栏上的"新建"按钮，或者选择"文件"菜单中的"新建"命令，单击"新建工作簿"显示如图 6 - 4 所示。

(2) 单击 空白工作簿 图标，鼠标指针移到 空白工作簿 上时会变成小手形状，单击鼠标左键创建空白工作簿。

(3) 这时系统就建立一个新的空白工作簿，并自动为这个新建工作簿取一个如"Book X"的临时文档名。"X"为新工作簿序号，其序号按建立的先后次序递增。

2. 模板方式

模板是指具有一定格式的空工作簿，例如：报价单、通讯录、考勤记录等。根据模板新建工作簿时，Excel 会按照模板预先为用户编排好的格式，用户只要填写自己的内容提要就可以了。

二、打开工作簿

单击常用工具栏上的"打开"按钮，或者选择"文件"菜单中的"打开"命令，弹出"打开"窗口，如图 6 - 5 所示窗口，选择要打开的文件并单击"打开"按钮。

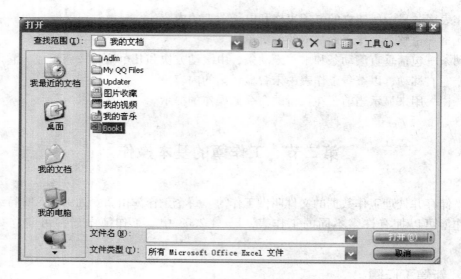

图 6 - 5

三、一次打开多个工作簿

利用下面的方法可以快速打开多个工作簿。

1. 打开工作簿（＊.xls）所在的文件夹，按住 Shift 键或 Ctrl 键，并用鼠标选择彼此相邻或不相邻的多个工作簿，将它们全部选中，然后按鼠标右键单击，在弹出菜单中选择"打开"命令，系统则启动 Excel 2003 并将上述选中的工作簿全部打开。

2. 在 Excel 2003 中，单击"文件"菜单选择"打开"命令，按住 Shift 键或 Ctrl 键，在弹出的窗口文件列表中选择彼此相邻或不相邻的多个工作簿．然后按"打开"按钮，就可以一次打开多个工作簿。

四、快速切换工作簿

对于少量的工作簿切换，单击工作簿所在窗口即可。要对多个窗口下的多个工作簿进行切换，可以使用"窗口"菜单。"窗口"菜单的底部列出了已打开工作簿的名字，要直接切换到一个工作簿，可以从"窗口"菜单选择它的名字。"窗口"菜单最多能列出 9 个工作簿，若多于 9 个，"窗口"菜单则包含一个名为"其他窗口"的命令，选用该命令，则出现一个按字母顺序列出所有已打开的工作簿名字的窗口，只需单击其中的名字即可。

五、保存工作簿

当完成对一个工作簿文件的建立、编辑后或者由于数据量较大需要继续输入时，都需要将文件保存起来。保存工作簿文件的操作步骤如下。

1. 单击工作栏中的"保存"按钮 ，或者选择"文件"菜单中的"保存"命令，弹出"另存为"窗口，如图 6 -6 所示。

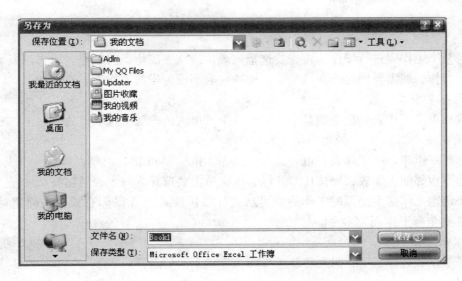

图 6 - 6

2. 在"保存位置"列表中，选择希望保存工作簿的硬盘、软盘和文件夹。

3. 在"文件名"框中，键入工作簿名称。

4. 单击"保存"按钮 [保存(S)] 。

六、关闭工作簿

对于不再使用的工作簿可以将其关闭，以节约内存空间。关闭工作簿的操作步骤可执行"文件"菜单中的"关闭"命令，或单击窗口右上角的"关闭"按钮。

注意：若在关闭文件前没有存盘，系统将显示存盘对话框提示信息，提醒用户存盘。

第三节 编辑工作表

一、建立工作表

新增工作表的方法如下。

1. 单击工作表标签选定工作表，然后选择"插入"菜单中的"工作表"命令，就会看到一张新的工作表被建立。同时，新建立的工作表变成了当前活动工作表。

2. 用鼠标右键单击插入工作表标签，在快捷菜单中选择"插入"，然后选择"工作表"，按"确定"按钮即可，如图 6－7 所示。

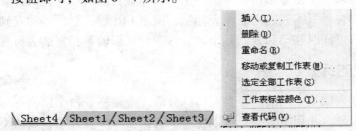

图 6 - 7

二、工作表的选择

要对某个工作表进行操作，首先要选择该表，使该表成为当前工作表。要对多个工作表同时进行操作，就需要同时选择这些表，使这些表都成为当前工作表。

1. 选择某个工作表

用鼠标单击工作表名栏里的某个表名，这个被单击的表就被选中成为当前工作表。

2. 选择多个工作表

若选择一组相邻的工作表，可先选第一个表，按住 Shift 键，再单击最后一个表的标签；

若选不相邻的工作表，要按住 Ctrl 键，依次单击要选择的每个表的标签；

若要选定工作簿中全部的工作表，可从表标签快捷菜单（鼠标右键单击弹出菜单）中选择"选定全部工作表"命令。

3. 撤销选择

如果工作表选择错了，只要重新选择即可撤销上次的选择。

三、工作表命名

为了便于记忆和查找，可以将 Excel 中的 Sheet1、Sheet2、Sheet3 工作表命名为容易记忆的名字，有 2 种方法。

1. 选择要重命名的工作表，单击"格式"菜单中"工作表"命令，在弹出的子菜单中选择"重命名"命令，这时工作表的标签上名字将被反白显示，然后在标签上输入新的表名即可。

2. 双击当前工作表下面的名称，如"Sheet1"，再输入新的名称。

四、工作表删除

删除工作表的方法如下。

1. 单击"编辑"菜单中"删除工作表"命令，然后单击"确定"按钮，则这个表将从工作簿中永久删除。

2. 在工作表标签表名称上单击鼠标右键弹出快捷菜单，单击快捷菜单中的"删除"命令，即完成工作表删除操作，如图 6 - 7 所示。

注意："删除工作表"命令是不能还原的，删除的工作表将不能被恢复。

五、移动和复制工作表

不仅可以在一个工作簿里移动和复制工作表，还可以把表移动或复制到其他工作簿里。若要移动工作表，只需用鼠标单击要移动的工作表标签，然后拖到新的位置即可。

若要复制工作表，只需先选定工作表标签，按下 Ctrl 键，然后拖动表到新位置即可。当然，用这种方法可以同时移动和复制几个表。移动后，以前不相邻的表可变成相邻表。

六、工作表的拆分与冻结

所谓拆分工作表就是把当前工作表窗口拆分成几个窗格，每个窗格都可以使用滚动条来显示工作表的一部分。使用拆分窗口可以在一个文档窗口中查看工作表的不同部分。既可以对工作表进行水平拆分，也可以对工作表进行垂直拆分。选定单元格，该单元格所在位置将成为拆分的分割点。打开"窗口"菜单，选择"拆分"命令，在选定单元格处工作表将被拆分为四个独立的窗口，如图 6-8 所示。

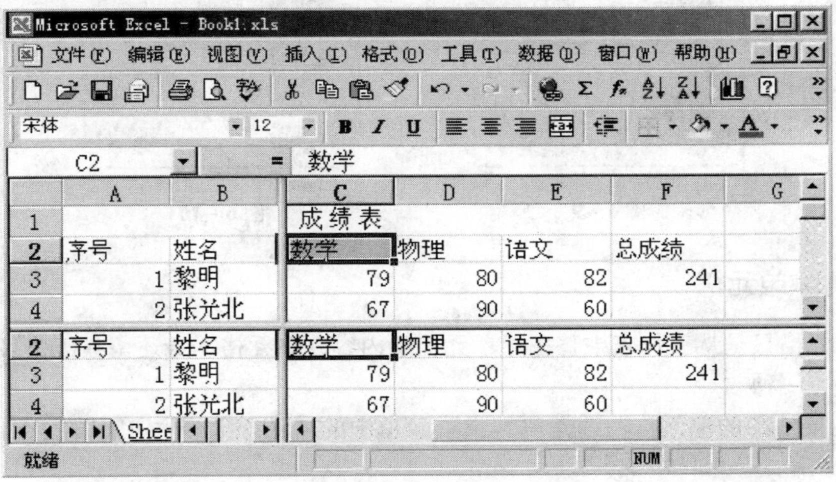

图 6-8

当工作表中的数据很多时，如果使用垂直或水平滚动条浏览数据，行标题或列标题将随着一起滚动，使得查看数据很不方便。使用冻结拆分窗口功能就可以将工作表的上窗格和左窗格冻结在屏幕上。这样，当使用垂直或水平滚动条浏览数据时，行标题和列标题将不会随着一起滚动。其操作步骤是：先选定单元格作为冻结点，打开"窗口"菜单，选择"冻结拆分窗口"命令即可。

第四节　工作表的调整

一、单元格基本操作

在编辑工作表的过程中，最基本的编辑对象是单元格、行和列，而最常用的操作则是对象的插入、删除、移动、复制、查找和替换等。在 Excel 2003 中可方便地完成这些操作。

二、插入单元格

将单元格指针指向要插入的单元格（鼠标单击待插入单元格的位置），使该单元格成为活动单元格。选择"插入"菜单中的"单元格"命令，弹出"插入"窗口，如图 6-9 所示。在窗口选项框中有四组选择，单击确定完成单元格插入。

三、删除单元格

删除单元格的操作和插入单元格的操作类似。删除单元格的操作步骤如下。

1. 将单元格指针指向要删除的单元格，使该单元格成为活动单元格。

2. 选择"编辑"菜单中的"删除"命令，弹出"删除"窗口，如图 6-10 所示。在窗口中的选项中有四组选择，单击确定完成单元格删除。

3. 单击"确定"按钮。

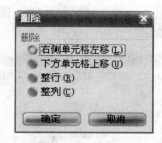

图 6 - 9   图 6 - 10

四、清除单元格

清除单元格只是从工作表中移去了单元格的内容，单元格本身还留在工作表上。清除单元格的方法有 2 种。

1. 选定要清除的单元格，选择"编辑"菜单中的"清除"子菜单中的"内容"命令即可完成。

2. 选定要清除的单元格，在选定的单元格上单击鼠标右键，在弹出的菜单中选择"清除内容"即可完成。

五、选定操作区域

在 Excel 2003 中，输入数据或对数据进行各种操作时，首先必须选中该单元格或区域，使其成为当前单元格或当前单元格区域。被选中的单元格或单元格区域的四周有一圈加粗的黑框，表示是当前单元格或当前单元格区域。

1. 单个单元格的选择

用鼠标单击该单元格即可。

2. 单元格区域的选择

用鼠标单击欲选择区域的左上角单元格，按住并拖拽至欲选择区域的右下脚单元格。然后放开鼠标即可。

3. 整列或整行的选择

用鼠标单击某列的列名，被单击的列的所有单元格就被选中。单击某行的行名，被单击行的所有单元格均被选中。

4. 不相邻的单元格或区域的选择

按住 Ctrl 键不放，逐个选择欲选择的单元格或单元格区域即可。

六、单元格中输入数据

我们在建立表格之前，应该先把表格的大概模样考虑清楚，比如表头有什么内容，标题列是什么内容等，因此在用 Excel 建立一个表格的时候首先建立一个表头，然后确定表的行标题和列标题的位置，最后才是填入表的数据。首先把表头输入进去：单击选中 A1 单元格，输入文字。然后从 A2 开始依 B2、C2……依次输入表的行的标题，再依 A3、A4……，B3、B4……输入行和列的数据，如图 6 - 11 所示。

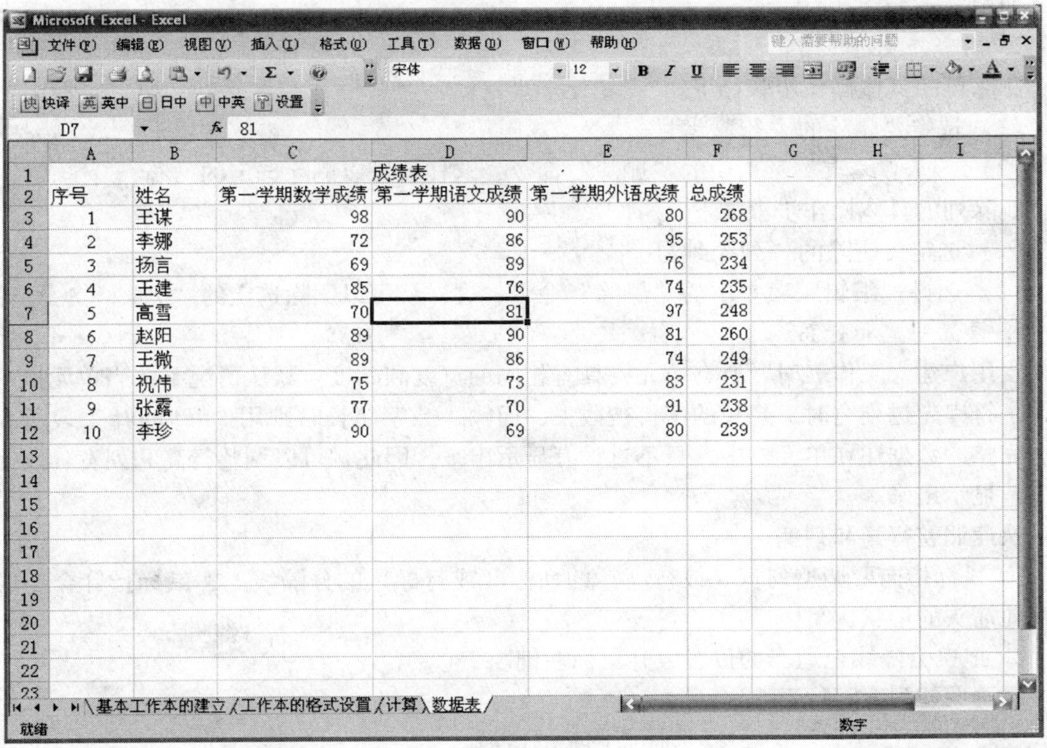

	A	B	C	D	E	F
1				成绩表		
2	序号	姓名	第一学期数学成绩	第一学期语文成绩	第一学期外语成绩	总成绩
3	1	王谋	98	90	80	268
4	2	李娜	72	86	95	253
5	3	扬言	69	89	76	234
6	4	王建	85	76	74	235
7	5	高雪	70	81	97	248
8	6	赵阳	89	90	81	260
9	7	王微	89	86	74	249
10	8	祝伟	75	73	83	231
11	9	张露	77	70	91	238
12	10	李珍	90	69	80	239

图 6－11

七、自动填充

在输入表格数据时往往会遇到在许多单元格输入许多相同的数据，有时还需要输入各种有规则的数据，例如，等差、等比序列等。Excel 提供的自动“填充”功能可以快速完成这类数据的输入，而不必逐一重复地输入这些数据。“填充”对数字、字符或公式单元都是允许的。在任一选定单元或区域的右下角都有一个很小的方快，称为“填充柄”。拖动填充的方法是用鼠标选中填充柄鼠标的指针变为黑色十字形状，此时开始拖动，拖动的方向只能为上、下、左、右一个方向上相邻的连续单元。在拖动过程中，选中的单元被框起，随着拖动的进行，被选中的单元格区域逐渐加大。当抬起鼠标时确认选中的单元变为反白显示。

八、对行和列的基本操作

1. 插入行或列

插入行的具体操作步骤如下。

（1）选定要插入行的单元格。

（2）选择“插入”菜单中的“行”命令，这样就插入了一个新行，以下的行依次向下移动而内容不变。

插入列的具体操作步骤如下。

（1）选定要插入列的单元格。

（2）选择“插入”菜单中的“列”命令，这样就插入了一个新列，右边的列依次向右移动而内容不变。

2. 删除行或列

删除行的具体操作步骤如下。

（1）选定要删除的"行"编号。

（2）选择"编辑"菜单中的"删除"命令，这样就可以删除选定的"行"。

删除列的具体操作步骤如下。

（1）选定要删除的"列"编号。

（2）选择"编辑"菜单中的"删除"命令，这样就可以删除选定的"列"。

3. 设置列宽和行高

当用户建立工作表时，所有单元格具有相同的宽度和高度。默认情况下，当单元格中输入的字符串超过列宽时，超长的字符被截去，而输入数字超长时则用"######"表示。当然，完整的数据还在单元格中，只不过没有显示出来。因此，可以调整行高和列宽，以使数据完整显示出来。

快速调整行高和列宽

① 鼠标指向要调整列宽（或行高）的列标（或行标）的分隔线上；鼠标指针会变成一个双向箭头的形状。

② 拖曳分隔线至适当的位置放开鼠标左键。

精确调整列宽、行高

图 6－12

① 选择需调整的区域。

② 选择"格式"菜单中"列"（或"行"）命令，在弹出的下一级菜单中，选择："行高"（或列宽）：显示其窗口，输入所需的宽度或高度，如图 6－12 所示。

"最合适的行高"（或"最合适的列宽"）：取选定行（列）中最高（宽）的数据为高度（宽度）自动调整。

"隐藏"：将选定的列或行隐藏。对于未被使用或不希望其他用户看到的行和列可以进行隐藏操作。

"取消隐藏"：将隐藏的列或行重新显示。

九、复制和移动单元格数据

1. 复制单元格

复制单元格内容的操作步骤如下。

（1）选定要复制的单元格。

（2）选择"编辑"菜单中的"复制"命令，可以看到在选中区域内出现了一个虚框。

（3）选定要复制到的单元格，然后选择"编辑"菜单中"粘贴"命令，则将数据复制到指定的单元格。

2. 移动单元格

利用 Excel 提供的移动单元格命令，实现将单元格从一个位置搬移到一个新的位置。移动单元格内容的操作步骤如下。

（1）选定要移动数据的区域。

（2）选择"编辑"菜单中的"剪切"命令，可以看到在选中区域内出现了一个虚框。

（3）选定要将数据移动到的区域，然后选择"编辑"菜单中的"粘贴"命令，则将数据移动到指定的单元格。

十、数据的查找和替换

1. 数据的查找

当重新查看或修改工作表中的某一部分内容时，可以查找和替换指定的任何数值，包括文本、数字、日期，或者查找一个公式、一个附注。执行查找操作的步骤如下。

（1）选择"编辑"菜单中的"查找"命令，弹出"查找"窗口。

（2）在"查找内容"框中输入要查找的字符串，指定"搜索"和"范围"，选中"单元格匹配"选项。

（3）单击"查找下一个"按钮即可开始查找工作。当 Excel 找到一个匹配的内容后，单元格指针就会指向该单元格，如图 6 – 13 所示。

（4）如果还需要进一步查找，可以单击"查找下一个"按钮。如果不再查找可单击"关闭"按钮，退出"查找"窗口。

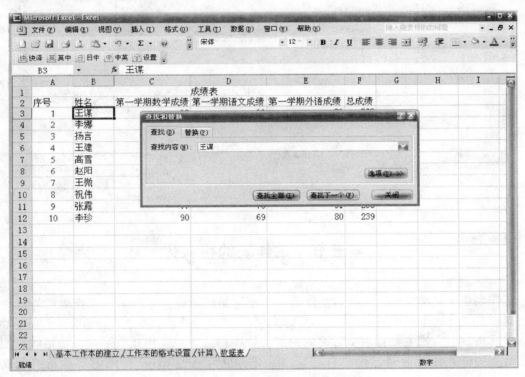

图 6 – 13

2. 数据的替换

当需要重新查看或修改工作表中的某一部分内容时，可以替换指定的任何数值，包括文本、数字、日期，或者替换一个公式、一个附注。执行替换操作的步骤如下。

（1）选择"编辑"菜单中的"替换"命令。弹出"替换"窗口。

（2）在"查找内容"框中输入要查找的字符串。在"替换为"中输入新的数据。

（3）单击"替换"按钮。

（4）替换完成后活动单元格自动移到下一个符合替换条件的单元格，如图6-14所示。如果还需要进一步替换，可以单击"查找下一个"按钮。如果不再替换可单击"关闭"按钮，退出"查找和替换"窗口。

（5）如果想全部替换符合条件的单元格，可单击"全部替换"按钮，这样会将查找到的单元格全部换为新内容。

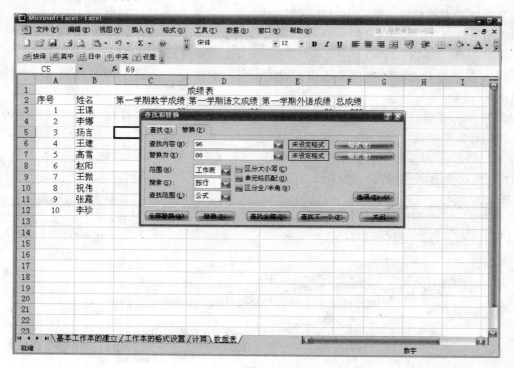

图6-14

第五节　工作表的格式化

工作表建立和编辑后，就可对工作表中各单元格的数据格式化，使工作表的外观更漂亮，排列更整齐，重点更突出。

单元格数据格式主要有六个方面的内容：数字格式、对齐格式、字体、边框线、图案等。数据的格式化一般通过用户自定义格式化，也可通过 Excel 提供的自动格式化功能实现。

一、设置单元格格式

自定义格式化工作可以通过两种方法实现：使用"格式"工具栏或使用"格式"菜单中的"单元格"命令。相比之下"单元格"命令弹出的窗口中格式化功能更完善，但工具栏按钮使用起来更快捷更方便。

在数据的格式化过程中首先要选定要格式化的区域，然后再使用格式化命令。格式化单元并不改变其中的数据和公式，只是改变它们的显示形式。

二、设置数字格式

"单元格格式"窗口中的"数字"标签，如图6-15所示，用于对单元格中的数字格式化。窗口左边的"分类"列表框分类列出数字格式的类型，右边显示该类型的格式。

三、设置对齐格式

默认情况下，Excel 根据输入的数据自动调节数据的对齐格式，比如文字内容左对齐、数值内容右对齐等。为了产生更好的效果，可以利用"单元格格式"窗口的"对齐"标签自己设置单元格的对齐格式，如图6-16所示。

1. "水平对齐"列表框：包括常规、靠左、居中、靠右、填充、两端对齐、跨列居中、分散对齐，当选择"靠左"时，可在"缩进"数值框中填写单元格内容从左向右缩进的幅度，缩进幅度以一个字符宽度来计量。水平对齐的默认选项是"常规"，即文本左对齐，数值右对齐，逻辑和错误值居中。

2. "垂直对齐"列表框：包括靠上、居中、靠下、两端对齐、分散对齐。默认的选项是文本靠下垂直对齐。

3. "方向"框用来改变单元格中文本旋转的角度，角度范围为-90度到90度。以下复选框选中时，用来解决单元格中文字较长被"截断"的情况：

（1）"自动换行"对输入的文本根据单元格列宽自动换行。

（2）"缩小字体填充"减小单元格中的字符大小，使数据的宽度与列宽相同。

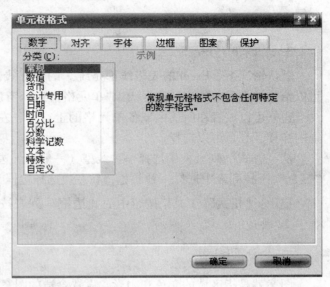

图6-15

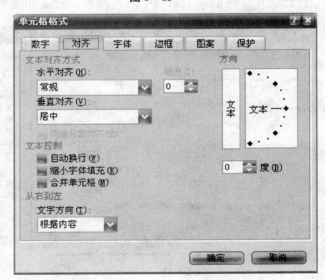

图6-16

（3）"合并单元格"将多个单元格合并为一个单元格，和"水平对齐"列表框的"居中"按钮结合，一般用于标题的对齐显示。在"格式"工具栏的"合并及居中"按钮直接提供了该功能。

提示：单击常用工具栏的"左对齐"■、"居中"■或"右对齐"■按钮，可更改文本的对齐方式。

四、设置字体

在 Excel 中的字体设置中，字体类型、字体形状、字体大小是最主要的三个方面。"单元格格式"窗口的"字体"标签中各项意义与 Word 的"字体"窗口相似，在此不作详细介绍。

五、设置边框

默认情况下，Excel 的表格线都是统一的淡虚线。这样的边线不适合于突出重点数据，可以给它加上其他类型的边框线。"单元格格式"窗口的"边框"标签如图 6 – 17 所示。

边框可以放置在所选区域各单元格的上、下、左、右或外框（即四周）以及斜线。边框的式样、颜色可以选择。

从"样式"列表框中选择一种线型（一般，外边框采用粗实线，内部采用细实线），在"颜色"下拉列表中选择一种颜色，在左边选择边框类型，单击"确定"按钮。

提示："格式"工具栏按钮中的"边框"列表按钮 可以用来设置单元格边框，它包含了 12 种边框。

六、设置图案

图案就是指区域的颜色和阴影。设置合适的图案可以使工作表显得更为生动活泼、错落有致。"单元格格式"窗口中的"图案"标签如图 6 – 18 所示。

图 6 –17

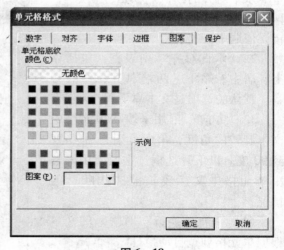

图 6 –18

"颜色"框用于选择单元格的背景颜色。"图案"框中则有两部分选项：上面三行列出了 18 种图案，下面 7 行则列出了用于绘制图案的颜色。

提示："格式"工具栏按钮中的"颜色"按钮 可以用来改变单元格背景的颜色。

七、条件格式

条件格式用于对选定区域各单元格中的数值满足不同的条件数据时，显示不同的数字格式，如底纹、字体、颜色等格式。例如，在打印学生成绩单时，对不及格的成绩用醒目的方式表示（如用红色字体等），当要处理大量的学生成绩时，利用"条件格式"带来了极大的方便。操作步骤如下。

1. 选定要设置格式的区域。

2. 选择"格式"菜单的"条件格式"命令，打开窗口，如图 6 – 19 所示。

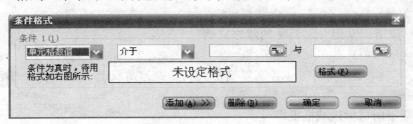

图 6 – 19

3. 选择条件运算符和条件值，设置格式。"条件格式"窗口提供了最多 3 个条件表达式，也就是可以对不同表达式设置不同的格式。如处理学生成绩时，对不及格、及格、优的不同分数段的成绩以不同的格式显示。利用"添加"按钮进行条件格式的添加。利用"删除"按钮进行已设置格式的删除。

八、自动套用格式化

利用"格式"菜单或"格式"工具栏按钮对工作表中的单元格逐一进行格式化，但每次都这样做实在太烦琐了，Excel 提供自动套用格式的功能，预定义好了十多种制表格式供用户使用。这样既可节省大量的时间，也有较好的效果。自动套用格式化的操作步骤如下。

1. 选定要格式的区域。

2. 选择"格式"菜单中的"自动套用格式"命令，显示其窗口，如图 6 – 20 所示。

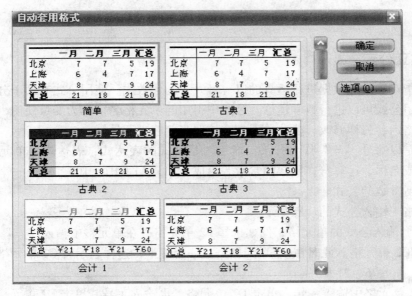

图 6 – 20

3. 在窗口显示出了各种风格的表格，用户可以根据需要选择某种风格。若单击"选项"按钮，扩展了"应用格式种类"框，取消某个复选按钮，保持工作表中原有该项格式。

九、格式的复制和删除

对已格式化的数据区域,如果其他区域也要使用该格式,可以不必重复设置格式,通过格式复制来快速完成,也可以把不满意的格式删除。

1. 格式复制

方法一:使用"常用"工具栏的"格式刷"

(1)选定所需格式的单元格或区域。

(2)单击"格式刷"按钮(若需复制格式到多处,则双击"格式刷"按钮),这时鼠标指针变成刷子形状。

(3)鼠标指向目标区域拖曳即可。

方法二:使用菜单命令

(1)选定所需格式的单元格或区域。

(2)选择"编辑"菜单的"复制"命令。

(3)选定目标区域。

(4)选择"编辑"菜单中"选择性粘贴"命令,在窗口的"粘贴"选项区选择"格式"。

2. 格式删除

若对已设置的格式不满意时,可以删除。其操作步骤如下。

(1)选定要删除格式的单元格或区域。

(2)选择"编辑"菜单中"清除"命令的"格式"子命令进行格式的清除。格式清除后单元格中的数据以通用格式来表示。

第六节　公式和函数

一、建立公式

公式是指对工作表数据进行运算的以等号开头的代数式。使用公式有助于分析工作表中的数据,利用公式可以进行数学运算。公式中引用的单元格名字作为变量使用,这样无论被引用的单元格内容怎样修改,公式单元都会按照当前值进行计算。

公式总是以等号"="作为开头,然后才是公式的表达式,表达式由单元格及单元格区域的地址或名称、运算符、函数和常数等组成。如"A1 + B1 + 100"就是一个既包括单元格地址又包括常数的公式。

在单元格中输入公式的步骤如下。

1. 选择要输入公式的单元格,例如选择 F2 单元格,在单元格中输入"="号。

2. 单击 C2 单元格。此时在 C2 单元格产生一个虚框,这样表示将 C2 单元格中的内容输入公式中了,如图 6 – 21 所示。

3. 在 F2 单元格中输入 + 号,单击 D2 单元格,再输入 + 号,单击 E2 单元格。

4. 将 C2、D2 和 E2 中的内容相加,这样就创建了一个简单的公式,如图 6 – 22 所示。

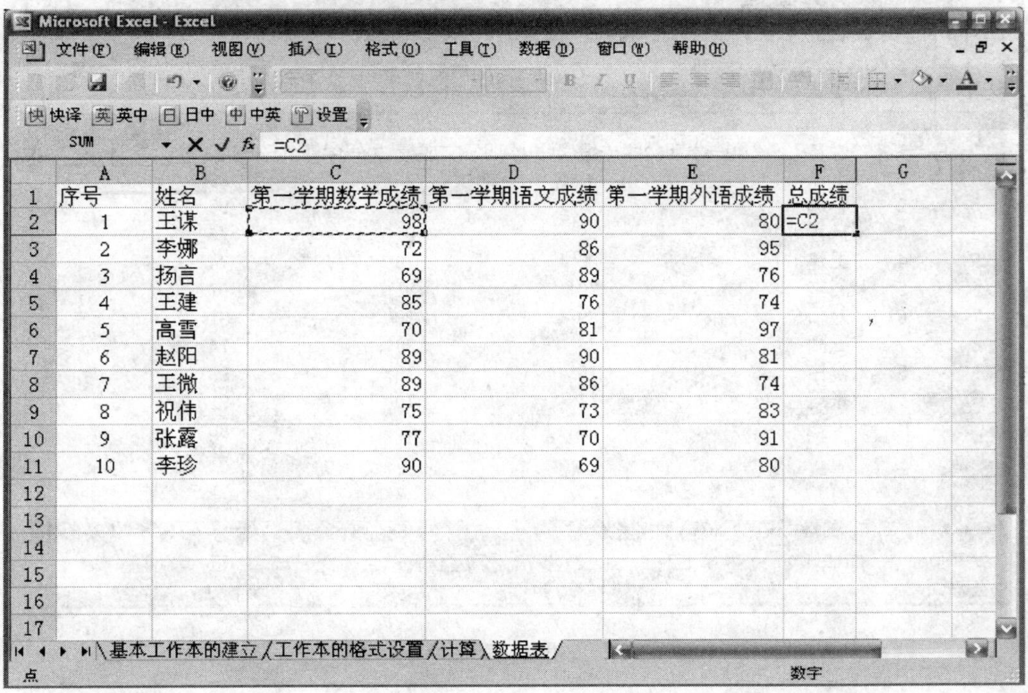

图 6-21

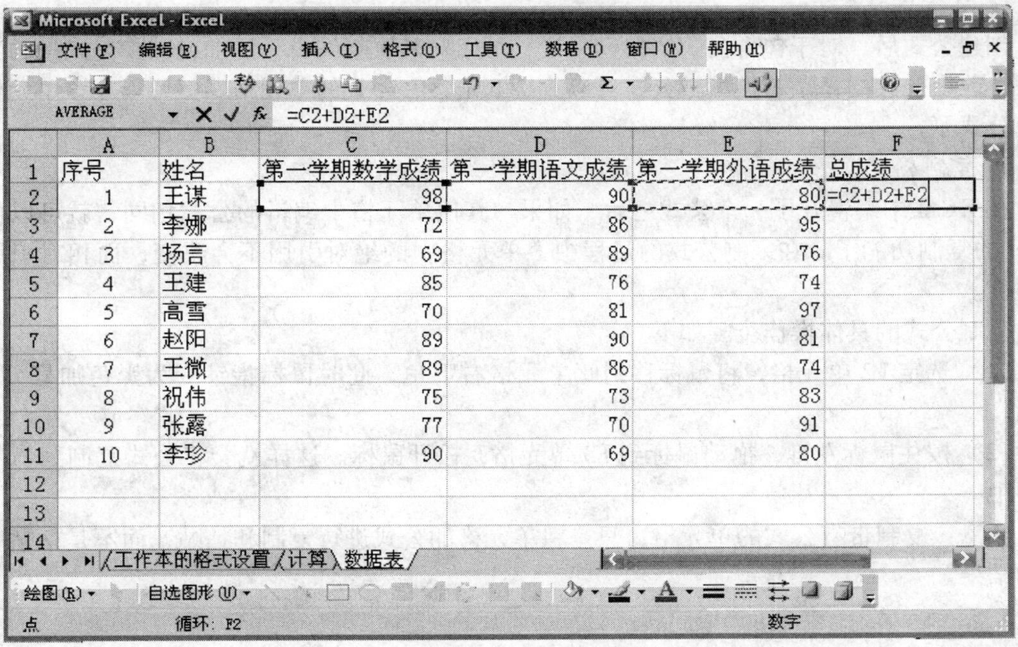

图 6-22

5. 按下 Enter 键，或者单击"公式栏"中的"输入"按钮 ✔，确定公式的创建。F2 单元格中显示出相加的结果，如图 6-23 所示。

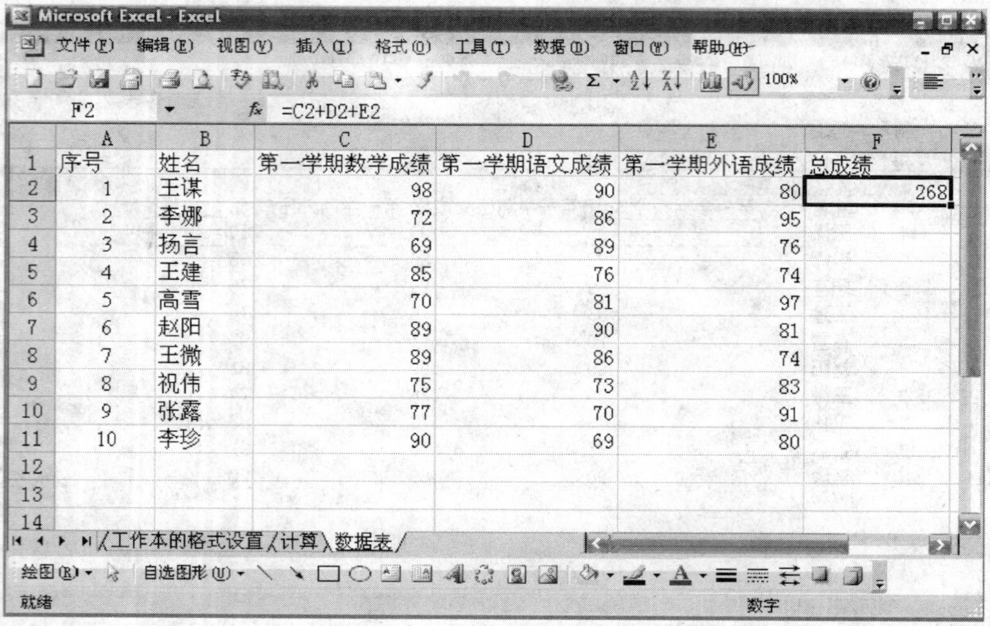

图 6 – 23

二、公式的编辑

1. 编辑公式

创建公式后，对于包含公式的单元来说，可以对其重新编辑，添加或减少公式中的数据元素，改变公式的算法等。编辑公式可以直接双击含有公式的单元格，就可以在该单元格中编辑公式了。

2. 复制公式

在 Excel 中编辑好了一个公式之后，如果与其他单元格中编辑的公式相同，就可以使用 Excel 的复制功能了。在复制公式的过程中，单元格中的绝对引用不会改变，而相对引用则会改变。

复制公式的具体操作步骤如下。

（1）选定 F2 单元格，将鼠标移到此单元格右下角，此时鼠标指针变为黑色加号（＋）形状。

（2）按住鼠标左键，拖动鼠标到 F3 单元格，松开鼠标。这样就会将公式复制到新的单元格中。

注意：复制带有公式的单元格，只是将单元格的公式进行复制和粘贴，而不是粘贴单元格的结果。

3. 移动公式

创建公式后，可以将它移动到其他单元格中。移动公式后，改变公式中元素的大小，此单元格的内容也会随着元素的改变而改变它自己的值。移动公式的过程中，单元格中的绝对引用不会改变，而相对引用则会改变。具体操作步骤如下。

（1）选定 F2 单元格，将鼠标移到 F2 单元格的边框上，此时鼠标变为箭头的形状。

（2）按住鼠标左键，拖动鼠标到 F1 单元格，松开鼠标按键。这样就将含有公式的单元格拖到了新的地方，原单元格中的内容消失。这时，如果改变 F2 单元格的内容，F1 单元格中内容会随着 F2 单元格的内容的改变而改变。

4. 删除公式

如果要将单元格中的计算结果和公式一起删除，只要选定要删除的单元格，然后按下键盘上的 Delete 键就可以了。

三、利用函数进行计算

利用 Excel 2003 中的函数来进行公式计算可以大大提高工作效率，函数的构成与公式相似，分为函数本身和函数参数。Excel 2003 为我们提供了大量的函数。

具体操作步骤如下：

1. 选定要使用函数的单元格。

2. 单击"插入函数"按钮 f_x ，弹出"插入函数"窗口，如图 6 - 24 所示。

3. 选择 SUM 函数，单击"确定"按钮。在数据栏中输入要添加到公式中元素的单元名称。单击"确定"按钮，计算结果就会显示在工作表中了。

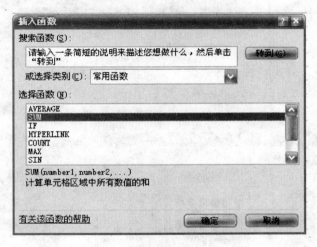

图 6 - 24

四、快速计算方法

对于单元格求和的计算，除了可使用公式外，还可以使用 Excel 2003 提供的自动求和功能快速计算方法。

自动求和功能可以对工作表中行或列相邻的单元格进行求和的操作。使用时只需先选定要求和的行或者列，在选定操作中要包含目标单元格，最后按下"∑"图标即可。

第七节 图表的基本操作

一、创建图表

可以利用图表向导来创建图表，具体操作步骤如下。

1. 选择"插入"菜单中的"图表"命令，弹出"图表向导"窗口，可以选择图表的类型。单击"自定义类型"选项卡，选择"带深度的柱形图"选项，如图 6-25 所示。

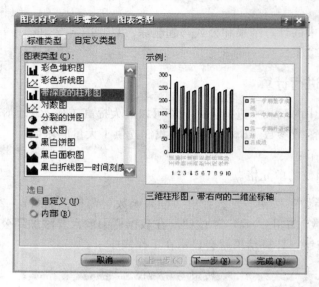

图 6-25

2. 单击"下一步"弹出"图表源数据"窗口，如图 6-26 所示。单击"数据区域"框右侧的按钮，选择创建图表的单元格区域。然后单击"数据区域"窗口的右下按钮，返回"图表源数据"窗口。

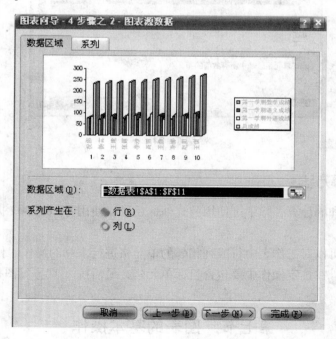

图 6-26

3. 单击"下一步"按钮，弹出"图表选项"窗口，单击"标题"选项卡，如图 6-27 所示。分别在"图表标题"、"分类（X）轴"和"数值（Z）轴"框中输入标题名称。

图 6－27

4. 单击"网格线"选项卡，如图 6－28 所示，将"分类（X）轴"和"数值（Z）轴"中的"主要网格线"选项选中，这样有利于方便地查看和阅读图表。

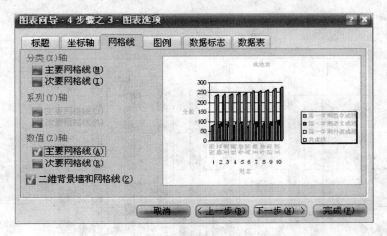

图 6－28

5. 单击"图例"选项，如图 6－29 所示。可以改变图例的位置，在"位置"选项框中单击"底部"选项。

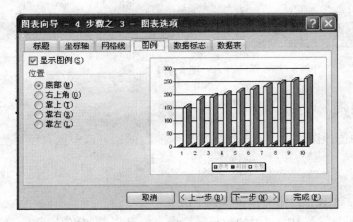

图 6－29

6. 单击"下一步"按钮，弹出"图表位置"窗口，如图 6 - 30 所示。单击"作为新工作表插入"选项。在后面的文本框中输入"成绩表"作为新工作表的名字。

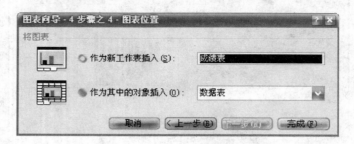

图 6 - 30

7. 单击"完成"按钮，一个简单的图表就创建好了，如图 6 - 31 所示。

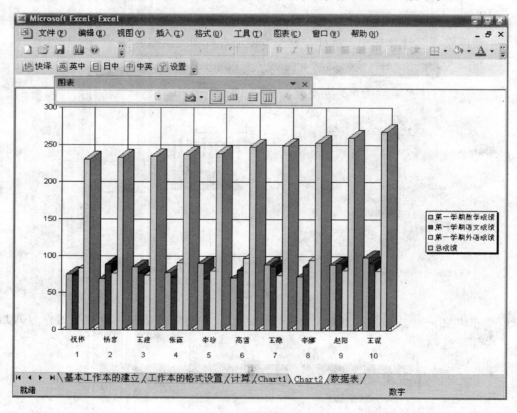

图 6 - 31

二、编辑图表

Excel 2003 中创建图表后，对于图表中显示的数据，可以根据自己需要在图表中任意进行修改。

1. 添加数据

在图表中添加数据的具体操作步骤如下。

（1）选择"图表"菜单中"添加数据"命令，弹出"添加数据"窗口，如图 6 - 32 所示。

然后单击创建了图表的工作表标签，再单击"添加数据"窗口中"选定区域"右侧的按钮。

（2）选定要添加到图表中的单元格区域，然后单击"选定区域"右侧"展开对话框"按钮，如图6-33所示。返回到"添加数据"窗口，"选定区域"框中显示出选定的区域。

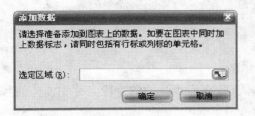

图 6-32

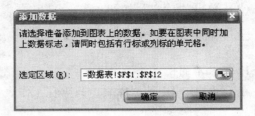

图 6-33

（3）单击"确定"按钮，选定数据被添加到图表中，如图6-34所示。

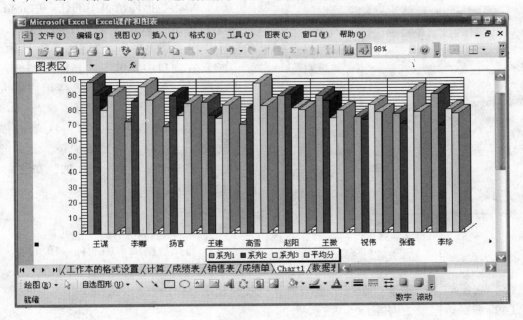

图 6-34

2. 删除数据

在图表中删除数据的具体操作步骤如下。

（1）单击要清除的数据系列柱形条，然后选择"编辑"菜单中的"清除"子菜单中的"系列"命令。

（2）单击"系列"命令后，被清除的系列不在图表中显示了。

3. 在图表中添加文本

在图表中添加文本的具体操作步骤如下。

（1）单击"绘图"工具栏中的"文本框"按钮 ，移动鼠标到图表区域中要添加文本的地方。这时鼠标指针改变形状，按住鼠标左键拖动，将显示出一个文本框。

（2）输入文字后在文本框以外的地方单击鼠标左键，就可确定输入。

4. 改变图表标题

改变图表的标题的具体操作步骤如下。

（1）选择"图表"菜单中的"图表选项"命令，弹出"图表选项"窗口，单击"标题"选项卡。

（2）在"图表标题"、"分类（X）轴"和"数值（Z）轴"框中重新输入文字。

（3）单击"确定"按钮。

三、数据库管理

1. 记录单的使用

在 Excel 中建立数据库表，只需在工作表中输入数据库表具体的字段名称和相应的数据即可。

2. 增加记录

操作步骤如下。

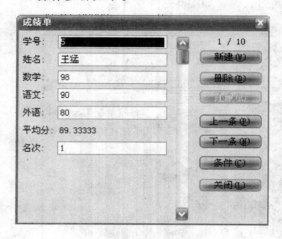

图 6 - 35

（1）单击数据库清单中的任一单元格。

（2）单击"数据"菜单中的"记录单"命令，弹出成绩单窗口，如图 6 - 35 所示。

（3）在窗口中，单击"新建"按钮，窗口中出现一个空的记录单，等待用户输入新的数据记录。

（4）填写好数据后，可再次单击"新建"按钮，以便添加第二条记录，如此继续下去。如果想要结束增加数据，单击"关闭"按钮即可。

3. 修改记录

修改现有记录的操作步骤如下。

（1）选择数据清单中的任一单元格。

（2）执行"数据"菜单中的"记录单"命令。

（3）单击"上一条"按钮或"下一条"查找并显示要修改数据的记录。

（4）编辑该记录的内容。

（5）单击"关闭"按钮。

4. 删除记录

删除记录与修改记录一样。其操作步骤如下。

（1）在窗口中单击"上一条"按钮或"下一条"按钮查找并显示出要删除数据的记录。

（2）单击"删除"按钮，弹出"删除"提示对话。

（3）确认删除后单击"关闭"按钮。

5. 根据条件查找记录

根据用户所给出的某一条对工作表的记录进行查找，在查找记录之前需写出查找的条件。操作步骤如下。

（1）在窗口中，单击"条件"按钮，弹出如图 6 - 36 所示的窗口。

（2）输入查找条件，如需查找"数据库"中大于"80"的记录，只要在"数据库"字段中输入" >80"即可。

（3）单击"下一条"按钮，符合条件的记录便会显示出来。

（4）输入要查找姓名为"赵阳"，同时"数据库"为"＞80"的条件，如图6-37所示。

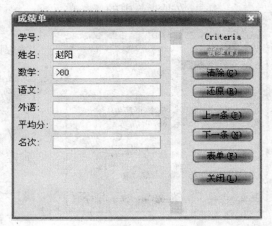

图6-36　　　　　　　　　　　　　　　　　图6-37

（5）单击"下一条"按钮，即显示满足所给条件的记录。

注意：条件设立后，不会自动撤除，退出时需单击"关闭"按钮。

四、数据排序

1. 使用工具命令按降序排序

（1）单击字段名"名次"。

（2）单击"常用"工具栏上的"降序排序" ↓ 按钮。

（3）结果如图6-38所示，数据库表记录按"名次"从高到低排序。

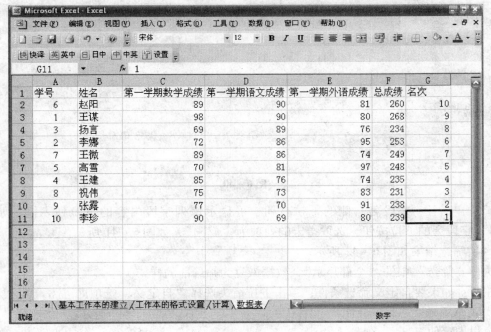

图6-38

2. 使用菜单命令对数据进行排序

操作步骤如下。

（1）单击数据清单中的任一单元格。

图 6 - 39

（2）执行"数据"菜单中的"排序"命令，弹出如图6-39所示的窗口。

（3）单击"主要关键字"下面的 ﹀ 按钮，可列出该数据清单中的所有字段名供用户选择，选择需排序的关键字。

（4）选择"升序"或"降序"单选项，单击"确定"按钮即可。

五、数据筛选

"自动筛选"是进行简单条件的筛选，而"高级筛选"是针对复杂的条件进行筛选；"全部显示"是撤销筛选条件，使数据全部恢复为原来的显示状态。

1. 自动筛选

操作步骤如下。

（1）选取数据清单的任一单元格。

（2）执行"筛选"中的"自动筛选"命令，在清单第一行的各字段名旁出现一个下拉按钮，如图6-40所示。

	A	B	C	D	E	F	G	H
1	学号	姓名	数学	语文	外语	平均分	名次	
2	5	王猛	98	90	80	89.33333	1	
3	2	赵阳	89	90	81	86.66667	2	
4	9	李娜	72	86	95	84.33333	3	
5	4	王微	89	86	74	83	4	
6	10	高雪	70	81	97	82.66667	5	
7	8	李珍	90	69	80	79.66667	6	
8	3	张露	77	70	91	79.33333	7	
9	6	王建	85	76	74	78.33333	8	
10	7	刘军	69	89	76	78	9	
11	1	祝伟	75	73	83	77	10	
12								

图 6 - 40

（3）单击任一字段名右侧的下拉按钮，可显示该列字段内容的下拉列表框，如单击"姓名"字段旁的下拉按钮，选取指定的列项为"赵阳"，如图6-41所示。

（4）筛选结果如图6-42所示。

执行"筛选"中的"全部显示"，数据恢复为筛选前的样式。

注意：如果要自定义筛选条件，单击下拉箭头选择"自定义"选项即可。

2. 高级筛选

操作步骤如下。

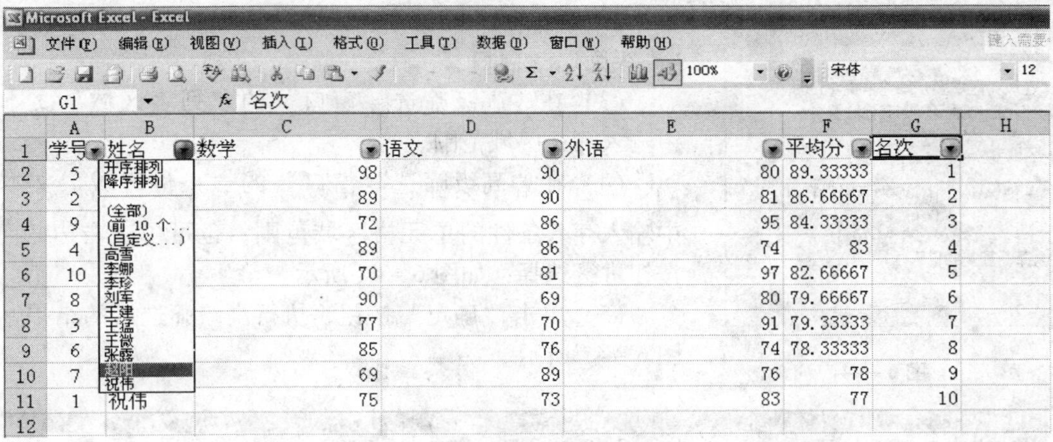

图 6 – 41

图 6 – 42

（1）在数据清单的上方或下方建立条件区域，如"数学 > 80"，"语文 > 75"，在单元格 C15 中输入"数学"，C16 单元格输入"> 80"，在 D15 单元格输入"语文 >"，D16 单元格输入"> 75"，如图 6 – 43 所示。

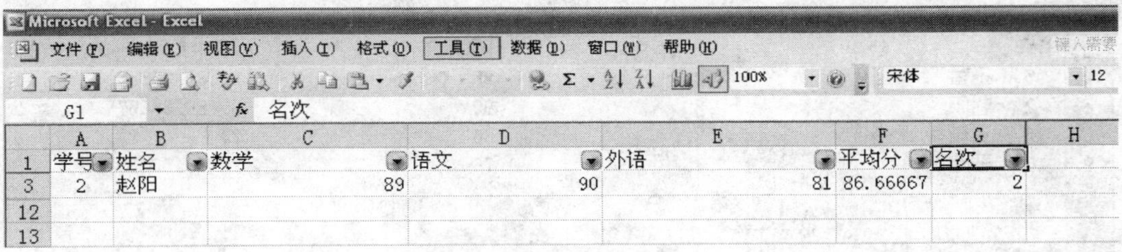

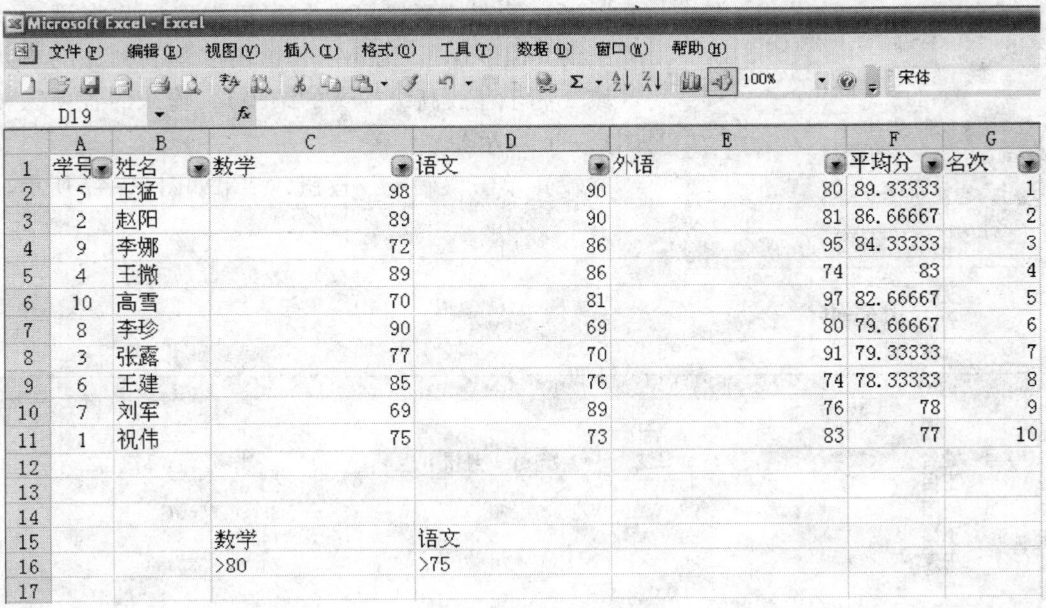

图 6 – 43

图 6－44

（2）执行"筛选"中的"高级筛选"命令，弹出"高级筛选"窗口。

（3）在"高级筛选"窗口"的"列表区域"文本框中输入筛选区域范围。

（4）在"高级筛选"窗口"的"条件区域"文本框中输入存入条件的单元格区域范围，也可单击右边的 ![button] 按钮进行选择，如图 6－44 所示。

（5）单击"确定"按钮，执行高级筛选后的结果，如图 6－45 所示。

	A	B	C	D	E	F	G
1	学号	姓名	数学	语文	外语	平均分	名次
2	5	王猛	98	90	80	89.33333	1
3	2	赵阳	89	90	81	86.66667	2
5	4	王微	89	86	74	83	4
9	6	王建	85	76	74	78.33333	8
12							
13							
14							
15			数学	语文			
16			>80	>75			
17							

图 6－45

（6）若在"高级筛选"窗口中选择"将筛选结果复制到其他位置"，则还需要给出"复制到"的单元格区域（用于存放高级筛选的结果），输入的各项区域如图 6－46 所示。

（7）单击"确定"按钮，结果如图 6－47 所示。

图 6－46

	A	B	C	D	E	F	G	H
15			数学	语文				
16			>80	>75				
17	学号	姓名	数学	语文	外语	平均分	名次	
18	5	王猛	98	90	80	89.33333	1	
19	2	赵阳	89	90	81	86.66667	2	
20	4	王微	89	86	74	83	4	
21	6	王建	85	76	74	78.33333	8	
22								

图 6－47

六、分类汇总

分类汇总是指在数据清单中快速汇总各项数据的方法。Excel 2003 中提供了分类汇总命令，通过这些命令，可直接对数据清单进行汇总。

在数据清单中执行分类汇总功能之前，首先应对数据清单中要分类汇总的项（字段）进行排序，如下例中要按"语文"汇总，则应按"语文"排序。其操作步骤如下。

1. 单击需要进行分类汇总的项（字段）。

2. 执行"数据"中的"排序"命令，结果如图 6 - 48 所示。

	A	B	C	D	E	F	G
1	学号	姓名	第一学期数学成绩	第一学期语文成绩	第一学期外语成绩	总成绩	名次
2	6	赵阳	89	90	81	260	10
3	1	王谋	98	90	80	268	9
4	3	扬言	69	89	76	234	8
5	2	李娜	72	86	95	253	6
6	7	王微	89	86	74	249	7
7	5	高雪	70	81	97	248	5
8	4	王建	85	76	74	235	4
9	8	祝伟	75	73	83	231	3
10	9	张露	77	70	91	238	2
11	10	李珍	90	69	80	239	1

图 6 - 48

3. 执行"数据"菜单中的"分类汇总"命令，弹出"分类汇总"窗口，如图 6 - 49 所示。

4. 在"分类汇总"窗口的"分类字段"列表框中，选择需分类的字段为"语文"，在"汇总方式"列表框中选择汇总的方式为"计数"，在"选定汇总项"的列表框中选择需汇总的项为"语文"。

选中"替换当前分类汇总"和"汇总结果显示在数据下方"复选框。

5. 单击"确定"按钮，结果如图 6 - 50 所示。从最后的分类汇总的结果可以看出每一个语文成绩分数段的学生人数。

图 6 - 49

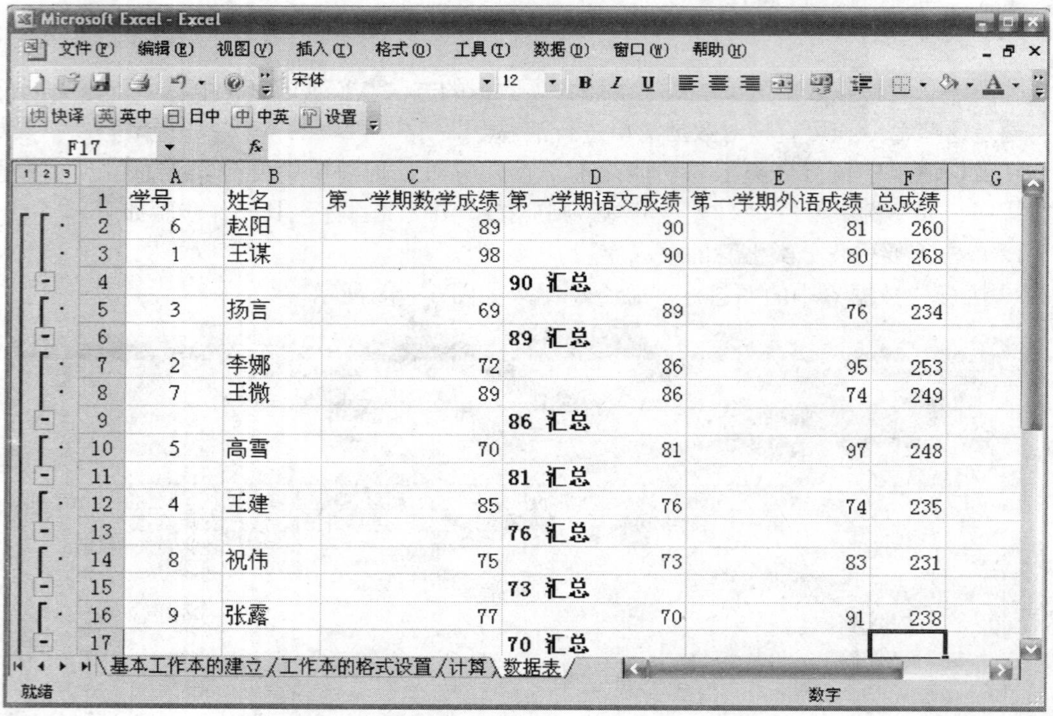

图 6 — 50

若要删除数据清单中所有分类汇总结果，应单击分类汇总窗口中的"全部删除"按钮。

注意：在工作表的左边出现了几个按钮，这些按钮是控制分级显示的。在分类汇总之后，原有的工作表显示得很大，数据显示不够清晰，这时可以利用分级显示来查看汇总数据。各分级控制按钮的作用如下。

① 按钮：只显示工作表中第一显示层。

② 按钮：只显示工作表中第二显示层。

◆ 按钮：显示工作表中明细数据。

— 按钮：隐藏工作表中明细数据。

第八节　数据管理与分析

Excel 2003 提供了强大的数据管理功能，它把工作表中的数据清单当作一个数据库，可以对它进行类似数据库的管理操作。

一、数据库使用

Excel 并不需要明确指定是否建立数据库，而是自动把一片连续的但在该连续区域内不出现空行和空列的数据区域作为一个数据库。如图 6 – 51 所示。

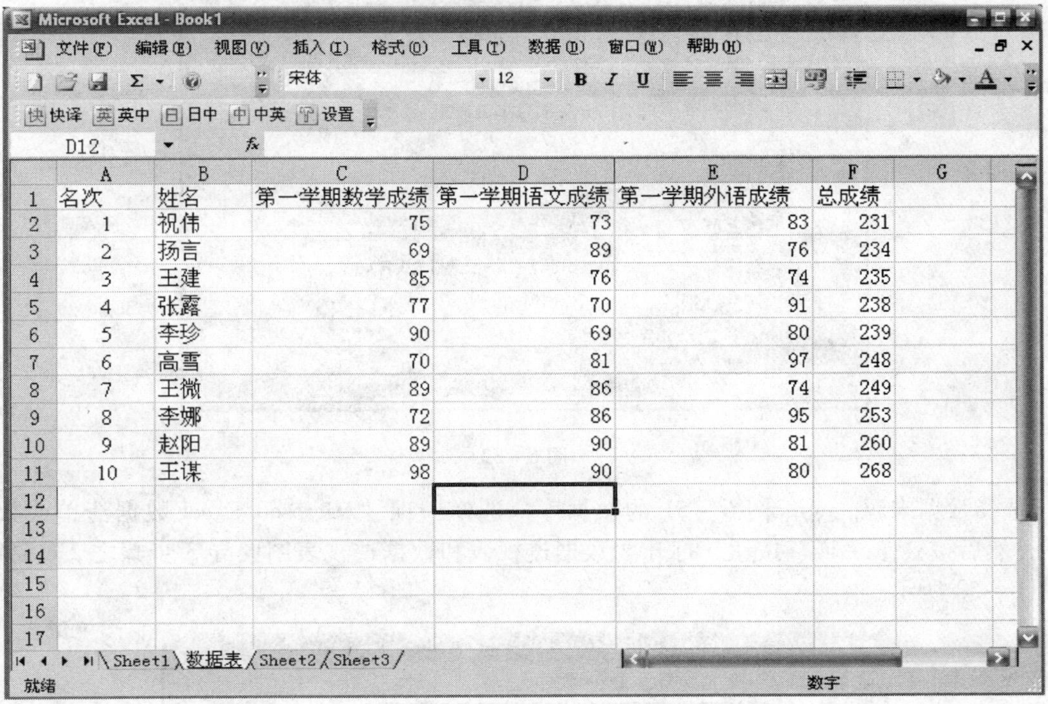

	A	B	C	D	E	F	G
1	名次	姓名	第一学期数学成绩	第一学期语文成绩	第一学期外语成绩	总成绩	
2	1	祝伟	75	73	83	231	
3	2	扬言	69	89	76	234	
4	3	王建	85	76	74	235	
5	4	张露	77	70	91	238	
6	5	李珍	90	69	80	239	
7	6	高雪	70	81	97	248	
8	7	王微	89	86	74	249	
9	8	李娜	72	86	95	253	
10	9	赵阳	89	90	81	260	
11	10	王谋	98	90	80	268	

图 6－51

其中第一行例如姓名、第一学期数学成绩、第一学期语文成绩、第一学期外语成绩和总成绩组成字段，这些字段值的一个组合就是一个记录。所有记录所占据的单元格区域就是数据库区域。也就是说数据库中的每一行数据称为一个记录，每一栏称为字段，给字段起的名字称为字段名。

建立数据库的原则

在 Excel 中建立数据库非常容易，与前面介绍的数据输入基本相似。但是，必须注意以下几项原则。

（1）在一个工作表中，最好只建立一个数据清单。

（2）在一个数据清单区域内，某个记录的某个字段值可以空白，但不能出现空白行或空白列。

（3）一个工作表内除了数据库数据外，可以有其他不属于该数据库的数据，但是数据库和其他数据之间必须至少留有一个空白行和空白列。

（4）字段名必须位于数据库区域的第一行。

二、数据透视表

利用数据透视表报告可以从不同方面对数据分类汇总。使用方法如下所述。选择“数据”菜单中的“数据透视表和图表报告”，打开“数据透视表和数据透视图向导 3 步骤之 1”，如图 6－52 所示。

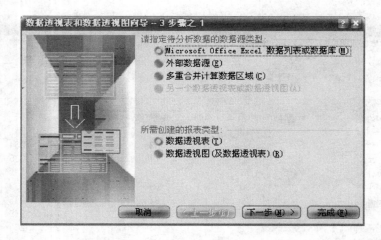

图 6－52

选择数据来源。对于图 6－51 的数据库，选择一项 "Microsoft Excel 数据清单或数据库"，然后按 "下一步" 按钮，打开 "数据透视表和数据透视表图向导 3 步骤之 2" 窗口，如图 6－53 所示。

图 6－53

在步骤 2 中选择区域，可以输入数据区域名，或单击右侧选择按钮后在工作表中选择数据区域，按 "关闭" 按钮返回，单击 "下一步"，打开 "数据透视表和数据透视表向导 3 步骤之 3" 窗口，如图 6－54 所示。

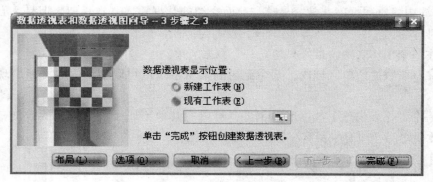

图 6－54

单击 "完成" 按钮，屏幕如图 6－55 所示。

拖动右侧 "数据透视表" 窗口中的按钮到 "页" 字段区上侧、"行" 字段区域上侧、"列" 字段区左侧及数据区上侧。如图 6－56 所示，将 "名次" 拖到 "页" 字段区，将 "姓名" 拖动到 "行" 字段区，将 "第一学期数学成绩" 拖动到 "列" 字段，将 "总成绩" 拖动到 "数据" 区，这时将按要求显示报表。

图 6－55

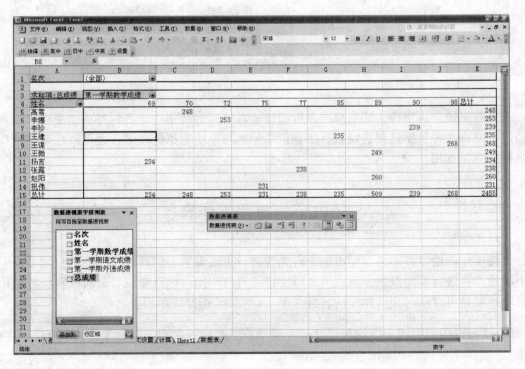

图 6－56

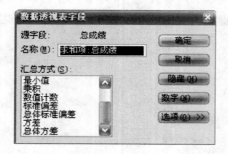

图 6 - 57

双击每个字段名按钮，打开"数据透视表字段"窗口，如图 6 - 57 所示，选择数据分类汇总的计算机方式和隐藏内容。

在图 6 - 56 的数据透视报告中：选择列字段名列表，可以得到不同成绩的各个报表，如图 6 - 58 所示。

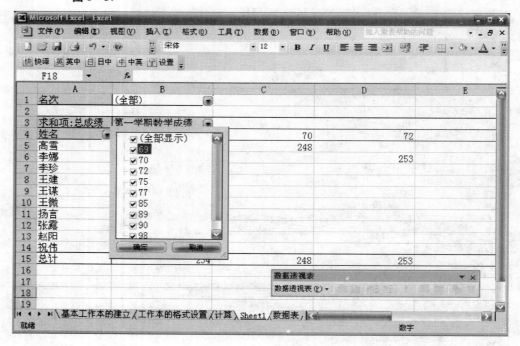

图 6 - 58

选择行字段、页字段，然后单击鼠标右键。在打开的菜单中，选择各项命令可以设置数据格式、修饰各种数据透视表设置、更新汇总结果与原始数据链接等，也可以在数据透视表工具栏中直接选用。

第九节　打印工作表

要将工作薄通过打印机打印出来，首先要进行页面设置，然后再进行预览：如果预览效果不满意，再进行页面设置，直到满意后，再进行打印操作。就是说，页面设置、打印预览和打印三者是可以随时交换操作的，且与 Word 相关操作有许多相似之处。

Excel 与打印相关的命令均在"文件"菜单同一组中，常用工具栏上还有 🖶 和 🔍 两个按钮。

一、页面设置

1. 页面

选择"文件"菜单的"页面设置"命令，弹出"页面设置"窗口。如图 6-59 所示。

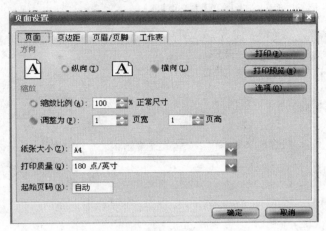

图 6-59

"页面"选项卡中有若干个区域，它们的含义是：

方向：选择纸张是横向或是纵向方向。

缩放：所选择的打印内容可以按原来尺寸打印，也可以进行缩放打印。缩放方式有两种选择，一是按比例缩放，二是按页宽和页高缩放。

纸张大小：选择不同型号纸张，如 A4、B5 等。

打印质量：选择打印分辨率，以"点"为单位。单位点数越多，打印质量越好，但打印速度越慢，使用油墨越多。

起始页码：默认时 Excel 总是要从第一页码打印，即起始页。用户也可以设置起始页所在的页码数。

2. 页边距

在上图所示的窗口中选择"页边距"选项卡，可以设置页边距。如图 6-60 所示。

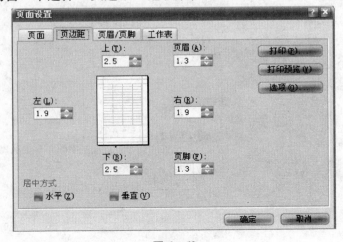

图 6-60

页边距指打印内容与纸张边缘之间的距离。通过该窗口，我们能十分方便地调整上下左右4个边距。还可以设置工作表在打印纸中居中的方式，包括水平居中和垂直居中两种方式。

3. 页眉和页脚

在上图所示的窗口中选择"页眉/页脚"选项卡，可以设置打印页面的页眉和页脚。如图6-61所示通过下栏列表可以选择页眉或页脚。

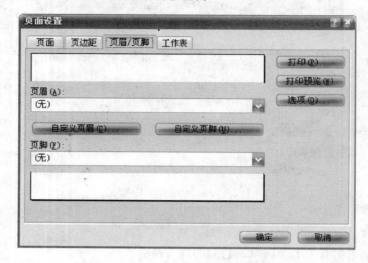

图6-61

4. 工作表选择

在进行页面设置时，可以选择一个工作表，也可以选择多个工作表。如果要选择多个工作表一起进行页面设置，按住Ctrl键的同时再分别单击工作表，此后再进行页面设置是对所选择的工作表进行的。

5. 工作表选项

在"页面设置"窗口的"工作表"选项中，可以对工作表的打印项进行选择。如图6-62所示。

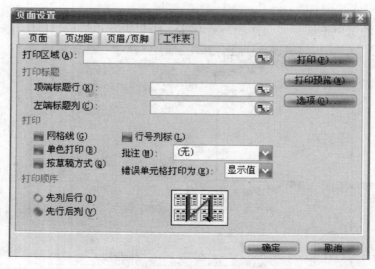

图6-62

该选项卡各选项的含义是：

打印区域：在打印工作表时，可以打印整个工作表，这是默认设置，也可以选择其中的一部分进行打印。单击位于文本框右边的"压缩对话框"按钮 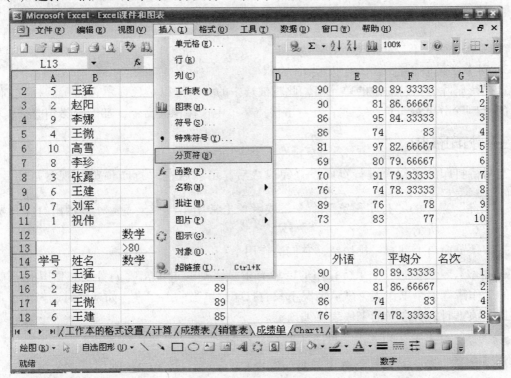 使对话框暂时移开，以便选择工作表中的区域，选择完毕后再单击此按钮，对话框恢复。

打印标题：当要打印的工作表超过一页的高度或宽度，就需要用多页来打印它们，此时如果希望每一项第一行或左端第一列有相同的标题，使用上述方法可以选择一行或一列分别作为"顶端标题行"或"左端标题列"。

打印：4 个复选项和一个列表框的含义很容易理解。

打印顺序：当一个工作表要用多页打印时，其打印顺序有两种方法供选择。

注意：当选择多个工作表时，"打印区域"和"打印标题"不可用。选择打印工作区域也可以通过"文件"菜单的"打印区域"选项进行。

二、人工分页

Excel 能根据工作表内容和纸张大小、边距等进行自动分页，当前页如果不能放置新的内容，Excel 会给出新的一页。也可以使用人工方法分页。

1. 插入分页符

按下列操作插入分页符。如图 6 - 63 所示。

（1）选择工作表中某单元格，使该单元格成为新页面的左上单元格。这同时也使工作表分成 4 页。如果只希望分成上下左右或左右两页，分别选择行号或列标即可。

（2）选择"插入"菜单的"分页符"命令，则分页符插入到工作表中。

图 6 - 63

2. 调整分页

当插入分页符后，会有虚线显示。还可以选择"视图"菜单的"分页预览"命令，查看分页的情况。如图 6 –64 所示。通过鼠标拖移分页符，还可以调整分页。

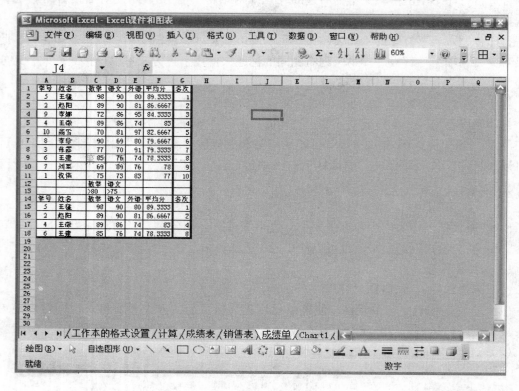

图 6 –64

3. 删除分页符

选择待删除分页符右边的单元格，此时被选中的分页符以黄色显示；然后选择"插入"菜单的"删除分页符"命令，或者在右击快捷菜单中选择相关命令，都能删除相应分页符。

三、打印预览

当对待打印的工作表进行页面设置完成之后，可以通过"打印预览"观察打印效果。

使用"文件"菜单的"打印预览"命令，或者单击常用工具栏上 🔍 ，显示出打印预览窗口。如图 6 –65 所示。

打印预览窗口上部有一排按钮，它们的作用是：

下一页(N)、上一页(P)：如果待打印的区域有多页，则通过单击它们分别查看其他页。当打开的工作簿有多个工作表，默认情况下只有打印预览当前工作表，如果同时选择多个工作表，打印预览时，所选择的工作表将被预览。

缩放(Z)：单击缩放并不影响打印效果。

打印(T)...：单击该按钮会弹出"打印"窗口。

设置(S)...：单击该按钮会弹出"页面设置"窗口，对预览效果不满意处再予调整。

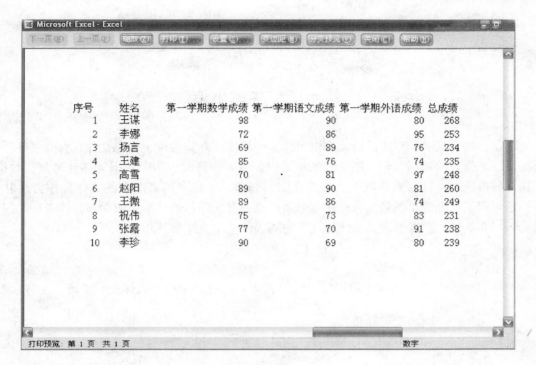

图 6－65

页边距(M)：单击它以显示或隐藏控制柄，拖动这些控制柄可以改变页边距、页眉页脚边距及列宽。如图 6－66 所示。

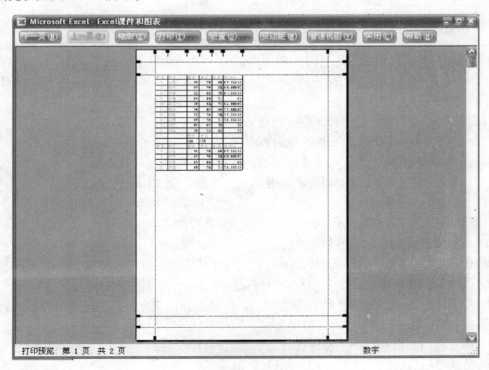

图 6－66

分页预览(V)：单击该按钮会切换到"分页预览"视图。

关闭(C)：单击该按钮，关闭打印预览窗口，返回到 Excel 主窗口。

第十节　本章小结

本章介绍了 Excel 2003 的启动和退出、工作界面、新建文件、保存文件、打开文件、关闭文件、工作表的基础知识、图表的基本知识，输入、修改与删除数据、移动与复制数据、查找与替换数据，行与列的调整。重点介绍了创建、修饰和编辑图表的具体操作方法和技巧，还介绍了数据清单的建立与排序、分类汇总的方法等。通过本章的学习，读者应掌握使用 Excel 2003 进行数据管理、格式化文本与图表的基本方法和技巧。

（黑龙江省计算中心　武怀金　丁雨　赵静）

第十一节　练　习

一、填空题

1. Excel 2003 的窗口主要由 _____、_____、_____、_____、_____以及状态栏等组成。

2. Excel 2003 主界面的菜单中包括 9 个菜单项，它提供了几乎所有的命令。包括 _____、_____、_____、_____、_____、_____、_____和帮助。

3. Excel 2003 有两具工具栏，一个是_____工具栏，另一个是_____工具栏。

4. 状态栏是_____。

5. 选择多张工作表分两种情况：一种是_____；另一种是_____。

6. 在一般情况下，工作簿默认工作表数量为_____。

7. 若要将工作簿窗口还原回整屏幕显示，可单击工作簿窗口右上角的_____。

8. 常量是可以直接输入到单元格中的数据，可以是数值，包括 _____、_____、_____、_____、_____科学记数等；也可以是文字。

9. 删除行后，下面的各行依次_____移一行。

10. 列删除后，所有的后继列依次_____移一列。

11. 在选定单元格或区域后，按_____键为清除单元格或区域内容。

12. 设置行高和列宽的方法有两种，一种是_____；另一种是_____。

13. 当选择"活动单元格下移"单选项时，在插入空白单元格后，原来单元格的内容依次_____移动。

14. 如要将当前数据以货币形式进行显示应当执行_____。

15. 格式可以进行_____和_____。

16. 在 Excel 2003 的"图表向导"中，共列出了_____种图表类型，用户可根据需要从中选择最合适的图表类型，以最有效的方式展现工作表的数据。

17. 在"图表向导"的第＿＿＿＿步，选择图片类型后，单击"完成"按钮，即可快速创建默认图表。

18. 如果要将数据清单中满足条件的记录显示出来，而将不满足条件的记录暂时隐藏，可以使用＿＿＿＿命令。

19. 筛选数据的方法有两种，分别是＿＿＿＿、＿＿＿＿。

20. 当选择"活动单元格下移"单选项时，在插入空白单元格后，原来单元格的内容依次＿＿＿＿。

二、选择题

1. 一个通常的 Excel 文件就是（　　），它是用来计算和存储数据的。
A. 一个工作表
B. 一个工作表和一个统计图
C. 一个工作簿
D. 若干个工作簿

2. 一个工作表中的第 28 列列标为（　　）。
A. 28　　　　　　B. R28　　　　　　C. C28　　　　　　D. AB

3. 在 Excel 主窗口中（　　）。
A. 只能打开一个工作簿
B. 只能打开一个工作簿，但可以用多个窗口显示其中的各个工作表
C. 可以打开多个工作簿，而且可以同时显示它们的内容
D. 可以打开多个工作簿，但同时只能显示其中一个工作簿的内容

4. 当使用鼠标拖动的方法把一个单元格复制到其他相邻的单元格时，应当首先把鼠标光标指向（　　）。
A. 该单元格内部，然后按 Ctrl 键拖动
B. 该单元格的边框，然后按住 Ctrl 键拖动
C. 该单元格的边框，然后拖动
D. 该单元格边框的右下角的控制点，然后拖动

5. 在 Excel 工作表中可以智能填充数据，具体操作方法是先填入第一个数据，然后（　　）。
A. 用鼠标指向该单元格，按下左键开始拖动
B. 用鼠标指向该单元格，按住 Ctrl 键后再按下左键开始拖动
C. 用鼠标指向该单元格边框右下角的"填充柄"，按下左键开始拖动
D. 用鼠标指向该单元格边框右下角的"填充柄"，按住 Alt 键后再按下左键开始拖动

6. 在 Excel 中，函数 SUM（A1：B4）的功能是（　　）。
A. 计算 A1 + B4
B. 计算 A1 + A2 + A3 + A4 + B1 + B2 + B3 + B4
C. 按行计算 A 列 B 行之和
D. 按列计算 1、2、3、4 行之和

7. 在"记录单"对话框中，无法进行（　　）。
A. 添加记录的操作
B. 删除记录的操作
C. 改写记录的操作
D. 查找记录的操作

8. "数据"菜单中的"排序"命令对数据列表的默认操作过程是（　　）。
A. 整列数据在数据列表中左右列

   B. 整列数据在数据列表中上下移动

   C. 指定字段中各个数据项上下移动

   D. 指定记录中各个数据项左右移动

9. 在 Excel 的"排序"命令对话框中有 3 个关键字输入框，其中（　　）。

   A. 3 个关键字都必须指定

   B. 3 个关键字可任意指定

   C. 主要关键字必须指定

   D. 主要关键字和次要关键字必须指定

10. 数据列表的筛选操作是（　　）。

   A. 按指定条件保留若干记录，其余记录被删除

   B. 按指定条件保留若干字段，其余字段被删除

   C. 按指定条件显示若干记录，其余记录被隐藏

   D. 指定条件显示若干字段，其余字段被隐藏

三、简答题

1. Excel 2003 的新增功能有哪些？

2. Excel 2003 的工作界面由哪几部分组成？各部分的作用是什么？

3. Excel 2003 启动和退出的操作方法有哪些？

4. 选择多张工作表的操作步骤有哪些？

5. 给工作表标签添加颜色的操作步骤有哪些？

6. 如何插入一张工作表？

7. 如何移动、复制工作表？

8. 如何拆分和冻结工作表？

9. 输入特殊字符的操作步骤有哪些？

10. 输入当前日期和时间的操作步骤有哪些？

11. 查找单元格、替换单元格的操作步骤有哪些？

12. 设置单元格字体、颜色的操作步骤有哪些？

13. 设置单元格数字格式的操作步骤有哪些？

14. 自动套用格式的操作步骤有哪些？

15. 在 Excel 2003 中提供了哪几种类型的图表类型，其基本用途如何？

16. 怎样在工作表中创建图表？如何在工作表中设置出三维图形效果？

17. 什么是数据清单？

18. 什么是排序，Excel 提供了哪些排序方法？

19. 如何在一张工作表中查找某个关键字？如何替换某关键字？

20. 什么是单元格？它的地址是如何定义的？什么是活动单元格？

四、上机练习

1. 练习 Excel 2003 的启动和退出。

2. 新建一张工作表，命名后保存此工作表。

3. 打开新建工作表。

4. 利用 Excel 2003 制作一张工作表。

5. 练习插入、删除工作表。

6. 移动、复制工作表。

7. 冻结和拆分工作表。

8. 打开新建的工作簿，并完成一张工作表的数据录入。

9. 利用 Excel 制作一张通讯录，通讯录要求有姓名、部门名称、办公电话、住宅电话、移动电话、QQ 号码、电子邮件等项目。

10. 练习复制数据、删除数据，查找数据。

11. 创建一份市场销售季度工作表，为销售创建销售图表，以显示市场销售趋势。

第七章 PowerPoint 2003 基本应用

本章要点

Microsoft Office PowerPoint 2003 是一种演示文稿图形程序，文件扩展名为 ppt。Power Point 是功能强大的演示文稿制作和放映软件。它增强了多媒体支持功能，利用 Power Point 制作的文稿，可以通过不同的方式播放，如使用幻灯片机或投影仪播放，可以将您的演示文稿保存到光盘中以进行分发，也可将演示文稿打印成一页一页的幻灯文稿，在幻灯片放映过程中可以播放音频流或视频流。PowerPoint 2003 对用户界面进行了改进并增强了对智能标记的支持，可以更加便捷地查看和创建高品质的演示文稿。

本章内容

➢ 认识 PowerPoint 2003
➢ 幻灯片的基本操作
➢ 管理幻灯片
➢ 编排内容
➢ 幻灯片的格式设置
➢ 放映幻灯片
➢ 配色方案
➢ 幻灯片母版
➢ 打印输出

第一节 认识 PowerPoint 2003

PowerPoint 2003 具有开放、充满活力的新外观及全新的、经过改进的任务窗格。特别是新增的幻灯片放映导航工具以及幻灯片放映墨迹注释，为初学者提供了极大的方便。

一、PowerPoint 2003 工作环境

PowerPoint 2003 同 Word 2003、Excel 2003 的工作环境类似，窗口由标题栏、菜单栏、工具栏和状态栏等部分组成。工具栏与状态栏之间有 3 个窗格，其中 [大纲] 窗格用于编排和查看演示文稿的大纲；[幻灯片] 窗格用于编排和查看当前幻灯片的内容；[备注] 窗格用于为当前幻灯片添加备注。备注是对幻灯片的内容进行补充说明，演讲者可以在演讲过程中随时查看备注。3 个视图切换按扭用于切换演示文稿的查看方式。

二、启动 PowerPoint 2003

启动 PowerPoint 2003 的操作步骤如下。

1. 单击"开始"按钮。

2. 在弹出的菜单中执行"程序—Microsoft Office—Microsoft Office PowerPoint 2003"命令，启动 PowerPoint 2003，如图 7 − 1 所示。

注意：如果在桌面上创建了 PowerPoint 2003 快捷方式，直接用鼠标左键双击快捷图标即可启动 PowerPoint 2003 程序窗口。

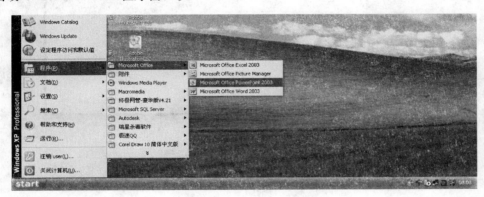

图 7 −1

三、退出 PowerPoint 2003

退出 PowerPoint 2003 的常用方法如下。

方法一：单击 PowerPoint 2003 窗口中右上角的关闭按钮。

方法二：双击窗口左侧的控制菜单图标。

方法三：按"Alt + F4"组合键。

方法四：执行"文件"菜单中的"退出"命令。

在退出 PowerPoint 2003 之前，所编辑的文稿如果没有保存，系统会弹出提示保存的对话框，如图 7 −2 所示。

图 7 −2

单击"是"按钮，保存对文稿的修改并退出 PowerPoint 2003，单击"否"按钮，不保存对文稿的修改并退出 PowerPoint 2003，单击"取消"按钮，返回 PowerPoint 2003 继续编辑文档。

四、PowerPoint 2003 工作界面

启动 PowerPoint 2003 后出现如图 7 −3 所示的窗口界面。

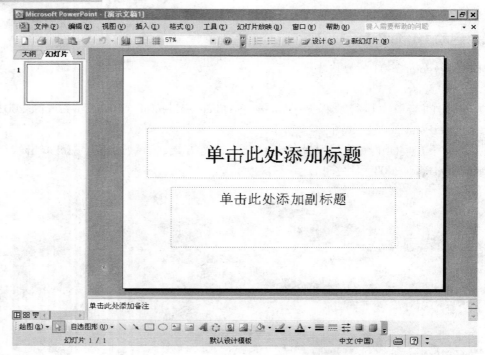

图 7－3

PowerPoint 2003 的界面增加了一些新选项，可以让用户操作更方便。PowerPoint 2003 窗口主要包括标题栏、菜单栏、工具栏、任务窗格、文档编辑区以及状态栏等部分。

第二节　PowerPoint 演示文稿的基本操作

一、创建演示文稿

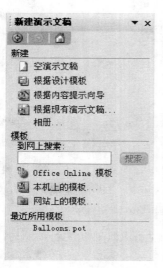

图 7－4

如果要创建演示文稿，可以单击［文件］菜单—［新建］命令—［空白文档］，在弹出的窗口中单击"空演示文稿"。如图 7－4 所示。

二、使用向导创建演示文稿

PowerPoint "内容提示向导"可以引导用户从多种预设内容的模板中进行选择，并根据用户的选择自动生成一系列幻灯片，还为演示文稿提供了建议、开始文字、格式以及组织结构等信息。

使用"内容提示向导"的操作步骤是：

1. 在"新建演示文稿"任务窗格中单击"根据内容提示向导"链接，即可启动内容提示向导，弹出如图 7－5 所示的"内容提示向导"第一个对话框。

2. 单击"下一步"按钮，弹出"内容提示向导"的第二个对话框，如图 7－6 所示。

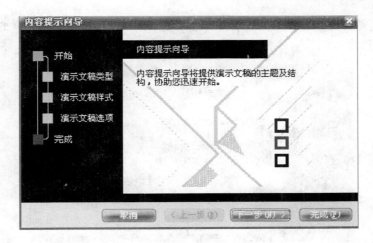

图 7 – 5

图 7 – 6

3. 选择一种演示文稿类型并单击"下一步"按钮，如图 7 – 7 所示。在此对话框中，可以选择演示文稿的输出类型。

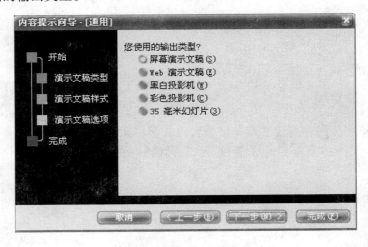

图 7 – 7

4. 选择演示文稿输出类型并单击"下一步"按钮后，弹出如图 7-8 所示的"内容提示向导"第四个对话框，在该对话框中可填写演示文稿的一些选项，如标题、页脚等。

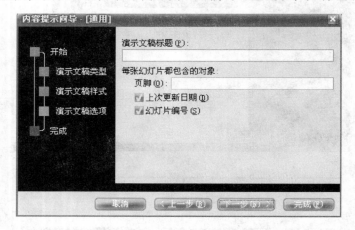

图 7-8

5. 单击"下一步"按钮，弹出"内容提示向导"的最后一个对话框，如图 7-9 所示。

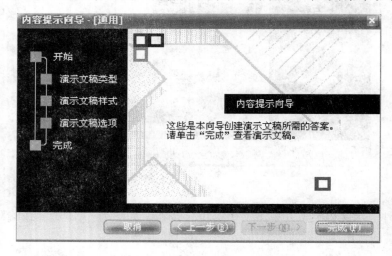

图 7-9

6. 单击"完成"按钮，便根据用户所作的选择建立一组基本的幻灯片，并将演示文稿显示在普通视图中，效果如图 7-10 所示。

三、保存演示文稿

保存演示文稿用于保存新建立或是已编辑过的演示文稿。

操作步骤：[文件] 菜单—[保存] 命令，弹出 [另存为] 窗口，单击"保存"按钮，如图 7-11 所示。

四、关闭演示文稿

关闭演示文稿用于关闭当前的演示文稿。

操作步骤：执行 [文件] 菜单—[关闭] 命令。

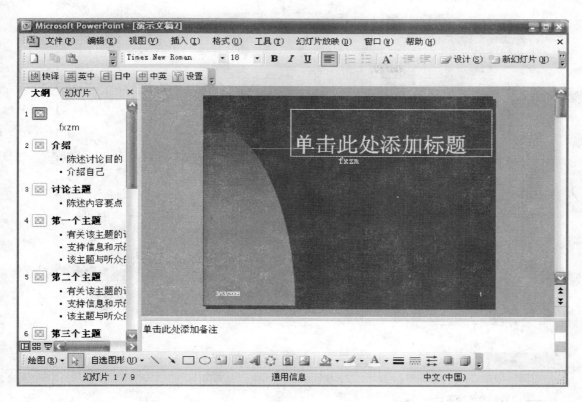

图 7 – 10

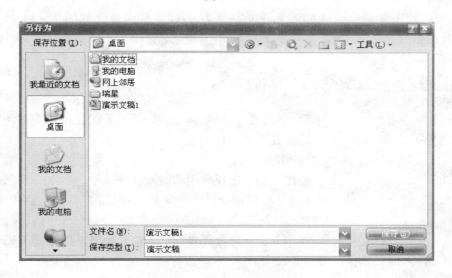

图 7 – 11

五、打开演示文稿

打开演示文稿用于打开已存在的演示文稿。

操作步骤：执行 [文件] 菜单—[打开] 命令，弹出 7 – 12 所示窗口，选择要打开的文件，单击"打开"命令。

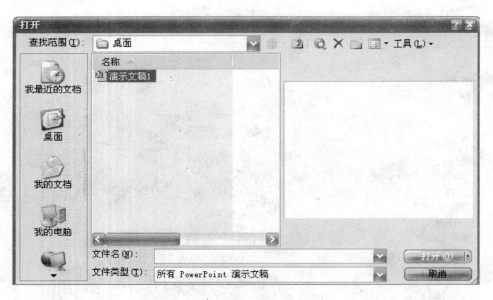

图 7 - 12

第三节　管理幻灯片

一、创建幻灯片

创建幻灯片步骤：单击［插入］菜单—［新幻灯片］命令，如图 7 - 13 所示，单击"新幻灯片命令"。

图 7 - 13

二、移动、剪切、删除幻灯片

1. 移动幻灯片

操作方法：选择要移动的幻灯片，按住鼠标左键不放，拖动到合适位置。

2. 删除幻灯片

操作方法：选择要删除的幻灯片序号，单击［编辑］菜单—［删除幻灯片］命令。

3. 复制幻灯片

操作方法：选择要复制的幻灯片序号，单击［编辑］菜单—［复制］命令。

快捷键 Ctrl + C。

4. 剪切幻灯片

操作方法：选择要剪切的幻灯片序号，单击［编辑］菜单—［剪切］命令。

快捷键 Ctrl + X。

5. 粘贴幻灯片

操作方法：找到要粘贴幻灯片的位置，单击［编辑］菜单—

［粘贴］命令。

快捷键 Ctrl + V。

第四节　幻灯片编排

可以在 PowerPoint 2003 制作的幻灯片中输入文本、插入图片、表格、艺术字和图表等，这些内容的编排是制作幻灯片的最基本内容。

一、为幻灯片输入内容

不论以何种方式新建幻灯片文稿，制作过程才刚刚迈出了第一步，需要根据幻灯片的格式输入相应的内容。在 PowerPoint 中添加文字与在 Word、Excel 应用程序中添加文字不同，它不能直接在幻灯片上添加文字，而只能借助自选图形和文本框等进行，在它上面输入文字非常简单，只需要在提示处单击文本框将出现一个闪烁的光标，然后便可输入文本内容了。如图 7 – 14 所示。

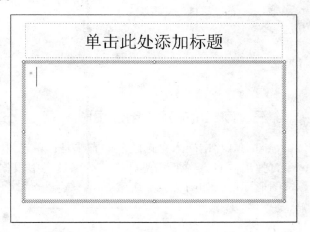

图 7 – 14

二、为幻灯片插入图形及相关对象

要想制作的幻灯片更加漂亮，仅在幻灯片上设置各种文字的格式是不够的。为此，PowerPoint 2003 提供了各种各样的艺术字。在幻灯片中插入这些艺术字的方法是：单击［插入］菜单—［图片］—［艺术字］命令，弹出［艺术字］窗口，如图 7 – 15 所示，选择一种"艺术字"的样式，单击"确定"按钮，弹出如图 7 – 16 所示的窗口，在其直接输入文本，单击"确定"按钮。

图 7 – 15

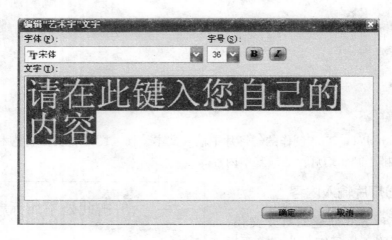

图 7-16

三、向幻片中插入自选图形

向幻灯片中插入自选图形的方法是：单击［插入］菜单—［图片］—［自选图形］命令，弹出［自选图形］工具栏，在工具栏中根据需要选择图形，然后在幻灯片中拖拉出所选图形即可，如图 7-17 所示。

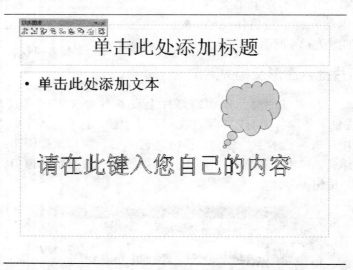

图 7-17

四、向幻灯片中插入剪贴画

向幻灯片中插入剪贴画的方法是：单击［插入］菜单—［图片］—［剪贴画］命令，

弹出［剪贴画］对窗口，在此选择剪贴画，单击 将剪贴画插入当前文档内，如图 7-18和7-19 所示。

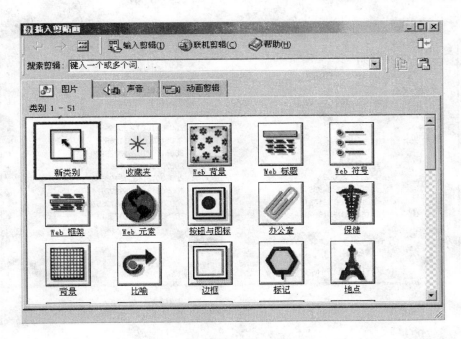

图 7 – 18

图 7 – 19

五、向幻灯片中插入图片

单击［插入］菜单—［图片］—［来自文件］命令，弹出［来自文件］对话框，选择要插入的图片，单击"插入"按钮，如图 7 – 20 所示。

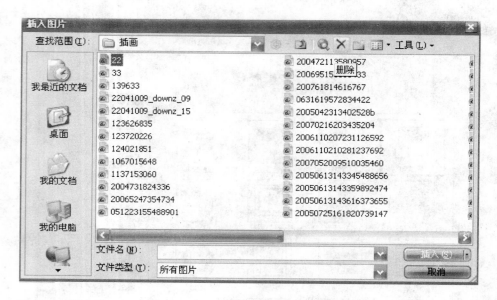

图 7 - 20

六、向幻灯片中插入影片和声音

通过"插入"菜单的"影片和声音"选项，可以插入剪辑库中的影片和声音、文件中的影片和声音，还可以插入 CD 乐曲。插入剪辑中的影片和声音与插入剪辑库中的图片相似，这里只介绍插入文件中的影片和声音。

1. 插入影片

PowerPoint 支持的动画、视频、声音文件都可以插入到演示文稿中。

选择或新建一个幻灯片，选择"插入"菜单的"影片和声音"项中的"文件中的影片"命令，弹出"插入影片"窗口。

在窗口中，通过"查找范围"框找到存放影片的文件夹，"文件类型"栏中显示"影片文件"，则窗口中即为 PowerPoint 2003 所支持的影片文件。从中选择一个文件单击"确定"，则所选影片即插入到当前幻灯片中。

2. 影片设置

将影片插入幻灯片中时，影片处于选择状态，即周围有 8 个控制点。拖动 8 个控点之一能改变影片大小，拖动黑色方框可以改变位置。双击还能预览播放效果，预览时再单击其他处，则停止预览。

右击影片，在快捷菜单中选择"编辑影碟机片对象"命令，显示"影片选项"对话框。

3. 插入声音

插入文件中的声音操作与插入文件中的影片操作相同。插入声音之后，幻灯片上会有一个小喇叭图标，双击它能预听声音效果。

4. 插入播放器

有些影片和声音是 PowerPoint 2003 所不支持的，但有专业播放器支持它们，就可以将播放器插入幻灯片中。

七、向幻灯片中插入图表

单击［插入］菜单—［图片］—［图表］命令，弹出如图 7 – 21 所示的窗口，可以即时更改当前"数据表"中的内容。

八、向幻灯片中插入表格

在一个幻灯片中插入表格的步骤是，单击［常用］工具栏上的［插入表格］按钮，显示 4 行＊5 列，释放鼠标，插入表格就完成了，如图 7 – 22 和图 7 – 23 所示。

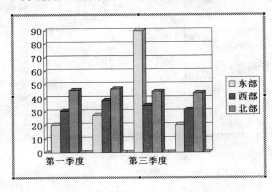

图 7 – 21

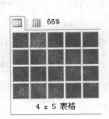

图 7 – 22

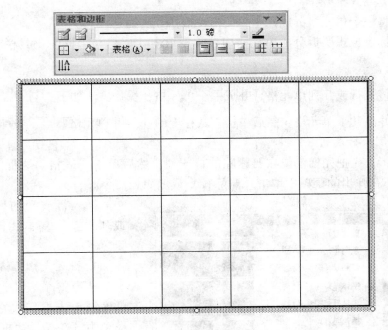

图 7 – 23

1. 调整行高列宽

调整行高列宽的操作方法：将鼠标移到单元格的竖格线上时，光标会变成双箭头形状，按下鼠标拖动网格线到适当的位置。如图 7 – 24 所示。用同样的操作方法处理行高到适当大小。

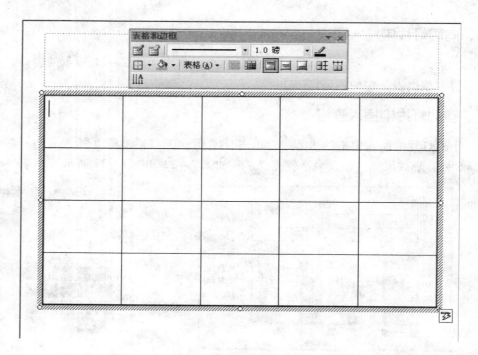

图 7 – 24

2. 拆分、合并单元格

拆分就是将一个单元格拆成几个单元格，操作方法如下。

首先将光标定位想要拆分的单元格内，然后单击［表格与边框］工具栏上的［拆分单元格］ 按钮。

合并就是将几行或几列单元格合并成一个单元格，操作方法如下。

选中要合并的几个单元格，然后单击工具栏上的［合并单元格］ 按钮。

3. 插入、删除行或列

操作方法：首先把光标定位在要删除的行或列，然后单击［表格与边框］工具栏的上［表格］按钮，在弹出的菜单中单击［删除行］或删除列命令。

插入行或列的操作与删除行或列的操作基本相同，这里就不重复了。

4. 设置表格的格式

选中整个表格，然后在选中的区域单击右键，在弹出的快捷菜单中，选择［边框和填充］，打开如图 7 – 25 所示的［设置表格格式的对话框］，就可以对其表格进行设置。

图 7 – 25

第五节　幻灯片格式设置

一、幻灯片设计

幻灯片设计是将指定的模板应用到当前的演示文稿中。

操作步骤：单击［格式］菜单—［幻灯片设计］命令，弹出如图7－26所示窗口。

二、幻灯片背景

幻灯片背景是用于设置当前幻灯片的背景颜色、填充效果等。

操作步骤：单击［格式］菜单—［背景］命令，如图7－27所示。

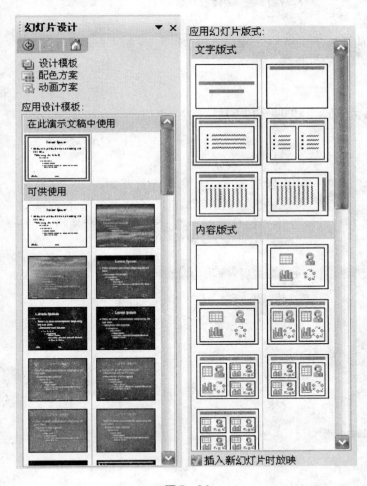

图7－26

图7－27

三、幻灯片文字格式设置

用于设置幻灯片的字体样式、字体效果、字体颜色、字号大小等。

操作步骤：单击［格式］菜单—［字体］命令，如图7－28所示。

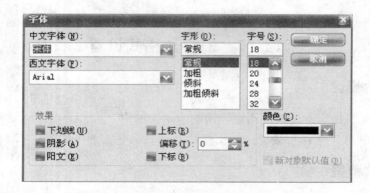

图 7 - 28

四、幻灯片版式设计

将指定的幻灯片版式应用到当前的演示文稿中。

操作步骤：单击［格式］菜单—［幻灯片版式］命令。

第六节 放映幻灯片

一、设置幻灯片放映方式

操作步骤：选择［幻灯片放映］菜单—［设置放映方式］命令，打开如图 7 - 29 所示的"设置放映方式"窗口。在［放映类型］一栏中选"演讲者放映（全屏幕）"，在放映幻灯片一栏中选择"全部"。如果需要循环放映，将"循环放映，按 ESC 键终止"选项选中，最后单击"确定"按钮即可。

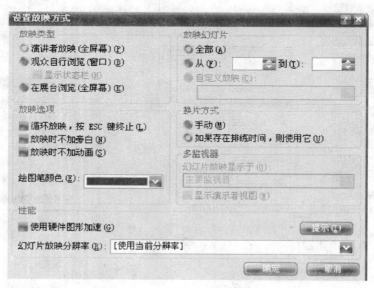

图 7 - 29

二、自定义动画

给幻灯片增加动画的操作步骤：选择［幻灯片放映］菜单—［自定义动画］命令，弹出如图 7 – 30 所示窗口。

在幻灯片上选择要设置动画的对象，将光标定位在下边的文本框内，此时窗格上的［添加效果］按钮变为可用，单击［添加效果］按钮，进入自定义动画设置状态，可以选择适合需要的动画进行设置，如图 7 – 31 所示。

三、切换幻灯片

切换幻灯片的操作步骤：选择［幻灯片放映］菜单—［幻灯片切换］命令，弹出如图 7 – 32 所示任务窗格，在"应用于所选幻灯片"中选择其相应的选项即可。

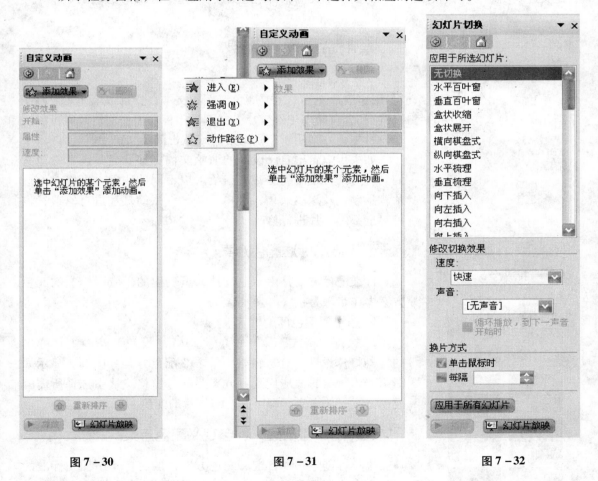

图 7 – 30　　　　　　　　图 7 – 31　　　　　　　　图 7 – 32

四、排练计时

作为演示文稿的制作者，在公共场合演示时需要掌握好演示时间，为此我们需要测定幻灯片放映时停留时间，排练计时的操作方法如下。

选择［幻灯片放映］菜单—［排练计时］命令，系统切换到放映模式，显示［预演］对话框，并开始计算当前幻灯片的排练时间，时间单位为秒。单击［下一项］按钮则切换到下一张幻灯片。

五、添加声音

在幻灯片中添加已经录制好的声音、影片和 CD 乐曲等于给它赋予了全新的生命力，能达到很好的视听效果，添加声音的操作方法如下：

选择［插入］菜单—［影片和声音］命令，从子菜单中选择相关选项，就可以在幻灯片中插入相应的声音了。

六、自定义放映

有时候，为了满足不同的要求，需要不同的幻灯片放映顺序，为此 PowerPoint 2003 提供了自定义放映功能，就是根据已经做好的演示文稿，自己定义放映哪些幻灯片，放映的顺序等。

第七节　配色方案

配色方案由 8 种颜色组成，用作演示文稿的主要颜色，例如文本、背景、填充、强调文字所用的颜色，方案中的每种颜色都会自动用于幻灯片上的不同组件，制作幻灯片时可以挑选一种配色方案用于个别幻灯片或整份演示文稿中。

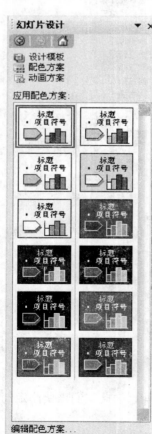

图 7－33

如果用户希望自己设计的演示文稿更加漂亮，或者希望它们具有另一种不同的外观，或给人以不同的印象，可修改幻灯片背景颜色及深浅效果，用户可对某一张幻灯片进行修改，也可对全部幻灯片进行修改。

一、应用标准配色方案

标准配色方案是由专业设计人员创建的，应用标准的配色方案操作步骤是：

1. 选定需配色的幻灯片。

2. 执行"格式"菜单中的"幻灯片设计"命令，在弹出的"幻灯片设计"任务窗格中单击"配色方案"图标，显示如图 7－33 所示的"应用配色方案"任务窗格。从中选择所需的配色方案，单击方案即可改变幻灯片的配色。

二、用户可创建一种自定义配色方案

用户可创建一种自定义配色方案，然后将其添加到标准的配色方案中，利用这种方法可定义演示文稿中的各个颜色元素。操作步骤如下。

1. 单击"配色方案"中的"编辑配色方案"，在弹出的"编辑配色方案"窗口中单击"自定义"选项卡，切换到如图 7－34 所示的窗口。

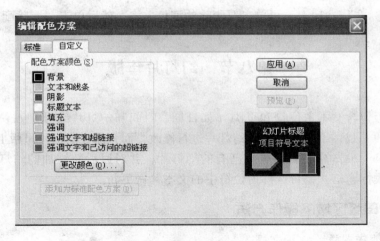

图 7 – 34

2. 选择"背景"选项，然后单击"更改颜色"按钮，选取自己喜欢的背景颜色，如湖水蓝。

3. 选择"文本和线条"选项，然后单击"更改颜色"按钮，选取自己喜欢的文本和线条颜色，如橙色。

4. 单击"添加为标准配色方案"和"应用"按钮。PowerPoint 2003 将自定义的配色方案保存在应用配色方案中。

三、修改配色方案

操作步骤：

1. 在"格式"工具栏上，单击"设计"按钮，然后在任务窗格中单击"配色方案"。

2. 选择"幻灯片"选项卡上的幻灯片。

3. 在任务窗格的底部，单击"编辑配色方案"。

4. 在"自定义"选项卡的"配色方案颜色"下，单击要更改的第一种颜色，再单击"确定"按钮。

5. 执行下列操作之一：

在"标准"选项卡的调色板上，单击所需的颜色，再单击"确定"按钮。在"自定义"选项卡的调色板上，拖动十字光标选择颜色，拖动滚动条调整亮度，再单击"确定"按钮。

6. 为要更改的每种颜色重复步骤（4）和（5）的操作。

7. 单击"应用"按钮。

四、删除配色方案

1. 在"格式"工具栏上，单击"设计"按钮，然后在任务窗格中单击"配色方案"。

2. 在"幻灯片"选项卡上，单击幻灯片以显示任务窗格中的配色方案。

3. 如果在演示文稿中应用了多个设计模板，并且希望看到所有的可用配色方案，可按住 Ctrl 键并单击每个设计组的幻灯片。

4. 在任务栏的底部，单击"编辑配色方案"。

5. 单击"标准"选项卡，再单击要删除的配色方案，然后单击"删除配色方案"。

第八节　幻灯片母版

幻灯片母版包含文本占位符和页脚（如日期、时间和幻灯片编号）占位符，如果要修改多张幻灯片的外观，不必对每一张幻灯片进行修改，而只需在幻灯片母版上做一次修改即可。在 PowerPoint 2003 中将自动更新已有的幻灯片，并对以后新添加的幻灯片应用这些更改。如果要更改标题格式，可选择占位符中的文本并做更新。

一、编辑母版区域的操作方法

1. 打开"熊猫翠竹"演示文稿。

2. 按住 Shift 键不放，然后单击视图左下角位置上的"普通视图"按钮，显示幻灯片母版视图，页脚、日期和时间、数字幻灯片编号均在默认位置上出现，结果如图 7 - 35 所示。

图 7 - 35

3. 单击幻灯片左下角的日期区边界，按 Delete 键则删除日期区。

4. 单击幻灯片底端位置上的页脚区边界，出现虚线框。

5. 按住 Shift 键不放，然后拖动鼠标使页脚区水平左移，结果如图 7 - 36 所示。如果按住 Shift 键，同时拖动 PowerPoint 2003 对象可限制其于水平或垂直方向上移动。

6. 单击幻灯片中的空白区域，虚框线消失。

图 7 – 36

二、设置母版文本属性

1. 单击如图 7 – 37 所示的页脚区，出现虚线框。

图 7 – 37

2. 可在"常用"工具栏修改字体、字号、颜色、字形等的下拉列表框中选择字体类型。例如：选中"隶书"类型等。

3. 输入页码后，单击幻灯片中的空白区域，虚线框消失。

三、调整母版文本缩进尺寸

PowerPoint 2003 使用文本缩进尺寸来控制项目符号和文本之间的距离，用户若想改变项目符号和相应文本之间的距离，首先要显示标尺。标尺的作用是显示当前项目符号和文本的位置。其操作步骤如下。

1. 打开"熊猫翠竹"演示文稿。

2. 按住 Shift 键不放，然后单击"普通视图"按钮。

3. 执行"视图"菜单中的"标尺"命令，然后单击母版的某级目录或全部目录，标尺出现，如图 7 – 38 所示。

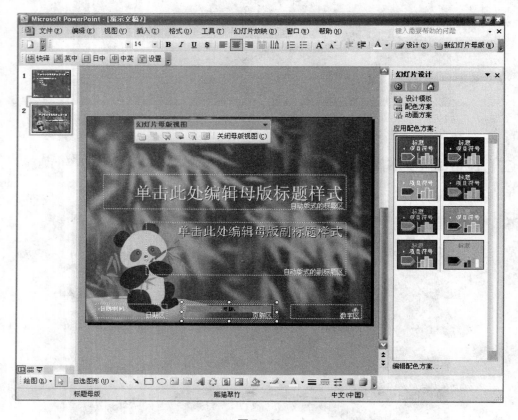

图 7 – 38

4. 单击图 7 – 38 中"单击此处编辑母版标题样式"字样，拖动缩进标记，可调整文本的缩进距离。

5. 单击幻灯片母版上的空白区域，然后执行"视图"菜单中的"标尺"命令，标尺关闭。

四、页眉和页脚

设置页眉和页脚的功能主要是使用户对幻灯片作出标记，使幻灯片更易于浏览。用户可创建包含文字和图形的页眉和页脚。其操作步骤如下。

1. 打开"熊猫翠竹"演示文稿。

2. 执行"视图"菜单中的"页眉和页脚"命令，弹出如图 7 – 39 所示的"页眉和页脚"窗口。

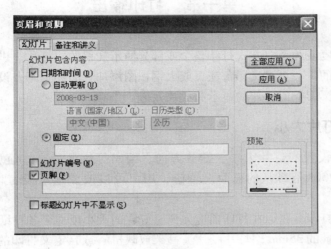

图 7 – 39

3. 在"幻灯片"选项中，选中"日期和时间"复选项。这时预览对话框左下角位置上的日期和时间区变黑，表示日期时间区生效。

4. 选择"自动更新"单选项，时间就会随制作日期和时间表的变化而变化。

5. 选中"页脚"复选项，在文本框输入页脚内容。可以输入一些注解文字。

6. 单击"应用"按钮，至此日期区、页脚区和数字区设置完毕。

第九节 打包和解包

PowerPoint 2003 的打包工具可以将与演示文稿文件相链接的文件、TrueType 字体以及一个播放器打包在一起形成一个打包文件。

一、打包

打开要打包的演示文稿，选择"文件"菜单的"打包"命令，弹出"打包向导"窗口。打包向导共有 6 个步骤，按向导的提示一步步选择，最后完成打包，如果是打包到软盘，当软盘空间不够时，PowerPoint 会提醒用户更换软盘。

二、解包

打包完成，会在指定置存放至少两个文件，解包安装程序 Pngesetup. exe、第一个压缩文件 pres0. ppz，当然只有打包到多个软盘才会有两个以上的文件存在。

解包时，首先找到这些文件，然后鼠标右键单击解包安装程序 Pngesetup. exe，弹出"打包安装程序"对话框，然后按照提示操作即可。

第十节　打印输出

可用彩色、灰度或纯黑白方式打印整个或部分演示文稿的幻灯片、讲义、备注页或大纲视图，并可为打印的每一页讲义、备注页或大纲视图添加页眉和页脚，设置横向打印或纵向打印，打印设置并不影响幻灯片的显示和放映效果。

一、设置幻灯片大小

页面设置是指设置幻灯片大小、摆放方向、编码等信息，这些信息在打印时起重要作用，PowerPoint 2003 有默认的页面设置值，用户可以改变这些设置值，以满足不同的需要。

幻灯片每页只打印一张，在打印前应先调整好它的大小以适合各种纸张大小，还可以调整幻灯片以适合标准的 35mm 幻灯片胶片（高架放映机）或自定义打印的方式和方向。

设置用于打印的幻灯片大小的操作步骤是：

1. 执行"文件"菜单中的"页面设置"命令，弹出如图 7－40 所示的对话框。

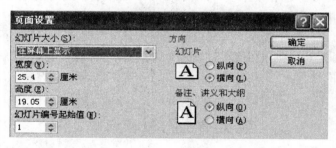

图 7－40

2. 在"幻灯片大小"下拉列表中选择所需的纸张大小，如果选择"自定义"，可在"宽度"和"高度"框中输入值，以适应当前的打印机的打印区域。

二、打印幻灯片

如果正在创建投影机的透明胶片，执行此操作可以在透明胶片上打印演示文稿，Power-Point 2003 对于选定的打印机自动优化幻灯片，将其打印为黑白或彩色。

1. 执行"文件"菜单中的"页面设置"命令。

2. 在"幻灯片大小"框中，单击所需的选项。

3. 执行"文件"菜单中的"打印预览"命令，进入如图 7－41 所示的"打印预览"窗口。

4. 如果要打印讲义，可在工具栏中的"打印内容"下拉列表中选择，如图 7－42 所示，为每页打印 4 张幻灯片的讲义。

5. 如果要改变纸张的打印方向，可单击工具栏上的"横向"按钮或"纵向"按钮。

6. 如果要设置页眉和页脚，可单击"选项"按钮，选择"页眉和页脚"命令，弹出"页眉和页脚"对话框。

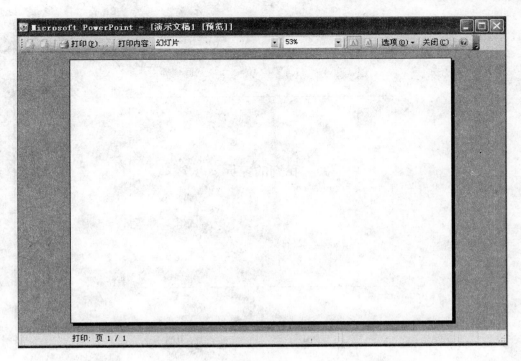

图 7 – 41

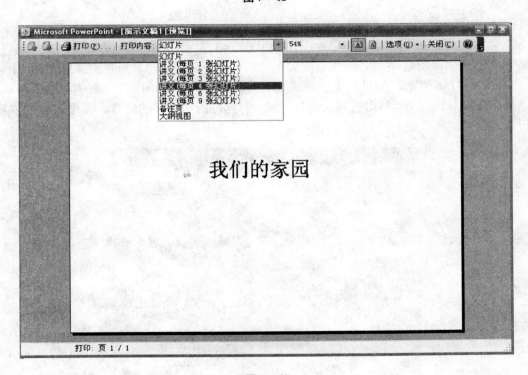

图 7 – 42

7. 勾选"日期和时间"复选框，单击"自动更新"按钮，在"语言（国家/地区）"下拉列表中选择"中文（中国）"，在"自动更新"的下拉列表中选择一种日期和时间样式，并在"页眉"框中输入文字，如图 7 –43 所示。

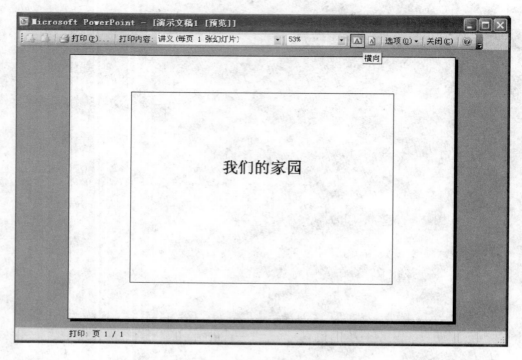

图 7 - 43

8. 单击"全部应用"按钮。

9. 在"选项"按钮的下拉菜单中还有"颜色/灰度"、"根据纸张调整大小"、"幻灯片加框"、"打印隐藏幻灯片"、"包含批注页"、"打印顺序"等选项，可根据需要进行选择。

10. 在"打印预览"工具栏上，单击"打印"按钮，弹出如图 7 - 44 所示的"打印"对话框。在该对话框中，可以选择打印机类型、打印范围和打印的份数。其中"打印内容"等设置与预览中的设置一样。

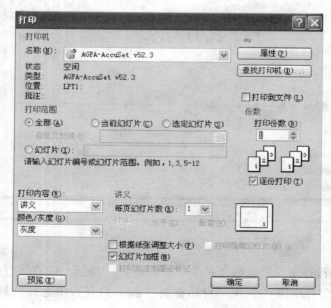

图 7 - 44

11. 单击"属性"按钮，弹出所选打印的"属性"对话框，在该对话框可以设置纸张的大小、方向、打印的分辨率等参数。

第十一节　本章小结

本章主要讲解了 PowerPoint 2003 的启动和退出、工作界面组成，如何新建、打开、保存、关闭 PowerPoint 2003 演示文稿，如何在幻灯片中插入图形、图片、剪贴画、艺术字、图表、表格等，对幻灯片版式、幻灯片背景、文字格式进设置，PowerPoint 2003 提供了母版和模板工具，幻灯片播放效果的处理，包括背景处理、配色方案、格式设置，还介绍了幻灯片音频、视频技术，以增加幻灯片播放现场的感染力，以及页面设置与打印输出等，通过本章的学习，读者可以灵活运用多种方法制作各式幻灯片。

（黑龙江省计算中心　杨健萍　徐玲　王林林）

第十二节　练　习

一、填空题

1. PowerPoint 2003 的窗口菜单主要包括 ＿＿＿＿＿、＿＿＿＿＿、＿＿＿＿＿、＿＿＿＿＿、＿＿＿＿＿、＿＿＿＿＿、＿＿＿＿＿、＿＿＿＿＿ 等部分。

2. "任务窗格"提供的功能一般包括 ＿＿＿＿＿、＿＿＿＿＿、＿＿＿＿＿ 等几个项目。

3. 演示文稿由一系列幻灯片所组成，每张幻灯片都可有其独立的 ＿＿＿＿＿、＿＿＿＿＿、＿＿＿＿＿、＿＿＿＿＿、＿＿＿＿＿ 以及多媒体组件等元素。

4. 在 PowerPoint 2003 的"新建演示文稿"任务窗格中主要有 ＿＿＿＿＿、＿＿＿＿＿、＿＿＿＿＿ 3 种创建演示文稿的方式。

5. PowerPoint 2003 有 ＿＿＿＿＿ 和 ＿＿＿＿＿ 两种不同类型的模板，利用它们可以快速创建演示文稿。

6. 在 PowerPoint 2003 中，要想插入一幅图片需要执行 ＿＿＿＿＿ 菜单中的 ＿＿＿＿＿ 命令。

7. 调整表格的行高及列宽在 ＿＿＿＿＿ 工具栏上单击 ＿＿＿＿＿ 进行调节。

8. 在绘制"自选图形"时可以按住键盘上的 ＿＿＿＿＿ 键保持所绘制图形不变形。

9. 幻灯片版式在 ＿＿＿＿＿ 菜单中。

10. "格式"菜单中的"字体"包括 ＿＿＿＿＿、＿＿＿＿＿、＿＿＿＿＿、＿＿＿＿＿。

11. 创建演示文稿的 3 种方式，＿＿＿＿＿ 方式不能创建演示文稿。

12. 在 PowerPoint 2003 中，一共有 3 种视图，分别是 ＿＿＿＿＿、＿＿＿＿＿、＿＿＿＿＿。

13. 在大纲窗格中输入文本时，Tab 键的作用是_____。

14. PowerPoint 2003 为用户设定的字符默认值是_____。

15. 经过设置的演示文稿页面参数，可对_____起重要作用。

二、选择题

1. 一个演示文稿中的全套幻灯片（   ）。
A. 可以使用一个设计模板　　　　　　B. 可以使用若干个设计模板
C. 每张幻灯片使用一个设计模板　　　D. 必须使用系统提供的某种设计模板

2. 在 PowerPoint 编辑状态下，如果对当前打开的演示文稿所使用的背景、颜色等不满意（   ）。
A. 无法改变
B. 只能用"格式"菜单中的"背景"命令改变当前一张幻灯片
C. 可以用"格式"菜单中的"应用设计模板"命令改变当前一张幻灯片
D. 可以用"格式"菜单中的"应用设计模板"命令改变全部幻灯片

3. 在 PowerPoint 中向幻灯片内插入一个以文件形式存在的图片，该操作通常使用的视图方式是（   ）。
A. 大纲视图　　　B. 幻灯片视图　　　　C. 放映视图　　　D. 幻灯片视图

4. 在幻灯片中插入的影片、声音（   ）。
A. 在"幻灯片视图"中单击它即可激活　B. 在"幻灯片视图"中双击它才可激活
C. 在放映时，单击它即可激活　　　　　D. 在放映时，双击它才可激活

5. 关于幻灯片里的图片、图形等对象，下列操作描述正确的是（   ）。
A. 这些对象放置的位置不能重叠
B. 这些对象放置的位置可以重叠，叠放的次序可以改变
C. 这些对象无法一起被复制或移动
D. 这些对象各自独立，不能组合为一个对象

6. 使用"格式"菜单中的"背景"命令和"幻灯片配色方案"命令，（   ）。
A. 只能改变当前选取的一张幻灯片
B. 只能改变当前选取的若干个幻灯片
C. 不能改变当前文稿的全部幻灯片
D. 不能改变当前文稿的一张或部分乃至全部幻灯片

7. 以下有关 PowerPoint 幻灯片浏览视图的叙述中，不正确的是（   ）。
A. 在该视图中，按序号由小到大的顺序显示文稿中全部幻灯片的缩略图
B. 在该视图中，可以对其中某张幻灯片的整体进行复制、移动等操作
C. 在该视图中，可以对其中某个幻灯片的整体进行删除等操作
D. 在该视图中，可以对其中某张幻灯片的内容进行编辑和修改

8. PowerPoint 演示文稿在放映时能呈现多种效果，这些效果（   ）。
A. 完全由放映时的具体操作决定
B. 需要在编辑时设定相应的放映属性
C. 与演示文稿本身无关
D. 由系统决定，无法改变

9. 幻灯片放映时的"超级链接"功能，指的是转去（　　　）。

A. 用浏览器观察某个网站的内容　　　　B. 用相应的软件显示其他文档内容

C. 放映其他文稿或本文稿的另一张幻灯片　D. 以上 3 个都有可能

10. "幻灯片放映"菜单中的"自定义动画"命令，用于设置放映时（　　　）。

A. 前后两张幻灯片的切换方式

B. 单击幻灯片内某对象便能转到另一张幻灯片

C. 单击幻灯片内一个按钮图形便能发出指定的声音

D. 一张幻灯片内若干对象的出场方式

三、简答题

1. PowerPoint 2003 主要功能有哪些？

2. PowerPoint 2003 窗口由哪几部分组成？

3. PowerPoint 2003 的工作界面包括哪几个主要部分？

4. 如何在幻灯片中插入图片和自选图形？

5. 在绘制表格时应注意哪些事项？

6. 图表内的数据可否更改？如何设置图表的格式？

7. 怎样在幻灯片中插入表格？

8. 怎么样将系统内的幻灯片模板应用到当前的演示文稿内？

9. 如要更改幻灯片背景应在哪里进行？

10. 一个演示文稿可以同时应用几个应用设计模板？

11. PowerPoint 2003 的工作窗口由哪几部分组成？

12. 创建演示文稿有哪几种方法？

13. 为什么要用大纲视图组织演示文稿？

14. 什么是幻灯片中的文本对象？

15. 如何将演示文稿打包到软盘上？

四、上机练习

1. 熟悉 PowerPoint 2003 的启动和退出。

2. 新建一个演示文稿，并命名、保存该演示文稿。

3. 练习打印输出幻灯片。

第八章　常用工具软件

本章要点

WinRAR 压缩/解压文件使用；瑞星杀毒软件查杀计算机系统病毒及升级；看图软件 ACDSee 的使用；金山词霸翻译软件应用；文件的下载；文件的播放等。

本章主要内容

➤ 压缩软件 WinRAR
➤ 瑞星杀毒软件使用
➤ 看图软件 ACDSee
➤ 金山词霸
➤ 下载软件
➤ 腾讯 QQ 使用
➤ 文件播放

第一节　压缩软件 WinRAR

一、压缩文件

使用 WinRAR 压缩文件的操作步骤如下。

1. 选择需要压缩的文件，单击鼠标右键，在弹出的菜单中选择"添加到压缩文件"命令，如图 8-1 所示。

2. 弹出"压缩文件名和参数"对话框，在该框内输入相应的名称，选择"文件压缩格式"为 RAR，选择"压缩方式"为标准，如需要进行分卷可单击"压缩分卷大小，字节"下的下拉按钮，在弹出的列表中选择分卷压缩大小，如图 8-2 所示。

3. 如果要设置密码可以在"高级"选项卡中单击"设置密码"按钮，在弹出的"设置密码"对话框中设置相应的密码。选中"完成操作后关闭计算机电源"复选项，这样在压缩完毕后将自动关闭电脑，如图 8-3 所示。

4. 如果需要给压缩文件添加相关的注释。可单击"注释"选项卡，在对话框内提供两种添加注释的方法，即"从文件中加载注释"，只需要单击"浏览"按钮，并在弹出的对话框中选择相应的文本即可；若是采用手动输入注释内容，直接在"手动输入注释内容"文本框内输入注释即可，如图 8-4 所示。

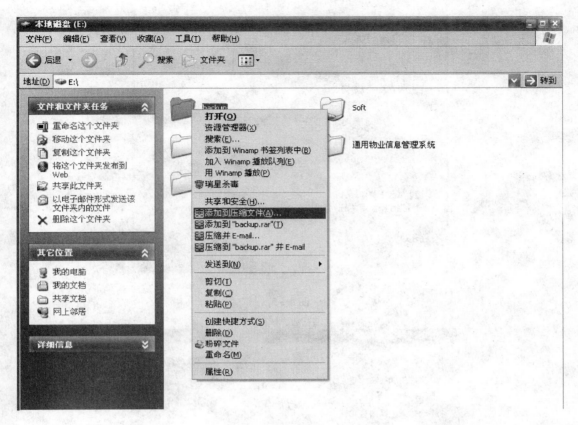

图 8－1

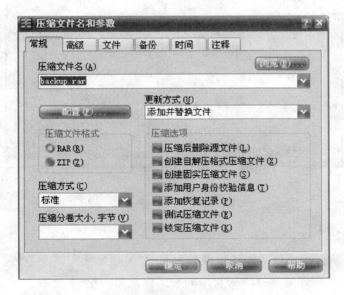

图 8－2

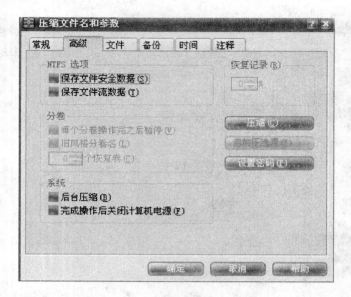

图 8 - 3

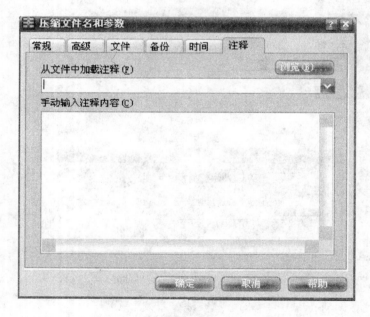

图 8 - 4

二、解压缩文件

使用 WinRAR 解压缩文件的操作步骤如下。

1. 打开 WinRAR 程序并选择需要解压缩的文件,如图 8 - 5 所示。

2. 在 WinRAR 主界面的工具栏中单击"解压缩"按钮 解压到,弹出"解压路径和选项"对话框,如图 8 - 6 所示。

3. 选择好解压缩文件的存放路径后,单击"确定"按钮,开始解压缩文件。

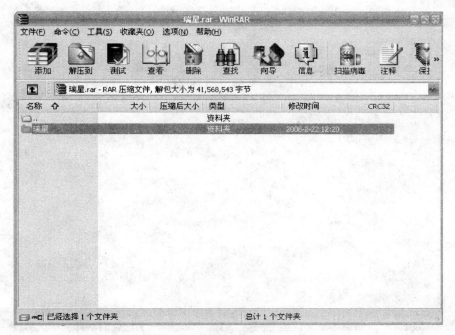

图 8 – 5

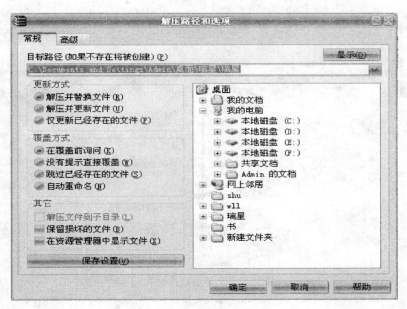

图 8 – 6

第二节　瑞星杀毒软件使用

一、查杀电脑病毒

使用瑞星杀毒软件查杀电脑病毒的操作步骤如下。

1. 安装瑞星杀毒软件完毕后，电脑会自动运行该软件，其界面如图 8 – 7 所示。

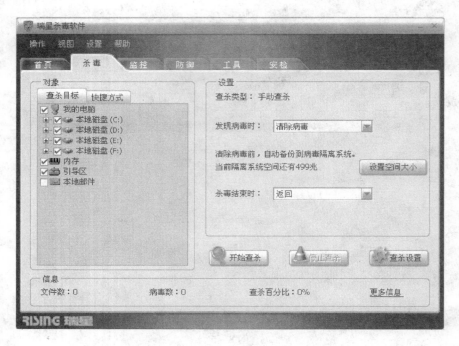

图 8 - 7

2. 在软件主界面的左窗格中选择要查杀的文件夹、引导区或邮箱，如图 8 - 8 所示。

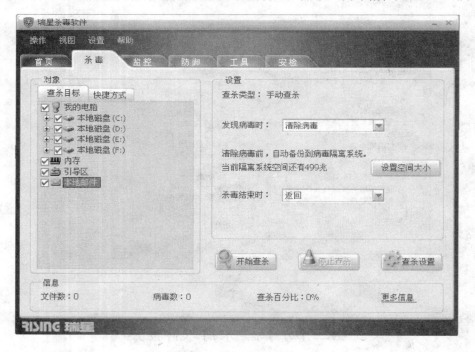

图 8 - 8

3. 单击"开始查杀"按钮 ，开始病毒检查，如图 8 - 9 所示。

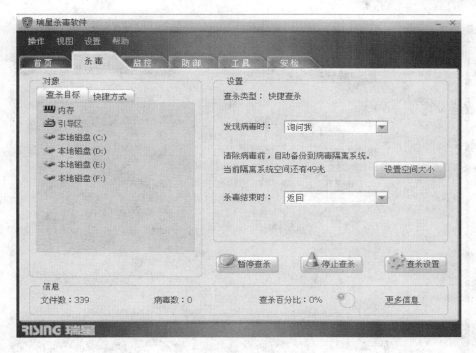

图 8 – 9

注意：扫描过程中可随时单击 [暂停查杀] 按钮来暂时停止杀毒扫描，单击 [继续查杀]
按钮则继续扫描，或单击 [停止查杀] 按钮停止杀毒扫描。扫描时带病毒文件或系统的名称、
所在文件夹、病毒名称将显示在查杀结果栏内，可以使用右键菜单对病毒文件进行处理。

4. 查杀完毕后，将会自动弹出一个杀毒报告，如图 8 – 10 所示。

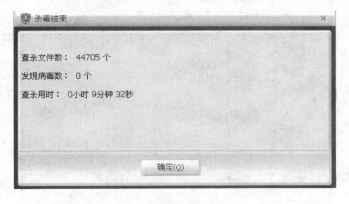

图 8 – 10

二、智能升级

网络上不断会有新的病毒出现，为了能够及时查出各种新病毒，就需要经常对瑞星杀毒
软件进行升级。

升级瑞星杀毒软件的操作步骤如下。

1. 启动瑞星杀毒软件主窗口，执行"设置/网络设置"命令，如图 8 – 11 所示。

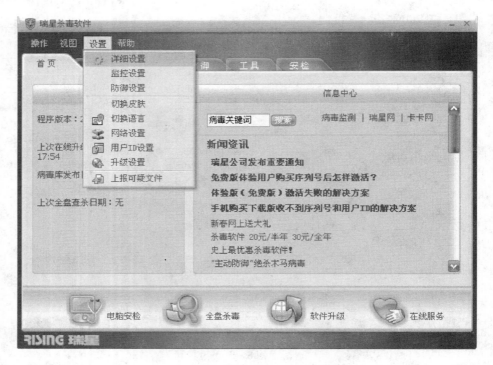

图 8 – 11

2. 弹出"网络设置"窗口，选择上网方式，填写代理服务器 IP 地址和端口号，设置完成后，单击"确定"按钮保存设置，如图 8 – 12 所示。

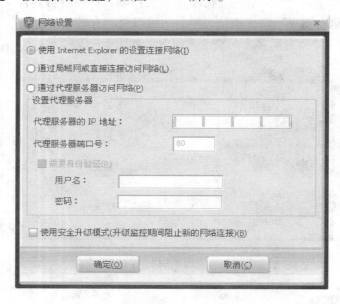

图 8 – 12

3. 在瑞星杀毒软件的主界面上，执行"设置/用户 ID 设置"命令，如图 8 – 13 所示。

4. 填写"用户 ID"后单击"确定"按钮，如图 8 – 14 所示。

5. 单击瑞星杀毒软件主程序界面中"升级"按钮，即可自动完成整个升级过程。

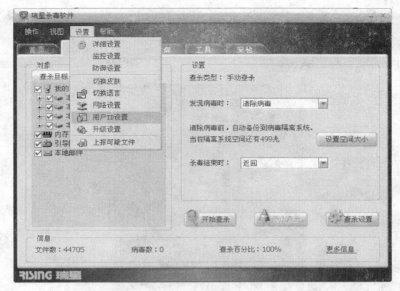

图 8-13

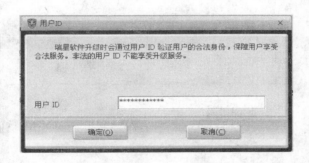

图 8-14

第三节 看图软件 ACDSee

ACDSee 是一种专业的看图软件,它的功能非常强大,几乎支持目前所有的图形文件格式,是最流行的图片浏览工具。

ACDSee 不仅广泛应用于图片的获取、管理、浏览和优化,还可以从数码相机和扫描仪中高效获取图片,并进行查找、预览和更改等操作。

一、浏览图片

使用 ACDSee 浏览图片的操作步骤如下:

1. 安装 ACDSee 软件完成后(此处安装 ACDSee 方法略),鼠标选择〔开始/所有程序/ACDSee System/ACDSee〕命令,打开 ACDSee 操作界面,在文件夹窗格中选择图片的存放位置,右侧的图片浏览窗格中将显示当前文件夹中的所有图片,如图 8-15 所示。

2. 在浏览界面的文件列表中双击一张图片即可进入查看界面,以实际大小展示图片,单击上方工具栏的"下一幅"按钮,将显示当前文件夹的下一幅图片,如图 8-16 所示。

图 8 – 15

图 8 – 16

二、设置桌面壁纸

使用 ACDSee 可方便地将喜爱的图片设置为 Windows 桌面壁纸。

ACDSee 设置桌面壁纸的操作步骤如下。

1. 启动 ACDSee，浏览包含图片文件夹，选中要设置桌面壁纸的图片。

2. 执行菜单［工具/设置壁纸］命令，选择"居中"就可以将图片在桌面上居中放置，如图 8 – 17 所示。

图 8 − 17

3. 返回桌面即可查看设置桌面背景的效果。

三、批量转换图片方向

使用 ACDSee 批量转换图片方向的操作步骤如下。

1. 进入 ACDSee 的浏览方式，找到图片所在文件夹，选择所有需要转换方向的图片文件，如图 8 − 18 所示。

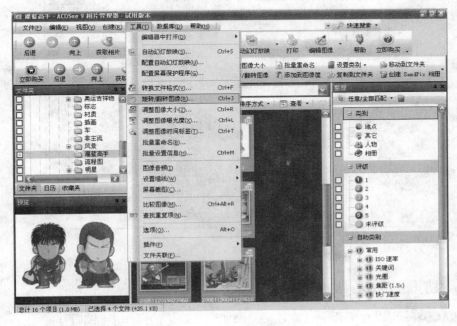

图 8 − 18

2. 执行菜单［工具/旋转翻转图像］命令，弹出"批量旋转/翻转图像"对话框，如图 8-19 所示。

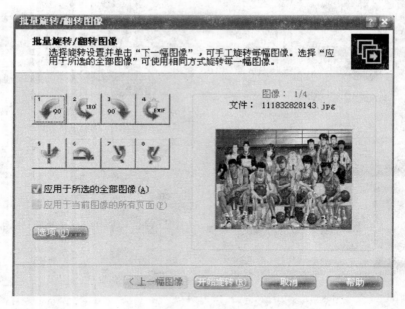

图 8-19

3. 根据需要选择旋转的方向，单击［开始旋转］按钮，这样批量旋转图片的工作就完成了，如图 8-20 所示。

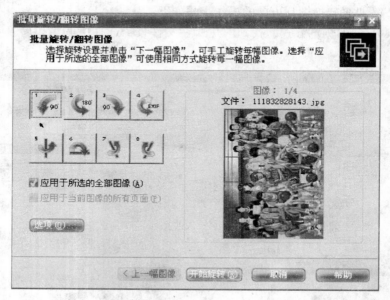

图 8-20

四、添加图片效果

使用 ACDSee 可以在图片中添加效果。添加图片效果的操作步骤如下。

1. 在 ACDSee 工具栏中，单击［编辑图像］按钮，弹出如图 8－21 所示的编辑面板。

图 8－21

2. 单击编辑面板右边的窗格中的"效果"超链接，打开"效果"编辑面板，在"选择类别"的下拉列表中选择"自然"选项，如图 8－22 所示。

图 8－22

3. 在右边的窗格中显示所有的自然效果，如图 8－23 所示。

图 8 – 23

4. 双击右边窗格中的效果图标，即可得到相应的效果，如本例中双击"水滴"按钮得到的效果如图 8 – 24 所示。

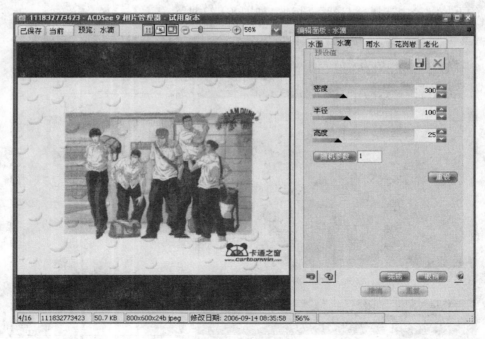

图 8 – 24

第四节 金山词霸

金山词霸是目前常用的翻译软件之一，它具有汉英、英汉、英英、汉汉、汉日等多种翻译功能，同时还具有单词发音，屏幕取词等众多便捷功能。

金山词霸实现了在线升级功能，会自动下载金山公司发布的最新功能并安装。该软件支持简体中文、繁体中文、英文和日文4种语言的安装界面。

一、翻译单词

安装完金山词霸后，它会自动启动，在桌面任栏系统托盘处出现一个金山词霸的图标，左键单击此图标，将弹出如图 8－25 所示的"金山词霸2007"主界面。

金山词霸的绝大部分功能集中在此界面。用金山词霸翻译单词的操作步骤如下。

1. 在金山词霸主界面的输入文本框中输入一个英语单词，在右下方的窗格中会立即出现单词的简单中文解释。左下方的窗格中出现的是与此单词相关的复合词和短语。如图 8－25 所示。

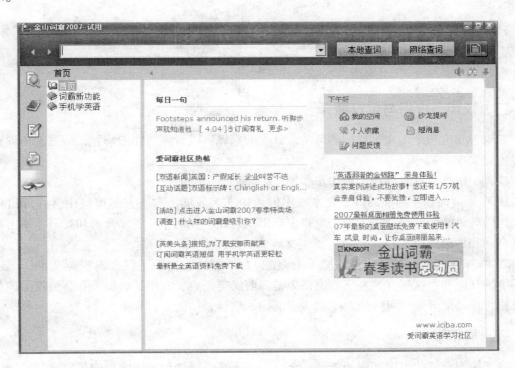

图 8－25

2. 如果需要的不仅仅是简单的中文解释，而是详细的剖析，则在输入单词后，单击"本地查询"按钮，这时右下方将出现此单词的详细解释，如图 8－26 所示。

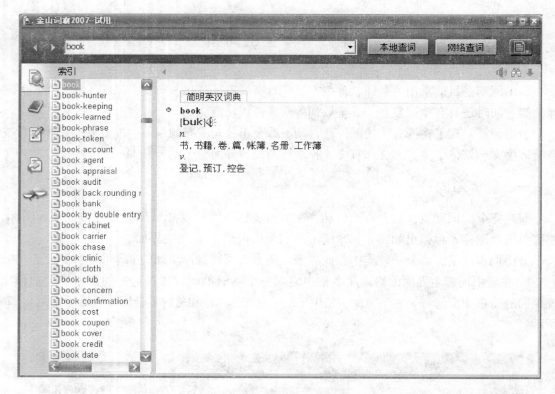

图 8 – 26

二、汉英、汉日与汉汉翻译

如果想知道某个中文字或词的英文、日文的意思，或者需要详细解释，通过金山词霸可以轻松地实现。

汉英、汉日、汉汉翻译的操作步骤如下。

1. 在金山词霸主界面的输入文本框中键入中文字或词，右下方的窗格中会立即出现该字或词的英语简明解释。左下方的窗格中会出现与此字或词相关的复合词和短语。单击相关的复合词和短语可以看到"简单"的英文解释，如图 8 – 27 所示。

2. 单击"本地查询"按钮或按 Enter 键，右下方的窗格中不仅会出现英文翻译，还将有详细的日语和中文解释，左下方窗格中是简明汉英词典、实用汉日词典和高级汉语词典的导航栏，通过此导航栏可以快速了解该字或词的解释，如图 8 – 28 所示。

三、屏幕取词

除了前面介绍的界面翻译功能外，金山词霸还有一项特色功能就是屏幕取词。

屏幕取词的操作步骤如下。

1. 将鼠标光标指向屏幕中的某个字或词，金山词霸就会给出简短的中文解释，如图 8 –29所示。

2. 若希望进一步了解这个字或词的含义，可单击解释条上的"更多解释"链接，打开金山词霸主界面显示详细解释，如图 8 –30 所示。

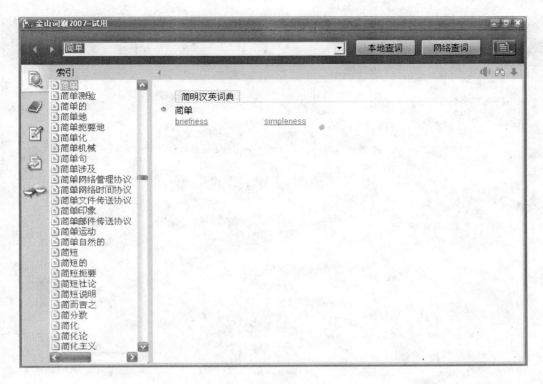

图 8 − 27

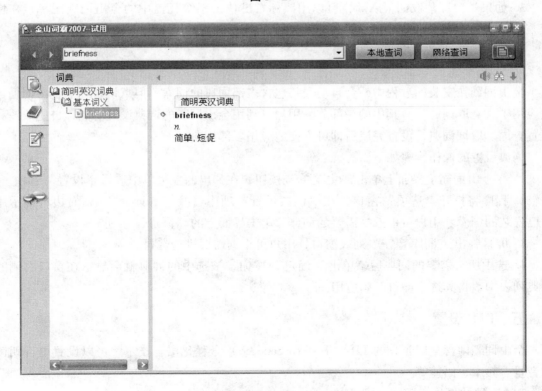

图 8 − 28

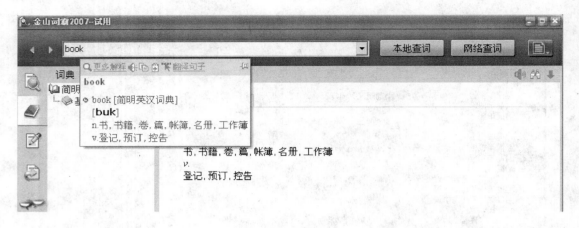

图 8 – 29

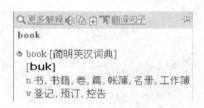

图 8 – 30

3. 如果觉得屏幕取词很麻烦，可以用鼠标右键单击系统托盘中的金山词霸图标，在快捷菜单中将"屏幕取词"项的选取状态取消即可。

四、词典设置

金山词霸在安装的过程中，会自动安装包含多部词典的词库。但默认状态下金山词霸自动应用于查、取词的只有其中的一部分。用户可利用金山词霸的词典设置功能，自主选择和设置查词、取词词典，设置完成后即可方便地应用多部词典。

词典设置的操作步骤如下。

1. 在金山词霸主界面上单击"主菜单"按钮，在弹出的主菜单中选择"设置"选项。

2. 程序将打开"选项"窗口，在"词典设置"项中选择"查词词典"，右边将显示用户已安装的词库。用户可以选择需要的词典，单击界面上的"添加"按钮。

3. 屏幕弹出"词库管理"列表窗口，用户可根据需要进行选择。

4. 选中所有需要的词典后，单击"确定"按钮，被选中的词典就会显示在窗口右侧的词典列表中，将其选中即可开始应用。

五、TTS 设置

金山词霸内含全球领先的 TTS（Text To Sepeech）全程化语音技术，可以设置语言朗读的音量、频率、语速等。

TTS 设置的操作步骤如下。

1. 在主界面上单击"主菜单"按钮，从主菜单中选择"设置"打开"选项"窗口，在

"系统设置"中选择"语音设置",即可进行语音朗读设置。

2. "发音引擎"是指发音的类型,包括女声、男声以及其他效果。发音引擎不仅能对所有英文单词及短语进行准确的发音,还可对整句、整段乃至整篇文章的英文进行流畅的朗读。单击右侧的下拉按钮,可从下拉列表框中选择不同的发音引擎,通过拖动滑块还可调节音量大小、频率高低和速度缓急。

3. 设置完成后,单击"测试"按钮进行试听。

第五节　下载软件

本节以使用 Webxl 下载 QQ 为例,讲述软件下载,使用专业的下载软件 Webxl(Web 迅雷)可提高下载速度,而且还支持断点续传,建议用户在条件允许的情况下,尽量使用下载软件下载网络资源。

注意:断点续传就是从上次文件下载的中断位置开始继续下载,假设用户正在下载某个软件,由于网络问题掉线或死机后,再次启动电脑下载软件可以接着上次未下载完的部分继续下载。

下载 QQ 软件的操作步骤如下。

1. 当安装完 Webxl 软件后,启动 IE 浏览器,在地址栏中输入聊天工具 QQ 的官方下载中心地址,按 Enter 键,进入该网站首页,如图 8 – 31 所示。

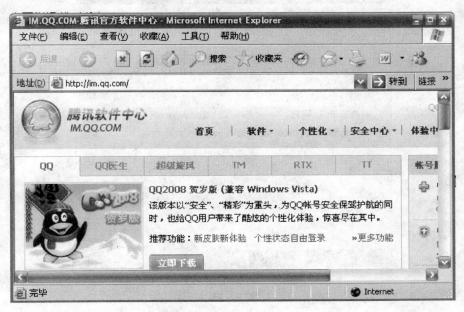

图 8 – 31

2. 单击"QQ2008 贺岁版"下面的"立即下载"按钮,如图 8 – 32 所示。

3. 单击"普通下载",弹出如图 8 – 33 所示 Webxl(迅雷)下载对话框,选择"存储目录",单击"开始下载"即完成 QQ 软件下载操作。

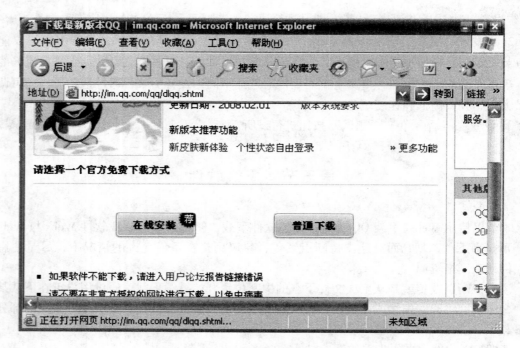

图 8 – 32

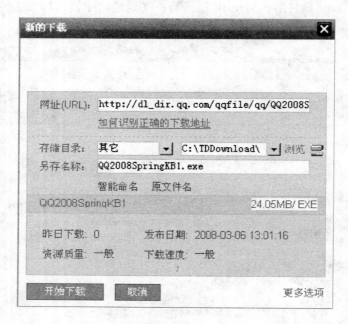

图 8 – 33

第六节　腾讯 QQ 使用

"你的 QQ 号码是多少？"如今，社会流行着这样的对话。QQ 是什么？它的主要功能又如何？因此，有必要了解一下 QQ 的使用方法。

QQ 是腾讯公司开发的、基于因特网的国产免费网络寻呼软件。它的功能十分强大，集寻呼、实时交流、传送文件、电子邮件等多种功能于一身，能够显示好友是否在线，即时交流，能与无线寻呼、手机短信进行实时交流。

一、申请 QQ 号码

使用 QQ 进行实时交流时，需要有一个可以代表自己身份的 QQ 号码，就像打电话必须有一个电话号码一样。申请 QQ 号码的方法很多，最简单的方法就是在如图 8－34 所示的网页中单击"QQ 号码"，认真阅读服务条款、填写基本信息，然后按照提示顺次鼠标单击"下一步"按钮完成申请。申请成功后，会弹出一个网页显示申请的 QQ 号码。

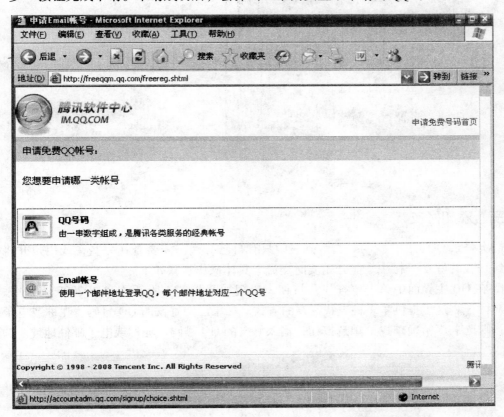

图 8－34

二、QQ 的登录

成为 QQ 的用户后，即可登录使用。具体操作步骤如下。

1. 双击桌面上的"腾讯 QQ"图标启动 QQ 后，在"QQ 登录界面"对话框中输入正确的 QQ 号码和密码，然后单击"登录"按钮，如图 8－35 所示。

2. 登录成功后，出现如图 8－36 所示的 QQ 主界面。另外，在状态栏的信息提示区（屏幕右下角托盘上）会呈现一小企鹅图标。

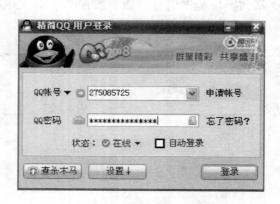

图 8-35

图 8-36

三、添加好友

初次登录 QQ 后,"我的好友"列表中只有自己一人,需要查找一些在线用户并将他们添加到"我的好友"栏中才能开始实时交流。具体操作步骤如下。

1. 在 QQ 主界面中单击"查找"按钮,出现如图 8-37 所示的"QQ2008 查找/添加好友"对话框。这里提供了多种查找好友的方式。如果已知好友的 QQ 号码、昵称或电子邮件地址,则选中"精确查找"单选按钮,输入好友的 QQ 号码、昵称或电子邮件地址。

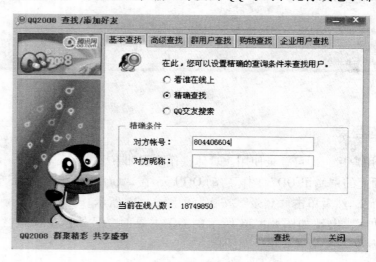

图 8-37

2. 单击"查找"按钮，出现如图 8 -38 所示的对话框，显示已找到的好友。

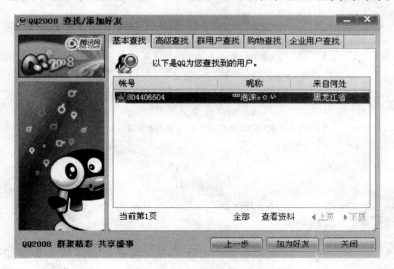

图 8 -38

3. 选择好友名称，然后单击"添加好友"按钮。如果对方需要身份验证，则出现如图 8 -39 所示的对话框。输入请求信息后，单击"发送"按钮。

图 8 -39

4. 此时，对方的状态栏信息提示区（计算机屏幕右下角托盘上）会闪动一个喇叭图标，单击此图标，出现如图 8 -40 所示的"系统消息"对话框。

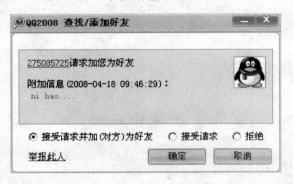

图 8 -40

5. 如果同意，可以单击"接受请求"按钮。此时，自己的状态栏信息提示区会闪动一个喇叭图标，单击此图标，出现如图 8 –41 所示的"系统消息"对话框，单击"确定"按钮。

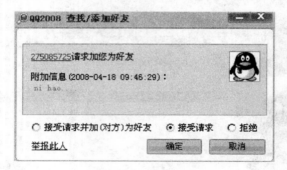

图 8 –41

四、实时交流

如果您与好友同时在线，那么就可以用 QQ 实时交流了。具体操作步骤如下。

1. 登录腾讯 QQ，好友的头像已经添加到"好友"列表中，如图 8 –42 所示。其中，头像是彩色表示在线；头像呈暗灰色的表示不在线；如果在线好友为会员其昵称颜色为红色；不在线时的状态为蓝色；非会员好友则为黑色。

2. 双击好友的头像，出现如图 8 –43 所示的聊天窗口。在下方的文本框中输入想对好友说的话单击"发送"按钮即可。

图 8 –42

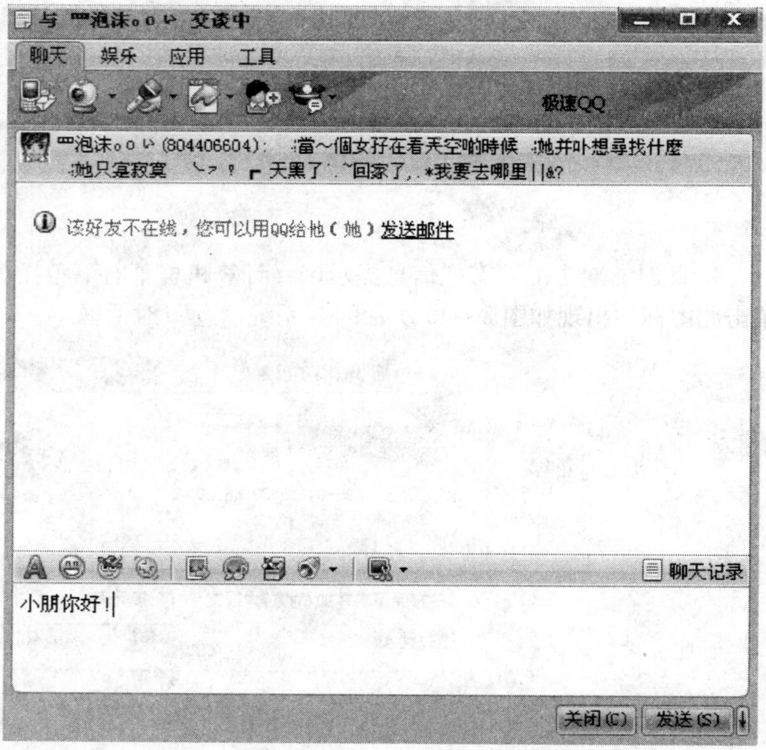

图 8 –43

3. 当好友给您发送消息时，该好友的头像会左右闪动（屏幕右下角的状态栏信息提示区也有闪动的头像）。双击头像或者信息提示区的头像，弹出如图 8 – 44 所示的聊天窗口。

图 8 – 44

4. 继续给好友发送信息，这样就像两个人面对面交流一样。
5. 如果不想交流了，则单击 QQ 主界面右上角的关闭按钮，即可退出 QQ。

第七节　文件播放

文件播放主要是指播放音频和视频文件，本节以 RealPlayer 播放器为例简单介绍文件播放。RealPlayer 是一种较常用的媒体播放器，用于播放电脑保存的音乐、视频文件或光盘中的音频、视频文件，同时也可以通过它在线收看 Internet 中的音频、视频节目。

播放文件的操作步骤如下。

一、启动 RealPlayer

操作系统首先要安装好 RealPlayer 软件，执行"文件"菜单中的"打开"命令，如图 8 –45所示。

二、打开"打开"对话框

单击"浏览"按钮，如图 8 – 46 所示。

图 8 – 45

图 8 – 46

三、打开"打开文件"对话框

指定要播放文件所在的位置，并在列表中选择文件后，单击"打开"按钮，如图 8 – 47 所示。

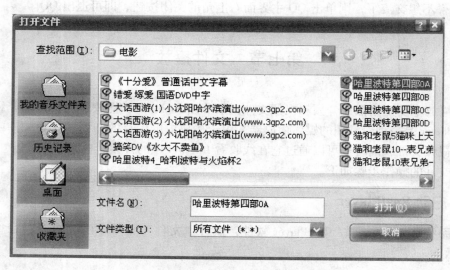

图 8 – 47

四、此时可从音箱或耳机等设备中收听到媒体文件的声音

同时剪辑位置块将随播放时间向前移动。

第八节　本章小结

本章主要介绍了一些装机时常用的应用软件，包括：杀毒软件、压缩/解压软件、图片浏览软件、QQ 软件、翻译软件、文件播放等。通过本章的学习，读者应当掌握这几种软件的使用方法。

（黑龙江省计算中心　程乃春）

第九节　练　习

一、填空题

1. WinRAR 共有两个版本：＿＿＿＿＿＿和＿＿＿＿＿＿，最常用的是＿＿＿＿＿。它的常用功能包括：＿＿＿＿＿＿。

2. RealPlayer 是一款较常用的媒体播放器，用于播放电脑中保存的＿＿＿＿＿文件，同时用户也可以通过它在线收看＿＿＿＿＿中的音频、视频节目。

二、选择题

1. 多媒体信息不包括（　　　）。

A. 影像、动画　　　B. 文字、图形　　　C. 音频、视频　　　D. 声卡、光盘

2. 计算机病毒指的是（　　　）。

A. 生物病毒　　　B. 细菌　　　C. 被损坏的程序　　　D. 具有破坏性的特制程序

三、简答题

1. 使用 ACDSee 将喜爱的图片设置为 Windows 桌面壁纸的操作步骤有哪些？

2. 如何用 RealPlayer 打开一个 DVD 文件？

四、上机练习

1. 使用 Webxl（Web 迅雷）下载软件 WinRAR。

2. 练习用 WinRAR 解压缩文件。

3. 练习使用杀毒软件查杀病毒。

答 案

第一章 计算机基础知识

一、填空题

1. 硬件、软件

2. 系统软件、应用软件

3. 计算机病毒（Computer Viruses）是一种人为特制的程序，具有自我复制能力，通过非授权人入侵而隐藏在可执行程序和数据文件中，影响和破坏正常程序的执行和数据安全，具有相当大的破坏性

4. 引导型病毒、文件型病毒、混合型病毒、宏病毒、电子邮件病毒

二、选择题

1~5   C B B B B

6~10   B D A C B

第二章 中文 WindowsXP 操作系统

一、填空题

1. 我的电脑、网上邻居、回收站、我的文档

2. 桌面工具栏、语言工具栏、地址工具栏

3. 指向、单击、单击左键、单击右键、双击、拖动

4. Ctrl + Alt + Delete

5. 最大化、最小化、关闭、工作区、滚动条

6. Alt、字母

7. 被选用

8. 无需要输入任何信息、需要输入信息及作出选择

二、选择题

1~5   A A D D B

6~10   B D A A D

三、简答题

（略）

第三章 Internet 基础与应用

一、填空题

1. 利用通信设备和线路将地理位置不同的、功能独立的多个计算机系统相互连接起来，

以功能完善的网络软件实现网络中资源共享和信息传递的系统。

2. 通信子网络、资源子网、实现网络通信功能的设备及其软件的集合、实现资源共享功能的设备及其软件的集合

3. 局域网、广域网、城域网

4. 网络通信的规章制度

5. 线结构、环结构、星型结构、树型结构

6. 局域网通过各种方法互相连接起来，国际之间的信息传递，形成一个世界范围内的大网、信息传递

7. 区分网上不同的计算机

8. 由用符号点分隔的几组字母或数字的字符串组成、区域名、机构名、网络名

二、选择题

1 ~ 5　D A D B D

6 ~ 10　B D B D C

第四章　五笔字型

一、填空题

1. 主键盘区、功能键区、编辑控制键区、小键盘区、状态指示灯区

2. Ctrl + Shift

3. 笔画、字根、汉字

4. 横、竖、撇、捺、折

5. 左右型、上下型、杂合型

6. F、H、U、O、E、M

7. 四

8. YYGT

9.

35353535	4141145	421125	4241	4444	51515151
545121	12112141	35425111	2411	24115111	3431
4552	145333	21	1322	2515	1221
453343	4411	151323	1235	151334	1123
3131	1124	2212	3415	1435	132251
32	1311	415333	1421	5412	1322
414141	13	522334	122151	113555	242313
3111	552322	13	12123545	325412	543355
142551	4141	412554	431254	23232323	5451
454131	341254	314212	433252	221213	1325
5131	3313	1441	354143	1235	51
523422	5533	1111	3112	4552	11152212
115534	4343	154331	13113111	5225	1142
43452321	2535	4213	1552	1553	3535
4331	122245	14	124341	451121	4524
5155	131115	431423	152534	5243	411554

3131   1545   324541   324553   5254   11152212

第五章   Word 2003 基本应用

一、填空题

1. 标题、菜单、工作编辑区、标尺、普通、大纲、Web 版式、阅读版式、页面

2. 文件、编辑、视图、插入、格式、工具、表格、窗口、帮助

3. Delete、BackSpace

4. Insert

5. 输入

6. Ctrl

7. 查找、替换

8. 撤销

9. 鼠标、剪切

10. 剪切、复制

11. 绘图

12. 视图菜单中的工具栏

13. 对文字进行字体、字号、边框和底纹等效果

14. 宋体、宋体

15. Ctrl + B、Ctrl + U、Ctrl + I

16. 对文本字符在宽度和高度上进行缩放

17. 文本的对齐方式、行和行之间的距离、缩进的方式、边框、底纹、序号

18. 左对齐、右对齐、居中对齐、两端对齐、分散对齐

19. 自动键入、利用"格式"菜单设置编号、利用格式工具栏

20. Ctrl + A

21. 选择要删除的行、行

22. 表格、表格属性

23. 是指对文档页面布局的设置、页边距、纸张

24. 文件菜单页面设置

25. 插入菜单页码

26. 文件菜单打印

27. 打印

二、选择题

1~5   D A C C B

6~12   D C C C D D A

第六章   Excel 2003 基本应用

一、填空题

1. 标题栏、菜单栏、工具栏、公式编辑栏、工作编辑区、滚动条

2. 文件、编辑、视图、插入、格式、工作具、数据、窗口、帮助

3. 常用、格式

4. 显示工作簿内的统计信息

5. 按住 Ctrl、按住 Shift

6. 3

7. 最大化/还原按钮

8. 日期、百分比、货币、科学记数、会计专用

9. 向上

10. 向左

11. Delete

12. 手动调节、执行格式菜单中的行里的行高/列宽

13. 向右

14. 格式菜单中的单元格格式

15. 更改、删除

16. 14

17. 1

18. 自动筛选

19. 自动筛选、高级筛选

20. 向下

二、选择题

1～5　C D C D C

6～10　B C C C A

第七章　PowerPoint 2003 基本应用

一、填空题

1. 文件、编辑、视图、插入、格式、工具、幻灯片放映、窗口、帮助

2. 普通视图、幻灯片浏览、幻灯片放映

3. 声音、动画、文本、表格、图表

4. 空白演示文稿、根据设计模板、根据内容提示向导

5. 本机上模板、网络上模板

6. 插入、图片

7. 表格和边框、▦ ▦

8. Shift

9. 格式

10. 字型、字号、字体颜色、字体效果

11. 空演示文稿

12. 普通视图、幻灯片浏览、幻灯片放映

13. 切换幻灯片

14. 18

15. 插入菜单图表

二、选择题

1～5　A D D C B

6~10　B D B D D

第八章　常用工具软件

一、填空题

1. 图形用户界面版本、命令行控制台版本
2. 音频、Internet

二、选择题

1~2　D D